岩土体热力特性与工程效应系列专著

正冻土的冻胀与冻胀力

周国庆　周　扬　胡　坤　商翔宇　季雨坤　著

科学出版社

北　京

内 容 简 介

土体冻胀及冻胀力无论在人工冻结技术应用中还是在天然冻土领域均会引起破坏，威胁各类工程的安全。本书系统地介绍了作者团队在正冻土的冻胀及冻胀力方面的研究成果，主要内容包括土壤冻结过程水热耦合分析，冰透镜体形成机理及试验，冰透镜体生长过程分析，土壤冻结过程水热耦合、水热力耦合分离冰冻胀模型，人工冻结过程中冻胀控制及其机理，一维及二维条件下冻土冻胀力等多方面。本书内容可为人工冻土及天然冻土领域冻胀及冻胀力的研究提供参考。

本书可供岩土工程专业研究生、冻土相关方向的研究人员及技术人员使用和参考。

图书在版编目（CIP）数据

正冻土的冻胀与冻胀力/周国庆等著. —北京：科学出版社，2020.11

（岩土体热力特性与工程效应系列专著）

ISBN 978-7-03-066485-3

Ⅰ. ①正… Ⅱ. ①周… Ⅲ. ①冻土-冻胀力 Ⅳ. ①P642.14

中国版本图书馆 CIP 数据核字（2020）第 205276 号

责任编辑：周 丹 曾佳佳/责任校对：杨聪敏
责任印制：张 伟/封面设计：许 瑞

科学出版社 出版

北京东黄城根北街 16 号
邮政编码：100717
http://www.sciencep.com

北京虎彩文化传播有限公司 印刷

科学出版社发行 各地新华书店经销

*

2020 年 11 月第 一 版 开本：787×1092 1/16
2021 年 1 月第二次印刷 印张：15 1/2
字数：367 000

定价：169.00 元

（如有印装质量问题，我社负责调换）

"岩土体热力特性与工程效应系列专著"序

"岩土体热力特性与工程效应系列专著"汇聚了 20 余年来团队在寒区冻土工程、人工冻土工程和深部岩土工程热环境等领域的主要研究成果,共分六部出版。《高温冻土基本热物理与力学特性》《岩土体传热过程及地下工程环境效应》重点阐述了相变区冻土体、含裂隙(缝)岩体等特殊岩土体热参数(导热系数)的确定方法;0~−1.5℃高温冻土的基本力学特性;深部地下工程热环境效应。《正冻土的冻胀与冻胀力》《寒区冻土工程随机热力分析》详细阐述了团队创立的饱和冻土分离冰冻胀理论模型;揭示了冰分凝冻胀与约束耦合作用所致冻胀力效应;针对寒区,特别是青藏工程走廊高温冻土区土体的热、力学参数特点,首次引入随机有限元方法分析冻土工程的稳定性。《深部冻土力学特性与冻结壁稳定》《深厚表土斜井井壁与冻结壁力学特性》则针对深厚表土层中的矿山井筒工程建设,揭示了深部人工冻土、温度梯度冻土的特殊力学性质,特别是非线性变形特性,重点阐述了立井和斜井井筒冻结壁的受力特点及其稳定性。

除作序者外,系列专著材料的主要组织者和撰写人是平均年龄不足 35 岁的 13 位青年学者,他们大多具有在英国、德国、法国、加拿大、澳大利亚、新加坡、中国香港等国家和地区留学或访问研究的经历。团队成员先后有 11 篇博士、22 篇硕士学位论文涉及该领域的研究。除专著的部分共同作者外,别小勇、刘志强、夏利江、阴琪翔、纪绍斌、李生生、张琦、朱锋盼、荆留杰、李晓俊、钟贵荣、魏亚志、毋磊、吴超、熊玖林、鲍强、邵刚、路贵林、姜雄、陈鑫、梁亚武等的学位论文研究工作对系列专著的贡献不可或缺。回想起与他们在实验室共事的日子,映入脑海的都是阳光、淳朴、执着和激情。尚需提及的是,汪平生、赖泽金、季雨坤、林超、吕长霖、曹东岳、张海洋、常传源等在读博士、硕士研究生正在进行研究的部分结果也体现在了相关著作中,他们的论文研究工作也必将进一步丰富与完善系列专著的内容。

团队在这一领域和方向的研究工作先后得到国家"973 计划"课题(2012CB026103)、"863 计划"课题(2012AA06A401)、国家科技支撑计划课题(2006BAB16B01)、"111计划"项目(B14021)、国家自然科学基金重点项目(50534040)、国家自然科学基金面上项目和青年项目(41271096、51104146、51204164、51204170、51304209、51604265)等 11 个国家级项目的资助。

　　作为学术团队的创建者，特别要感谢"深部岩土力学与地下工程国家重点实验室"，正是由于实验室持续支持的自主创新研究专项，营造的学术氛围，提供的研究环境和试验条件，团队才得以发展。

　　期望这一系列出版物对岩土介质热力特性和相关工程问题的深入研究有所助益。文中谬误及待商榷之处，敬请海涵和指正。

2016 年 12 月

前　　言

进入 21 世纪以来，我国地下空间工程发展迅速。矿山建设领域，随着浅部煤炭资源耗尽，开采逐渐往深部发展，深立井建设日益增多；城市地下工程领域，地铁、隧道等基础设施建设也呈逐年增多趋势。地下空间中进行施工，不可避免地会遇到破碎、软弱的含水地层，人工地层冻结技术则是此类地层中较适用的工法。然而，冻结技术应用中经常会遇到土体冻胀及冻胀力造成的工程破坏。另一方面，天然冻土区的工程也同样面临着类似的问题，青藏工程走廊上铁路、公路、输配电等项目均受到土体冻结过程中产生的冻胀及冻胀力的威胁。

为了对土体冻结过程中产生的冻胀变形以及冻胀力造成的工程破坏进行有效控制，团队深入开展了正冻土的冻胀与冻胀力方面的研究。综合应用理论分析、数值模拟、室内试验等研究方法对土体冻结过程中的水热耦合、冰透镜体的形成机理及生长过程特征、冻胀变形演变规律、间歇冻结方式控制冻胀机理、土体冻结过程中冻胀力的发展等进行系统探索。相关成果将为人工冻结技术应用中冻胀变形和冻胀力控制以及天然冻土区工程中冻胀破坏的防治奠定基础。

本书内容分为 10 章。第 1 章为绪论，对冻胀相关的问题进行了介绍，重点介绍了冻胀模型的研究现状；第 2 章基于 Harlan 模型对无透镜体情况下土体冻结过程中温度、水分的耦合发展进行了计算改进；第 3 章通过室内试验方式研究了冻结过程中冰透镜体的生长过程；第 4 章为揭示了冰透镜体形成的机理并对其形成过程中的临界破坏力进行了测试；第 5 章建立了考虑土体冻结过程中水热耦合作用及冰透镜体演变的冻胀模型；第 6 章进一步考虑了土骨架变形，建立了考虑土体冻结过程中水热力耦合作用及冰透镜体演变的冻胀模型；第 7 章提出了控制冻胀的间歇冻结模式并揭示了冻胀控制的机理；第 8 章进行了土体一维冻胀力的室内试验，并基于分离冰冻胀模型提出了一维冻胀力的计算方法；第 9 章进行了不同侧向边界条件下土体冻胀力的试验，揭示了水平冻胀力的演变规律；第 10 章进行了冻土内部及其边界作用的切向冻胀力试验，着重分析了切向冻胀力的演变特征。

在本书编写过程中，研究生王康、许程、张丽影等在文献整理、插图制作等方面提供了帮助，在此表示感谢。文中相关试验均在"深部岩土力学与地下工程国家重点实验室"中完成，在此对实验室提供研究环境和试验条件表示感谢。

作者水平有限，书中难免存在疏漏和不妥之处，敬请批评指正。

作　者
2020 年 9 月 9 日

目 录

第1章　绪　　论

1.1　冻胀问题及其研究概述

全球陆地面积的 70%分布着冻土，其中 14%为多年冻土，56%为季节性冻土。在我国，多年冻土和季节性冻土区的总面积约占全国面积的 75%[1]。冻土区的存在对我国的自然资源开发和社会经济发展有着广泛而重要的影响，随着我国经济建设，特别是西部大开发进程的加快，寒区大量交通运输、水利电力、民用工业建筑等冻土工程得到了广泛的发展，冻土工程建设势必受到冻土区土体冻胀的影响。

大规模开发利用地下空间成为人类扩大生存范围的重要手段和发展趋势，人工地层冻结法在地下工程施工中应用日益广泛[2]。人工冻土墙维护结构对复杂水文、地质条件适应性强，冻结施工方法灵活、形式多样，近几年在地下工程建设中备受重视[3,4]，尤其是在松软含水地层施工中具有不可替代性[5]。人工冻结法改变了地层原有温度场的分布，会引发一定范围内地层的冻胀变形。

冻胀是指土体在冻结过程中，土中水分（原位水和迁移水）冻结成冰，并形成冰晶体、冰透镜体、分凝冰层等形式的冰侵入体，引起土颗粒间的相对位移，使土体体积产生不同程度的扩张现象。过量的冻胀使得地表产生不均匀变形，造成构筑物基础及其邻近煤气、电力、给排水管线等基础设施的破坏，甚至影响工程的成败，造成巨大的经济损失和社会影响[6]。据 1975 年对大兴安岭地区居民住宅安全性的不完全统计，土体冻胀造成的房屋裂缝约占总数的 50%，严重破坏的占总数的 20%~30%[7]。青藏铁路全长 1956km，途经多年冻土区 550km，多年冻土冻胀问题是青藏铁路建设的难题之一。新疆玉希莫勒盖隧道因冻胀危害停止运营[8]。俄罗斯沃尔库塔城及其郊区修建在冻土区的房屋约 80%出现了不许可变形[7]。经调查发现，日本 34%的隧道因穿越严寒地区而发生冻害[9,10]。

土体冻胀给寒区工程建设和人工冻结法施工带来了巨大的危害，因此吸引了很多科学工作者的研究兴趣，从事这个方面研究的人员包括地质学、岩土工程、土壤物理学、物理化学甚至冶金学方面的专家。

在早期的工作中，值得一提的是，Michigan 州立大学的土壤物理学家 Bouyoucos[11]发现土中的水并非在某一温度完全冻结，紧接着是两位地质学家——South Carolina 大学的 Stephen Taber 与瑞典国家道路和运输道路研究所的 Gunnar Beskow 的工作。Taber[12]否定了以往普遍认为的冻胀是土中水冻结体积膨胀而引起的这样一个错误观点，并且对于冰透镜体的生长给出了一个较为合理的机理解释，Beskow[13]进一步加强拓展了 Taber

的工作，并出版了专著。

与此同时，英国的土壤物理化学家 Schofield[14]提出了一个土中水吉布斯自由能的"PF 等级"指标，并建立了它与土壤中水冰点降低数值的关系，随后许多科学家对土中水的"PF 等级"进行了计算，Edlefsen 和 Anderson[15]通过详尽的分析对土壤冻结温度下降作了一定的解释，但仍有与试验结果相悖之处，种种困难的出现导致许多土壤物理学家暂时放弃了对土壤冻结问题的研究。

美国的地球物理学工作者利用 Taber 的仪器进行了试验研究，积累了大量的关于各种土壤的冻胀测试资料，但是并没有能够建立起冻胀与土性等参数之间的关系，以至于在关于冻土区公路设计的工程问题上一直沿用 Casagrande[16]基于现场实测所得到的一些简单经验。

在随后的几十年里，冻胀机理的研究成了冻土学界研究的一个重点，哈佛大学的冶金学家 Jackson 和 Chalmers[17]提出了一个基于动力学及固化作用的冻胀机理，加拿大国家研究委员会的 Gold[18]提出了一个基于冰水界面表面张力理论的机理解释，Cass 和 Miller[19]则认为冻胀是土颗粒表面双电层的渗透作用引起的，这些基本都与早期 Taber 所认为的透镜体生长过程一致。Miller 等[20]在对土体做单一球体近似后，将 Taber 关于仅有单透镜体存在时的冻胀机理的定性解释定量化，英国 Bristol 大学的物理化学家 Everett 和 Haines[21,22]在避免了一些几何形态假设的前提下，建立了比较完善的表面张力模型，并且对单透镜体生长时的冻结压力的上限进行了定量估计。

Miller 同他的学生开展了一些其他问题的研究，Koopmans 和 Miller[23]建立了土体的冻融特性与干燥润湿特性之间的定量对比关系，并且通过试验得到 20℃时气水界面的表面张力与 0℃时冰水界面的表面张力之比为 2.2；Romkens 和 Miller[24]发现嵌入冰中的土颗粒会发生逆向温度梯度的移动，即冻结区温度梯度引导下的复冰机制现象，Miller[25-28]利用压力引导下的复冰机制设计了一种叫作"冰夹层"的仪器来净化含盐水，该仪器最大的应用是 Sahin[29]、Miller 等[30]、Horiguchi 和 Miller[31]将它用于冻土渗透性能的测试。

Miller 发现了土体冻结过程中引起的水分重分布与以往理论估计的水分重分布相差几个量级，对试验结果作深入思考后，Miller[26,32,33]指出按照理论所估计的单透镜体的冻胀力与很多试验所测得的冻胀力有很大差别，这是由于以往所认为的透镜体下方冰的生长方式的假设并不正确，透镜体以下将会出现被称为"冻结缘"的地带，为加以区别，将这种冻结缘出现的冻胀模式称为第二类冻胀，不出现的即第一类冻胀，而以往理论估计的冻胀力实际只是两类冻胀模式的转变点，冻结缘理论的提出标志着对于冻胀研究的进一步深入化。

加拿大水动力学专家 Harlan[34]建立了用于求解冻结过程所引起的水分重分布的水动力学模型，这个模型由于其非常适合于对土体冻结过程中的液态水流动进行数值模拟，因而相当有吸引力，尽管 Bresler 等[35]对该模型有许多反对意见，很多水动力学研究者还是进一步发展了该模型，将该模型用于计算冻胀，并且为了使数值模拟与试验结果能够达到一定程度的吻合，引入了一个较任意的导湿系数修正函数"阻抗因子"。

Snyder 和 Miller[36]通过对比冻土的冰透镜体产生与非饱和土的拉伸破坏现象后提出了一个透镜体生成的判定准则，O'Neil 和 Miller[37]完成了刚性冰模型的建立及模拟工作，20 世纪 80 年代以后，各类冻胀模型相继出现，冻胀问题的研究进入了数学化阶段，关于一些典型冻胀模型的建立及其发展将在下一节详细阐述。

自 Miller 提出第二类冻胀理论以后，各类冻胀模型都采用了不同的假设，以达到简化模型的目的，且多数假设都与冻结缘的结构特征有关。因此，冻结缘自发现后便在冻胀机理研究领域内占有很重要的地位，是众多冻土学专家研究的热点问题之一。20 世纪 80 年代中期以后，随着先进的观测测试手段的发展，如 CCD 摄像机、扫描电镜等，冻土的试验研究日益微观化。Akagawa[38]对前人的试验技术进行改进，在有压开放系统的亚黏土冻结试验中利用 X 射线照相分析得到了冻胀率、吸水速率和冻结缘的厚度及冰分凝温度。该试验表明，冻结缘的厚度随持续时间从 12mm 减小到 10mm，冰分凝温度在 –0.8℃附近波动。Watanabe 等[39]利用分辨率可达几微米的 CCD 摄像机观测 Fujinomori 黏土冻结锋面的微结构，发现冻结缘内没有孔隙冰的存在，并且冰分凝温度和生长速度依赖于冻结速度。Miyata[40]根据水分迁移、热量输运和机械能平衡方程提出冻土中冻结缘可划分为两个带：次冷带和平衡带。次冷带包含冰透镜体形成的锋面，有冰分凝；平衡带包含冻结锋面，只有原位冻结。Takeda 和 Okamura[41]也利用 CCD 照相机对 Kanto 黏土中冻结锋面附近的微结构进行动态摄影发现冻结缘的微结构与 Miyata 提出的观点不一致。他观测到冻结缘的微结构并没有明显的变化，但在冰分凝面上，冰、土颗粒和未冻水的活动很活跃，冰层的结晶构造随生长速度而变，冰层是可渗透的且有双冰层生长。因此，在正冻土中靠近冰分凝面的已冻土带应作为过渡带。国内学者李萍等[42]在开放系统饱水粉质黏土和粉质壤土的单向冻结试验中，利用试验结束后试样的复形膜进行图像数字化处理，反演分析冻结缘和冰分凝形成的时间、厚度和位置及冻结缘导湿系数，图像处理试验结果表明，在给定的试验条件下，冰分凝速度随试验持续时间呈幂函数形式减小。冰分凝温度在试验初期随冻深快速推移而降低，随后，由于冻土段长度增加削减了温度梯度，冰分凝温度又逐渐升高并稳定下来。

总之，经过近百年的发展，人们对于土体的冻结过程及过程中产生的水分重分布、土体冻胀等现象有了一定的认识，但也有很多问题没有解决，尤其对于土壤冻结过程中透镜体的演变过程还没有达成统一的认识，尚需进行进一步的深入研究。

1.2 冻土中的未冻水研究现状

试验表明冻土即使在很低的负温下，都存在一定数量的未冻水，这些未冻水以水膜的形式赋存在冰晶与土颗粒之间，对冻土体所表现出来的宏观特性有很大的影响。在冻胀模型的建立中，未冻水含量曲线起到减少未知变量及封闭方程的作用，冻土的物理、化学及力学性质很大程度上都受未冻水含量的影响，实际上可以认为，冻土的未冻水特性是各种土冻结状态所表现出来的不同性质的根本原因。

1.2.1　未冻水的试验测试

认识到未冻水对于冻土研究的重要性，从 20 世纪 60 年代开始，许多研究人员开始了对未冻水含量的测定，发展至今，主要测试方法有膨胀计测量法、量热法、核磁共振法、时域反射法四种。

膨胀计测量法是利用冰水相变过程中造成的土样体积变化来测定未冻水含量的。

Bouyoucous 首先将该方法应用到土壤科学中[43]，随后 Patterson 和 Smith[44]用膨胀计测量法测量了饱和冻土中的未冻水，他们将饱和冻土体放置在刚性封闭容器中，通过监测土样的体积随负温的变化就可以获得冻土的未冻水随温度的变化曲线，这种刚性密闭容器膨胀计方法的最大缺点是土样必须充分饱和，因而应用范围限制较大。Spaans 和 Baker[45]设计了一种气体膨胀计可以用于测试非饱和冻土中的未冻水含量，土样用 He 处理后放置在充满 He 的封闭空间内，随冻土温度变化，未冻水含量变化会造成总气体 He （包括封闭空间中的和土孔隙中的）的体积变化，通过测量 He 的压强、温度就可以计算出 He 的体积变化，进而求得未冻水含量，该方法的测量精度较高，但是对封闭空间的密闭性要求也较高，而且整个系统也相对较复杂。

量热法是通过测量冻土在温度变化的过程中所释放的热量来确定未冻水含量与温度的关系的，早期使用的主要有等温量热法与绝热量热法，这两种量热法的误差都比较大[46,47]。

Horiguchi[48]提出在以很慢的速度加热低温冻土时，吸热的峰值对应冻土中冰的融化，记录下所有冻土加热过程中的吸热峰值，就可以获得冻土的未冻水含量变化曲线，他进一步指出在一个加热温差段内量热器所测得的热流只对应该温差段内融化一定数量冰的吸热峰值。Kozlowski[49,50]则认为加热冻土过程中量热器测得的热流与冻土的真实吸热热流满足卷积关系：

$$h(T) = \int_{-\infty}^{+\infty} a(T - T^1) q(T^1) \mathrm{d}T^1 \tag{1-1}$$

式中，$a(T)$ 为量热器的仪器函数；$h(T)$ 为量热器所测得的热流；$q(T)$ 为冻土加热过程的真实吸热热流；通过 $h(T)$、$a(T)$ 反演可以求出 $q(T)$，而 $q(T)$ 很容易建立与未冻土含水量之间的关系，这种基于量热思想的测试未冻水含量的方法称为差示扫描量热法（differential scanning calorimetry, DSC），Kozlowski 进一步指出，该方法是少数可以用于冻土未冻水含量物理研究的方法之一。

核磁共振法是利用试样中处于不同物理或化学状态的氢核在受到射频信号干扰后松弛时间不同[51]，通过测定信号强度与温度、含水量和土颗粒的矿物化学成分的关系来确定未冻水含量，该方法是目前确定未冻水含量的最精确的方法之一，Yoshikawa 和 Overduin[52]就用该测试方法校准了各类商业传感器。

Oliphant[53]指出核磁共振法工作时会对土样产生扰动,同时会影响土中的水热传输,而且价格昂贵,Spaans 进一步提出,土体中的磁性颗粒会对测量结果产生干扰,而且该方法不能全自动运行,这些缺点导致核磁共振技术一般不适合现场使用。

时域反射法是利用冰水介电常数的较大差异,通过电磁脉冲,根据电磁波在土体中的传播速度来间接测定未冻水含量。时域反射法利用的是土体介质的电磁性质,与此类似的还有很多,如频域反射法、时域发射法等。

时域反射法在使用时要首先确定土体介质的介电常数与液态水含量的转换关系即校准曲线(或校准方程),早期都是将未冻土中的介电常数与液态水的关系直接用于冻土中,Smith 和 Tice[54]认为由于冰的介电常数稍大于空气的介电常数,在结构性条件及液态水含量分别相同时,冻土的介电常数将会稍大于未冻土的介电常数,但是他们认为这一点对于未冻水含量的测试影响不大。Oliphant 却认为应当单独建立用于冻土的校准方程。Smith 和 Tice 给出了时域反射法用于饱和土样时的校准方程:

$$\theta_L = -1.458 \times 10^{-1} + 3.868 \times 10^{-2} \varepsilon - 8.502 \times 10^{-4} \varepsilon^2 + 9.920 \times 10^{-6} \varepsilon^3 \qquad (1-2)$$

式中,θ_L 为未冻水含量;ε 为测得的介电常数。Spaans 和 Baker[55]指出,该公式用于非饱和冻土中时会低估未冻水含量,他们进一步设计了气体膨胀计用于校准时域反射法,确定非饱和冻土中的土样介电常数与未冻水含量之间的转换关系,通过试验指出此转换关系曲线并不唯一,而是对应一族曲线,其中每一条曲线对应着一个总含水量。

时域反射法可以全自动、实时地对冻土中的未冻水含量进行监测,经过适当校准后比较适合现场使用[56]。

1.2.2 未冻水的理论模型

冻土中未冻水含量的影响因素很多,主要可归结为三类:土质(包括土颗粒的矿物成分、分散度、含水量、密度、水溶液的成分和浓度)、外界条件(包括温度和压力)及冻融历史。目前,全面考虑这些因素,从理论上定量分析冻土中的未冻水含量还相当不成熟,因此必须作适当简化。关于未冻水的理论发展至今,比较成熟的分析主要包括热力学分析及类比分析[57-59]两个方面,Gilpin 用热力学方法对固体表面的未冻水膜进行了分析,该理论将是本书建立新冻胀模型的基础,在第4章中予以介绍,这里主要介绍类比分析方法。

类比分析的思路是利用饱和冻土与非饱和未冻土之间的相似性,通过非饱和未冻土的土水特性曲线的近似公式来获得冻土的未冻水含量公式,同时还可以通过该方法获得冻土的导湿系数,其做法在刚性冰模型中已有体现。

Zhou 等[59]将冻土中的 φ_{iw} 与液态水含量的关系称为土体冻结特性(SFC)曲线,类似 φ_{aw} 与液态水含量之间的关系称为土水特性(SWC)曲线,其中:

$$\begin{aligned} \varphi_{iw} &= u_i - u_w \\ \varphi_{aw} &= u_a - u_w \end{aligned} \qquad (1-3)$$

在完全非胶质性土壤中，毛细孔隙远远大于土颗粒的吸附空间，饱和冻土及未冻土的液态水含量相等时，冻土中冰水交界面的平均曲率与未冻土中气水界面的平均曲率相等，于是由 Young-Laplace 公式得到：

$$\varphi_{aw} = (\sigma_{aw} / \sigma_{iw})\varphi_{iw} \qquad (1\text{-}4)$$

式中，σ 是表面张力。

在完全胶质性土壤中，毛细孔隙远远小于吸附空间，此时有对比关系：

$$\varphi_{aw} = \varphi_{iw} \qquad (1\text{-}5)$$

Black 等对比了粉砂壤土的 SFC 曲线与 SWC 曲线，通过实验室实验验证了对比关系的正确性，并且指出在对 φ 作适当修正后可以得到土中液态水含量的统一曲线，同时拓展了冻土及未冻土中的液态水含量研究，更进一步，Black 在文献中通过非饱和未冻土含水量的公式，对比获得冻土中未冻水的含量，通过实验拟合其参数，并将该参数应用于 Mualem 的冻土导湿系数模型，预测的导湿系数与实验室测量值吻合得相当好。

1.2.3　未冻水的经验公式

无盐冻土中未冻水含量的主要决定因素应当是温度，这一点在类比分析中已有体现，因为克拉佩龙方程建立了冻土中的 φ_{iw} 与温度之间的关系。

冻土的未冻水含量的经验计算公式也主要与温度有关[51]，比较常用的如 Anderson 公式：

$$W_u = \omega \cdot (-T)^k \qquad (1\text{-}6)$$

式中，W_u 为未冻水含量（%）；ω 为土的干密度（g/cm^3）；k 为与土质有关的经验常数。徐学祖等也提出了类似的经验公式：

$$W_u = A \cdot T^{-B} \qquad (1\text{-}7)$$

式中，T 为负温的绝对值（℃）；A 和 B 为与土质因素有关的经验常数。

类似的表达式还有一些，但大都没有太大差异，且拟合曲线大都比较准确，已能满足工程应用，一般可以根据实际情况选用较容易操作的公式。

表 1-1 为部分土的 A、B 参数取值，从表中数据可以看出，即使相同的土类，未冻水含量也会有所差别。

表 1-1　部分土的 A、B 值[60]

土类	A	B
Allendale 黏土	0.157	0.187
Athena 粉质淤泥	0.060	0.301
Caen 粉土	0.095	0.227
Calgary 粉土	0.096	0.364

土类	A	B
Chena 粉土	0.014	1.460
Chena 粉土	0.032	0.531
Elleworth 黏土	0.112	0.293
Fairbanks 粉土	0.048	0.326
Fairbanks 粉土	0.074	0.384
Frederick 黏土	0.140	0.297
Goodrich 黏土	0.086	0.456
Hectorite 土	0.384	0.369
Illite 土	0.332	0.273
Inuvik 黏土	0.145	0.254
Japanese 黏土	0.128	0.402
高岭土	0.104	0.245
高岭土（KGa-1）	0.058	0.864
高岭土 No.7	0.198	0.689

1.3　土体冻胀理论模型研究现状

冻胀问题的预报和数值模拟，近几十年来得到蓬勃发展，理论模型有很多，比较著名的模型有水热耦合模型、刚性冰模型、分凝势模型、热力学模型等，下面选取一些典型的冻胀模型作简要介绍。

1.3.1　Harlan 水热耦合模型

Harlan[61]在研究土壤冻融过程中土中水分重分布及地下水位变化时建立了水热耦合模型的基本方程：

$$\frac{\partial}{\partial x}\left(\rho_1 K \frac{\partial \varphi}{\partial x} \right) = \frac{\partial(\rho_1 \theta_u)}{\partial t} + \Delta S \qquad (1\text{-}8)$$

$$\frac{\partial}{\partial x}\left(\lambda \frac{\partial T}{\partial x} \right) - c_1 \rho_1 \frac{\partial(v_x T)}{\partial x} = \frac{\partial(\overline{c_\rho} T)}{\partial t} \qquad (1\text{-}9)$$

式中，ρ_1，K，θ_u，φ，ΔS，$\overline{c_\rho}$，λ，c_1，v_x，T，x，t 分别为液态水密度、导湿系数、未冻水含量、土水势、含冰量变化率、名义热容、导热系数、液态水比热容、水流速度、温度、空间坐标及时间坐标。经过变形后未知变量有 4 个，即 φ（土水势）、θ_u、θ_s（体积含冰量）、T，通过引入土水特性曲线（θ_u-φ）及土壤冻结特性曲线（θ_u-T）而使方程达到封闭，由于缺少冻土的持水及导水等物性参数，Harlan 直接采用与非饱和未冻土类比的方式获得，并应用全隐有限差分格式离散后进行了计算，利用该模型对地层冻结过程中的水分重分布进行了数值模拟。

Nixon[62]、Taylor 和 Luthin[63]对热量传递方程中的各项量级进行了分析，未冻水流动所导致的传热量仅为导热量的 1/1000～1/100，即热量方程（1-9）的等号左边第二项可以忽略。

将"名义热容"$\overline{c_\rho}$代入后得到比较简洁且目前计算中常用的形式：

$$\frac{\partial}{\partial x}\left(D \frac{\partial \theta_\mathrm{u}}{\partial x} \right) = \frac{\partial \theta_\mathrm{u}}{\partial t} + \frac{\rho_\mathrm{s}}{\rho_\mathrm{l}} \frac{\partial \theta_\mathrm{s}}{\partial t} \tag{1-10}$$

$$\frac{\partial}{\partial x}\left(\lambda \frac{\partial T}{\partial x} \right) = c_\rho \frac{\partial T}{\partial t} - L\rho_\mathrm{s} \frac{\partial \theta_\mathrm{s}}{\partial t} \tag{1-11}$$

式中，D为水分扩散系数；ρ_s为冰密度；c_ρ为土体热容。

随后的一些文献如 Jame 和 Norum[64]、Newman 和 Wilson[65]等都应用该方程。

Outcalt[66]将冻胀计算引入水热耦合模型中，他所采用的方法是定义了一个含冰量临界值，当含冰量大于该临界值时，土骨架就会膨胀，进而产生冻胀，随后的一些水动力学模型也用这一方法计算了冻胀，如 Taylor 和 Luthin 取该临界值为 85%来计算冻胀。

水热耦合模型由于能够对水分重分布、温度场等进行比较方便的模拟，因而比较有吸引力，其发展应用也比较多，国内学者也大多采用该模型对土壤冻结过程进行模拟[67,68]。

实际上，对于存在较为显著冻胀的冻结过程，冰透镜体的形成会造成冻土结构间断，所以水热耦合模型不适用于透镜体出现的情形，这一点在一些水热耦合模型模拟前提中已经指出。水热耦合模型的主要研究目的一般不是模拟冻胀，而是以计算温度场、未冻水含量的重分布为主。

1.3.2　水热力耦合模型

从耦合的思路建立的冻胀模型还有 Shen 和 Ladanyi 的水热力耦合模型[69]，这个模型也具有一定的典型性。

不考虑重力作用下，其土体区域内的水热守恒方程分别为

$$\frac{\partial \theta_\mathrm{l}}{\partial \tau} + \frac{\rho_\mathrm{i}}{\rho_\mathrm{l}} \frac{\partial \theta_\mathrm{i}}{\partial \tau} = \frac{\partial}{\partial x}\left(k \frac{\partial P_\mathrm{l}}{\partial x} \right) + \frac{\partial}{\partial z}\left(k \frac{\partial P_\mathrm{l}}{\partial z} \right) \tag{1-12}$$

$$C \frac{\partial T}{\partial \tau} = \frac{\partial}{\partial x}\left(\lambda \frac{\partial T}{\partial x} \right) + \frac{\partial}{\partial z}\left(\lambda \frac{\partial T}{\partial z} \right) + L\rho_\mathrm{i} \frac{\partial \theta_\mathrm{i}}{\partial \tau} \tag{1-13}$$

式中，θ_l，θ_i，ρ_l，ρ_i，T，C，L，λ，k 分别为液态水体积含量、冰体积含量、液态水密度、冰密度、温度、土体热容、相变潜热、导热系数及导湿系数。对冰压力的分布形式直接作假设，认为在冻结锋面处冰压力为 0，在冻结缘最冷端为外荷载 P，这样可以直接通过克拉佩龙方程确定未冻水压力：

$$P_1 = \frac{\rho_1}{\rho_i} P_i + L\rho_1 \ln \frac{T_k}{T_0} \tag{1-14}$$

式中，P_1 为液态水压力；P_i 为冰压力；T_k 为热力学温度；T_0 为 273.15K。

利用式（1-14）及式（1-12）代入能量守恒方程（1-13）中，并忽略应力对传热的影响项后可以得到：

$$\overline{C} \frac{\partial T}{\partial \tau} = \frac{\partial}{\partial x}\left(\overline{\lambda} \frac{\partial T}{\partial x}\right) + \frac{\partial}{\partial z}\left(\overline{\lambda} \frac{\partial T}{\partial z}\right) \tag{1-15}$$

其中，

$$\overline{\lambda} = \lambda + \frac{k\rho_1^2 L^2}{T_k} \tag{1-16}$$

$$\overline{C} = C + \rho_1 L \frac{\partial \theta_1}{\partial T} \tag{1-17}$$

同时未冻水含量与温度之间需要满足关系 $\theta_1 = f(T)$。在应力与应变部分，需要满足平衡方程及几何方程，还需要满足冻土材料的本构条件，Shen 采用的是考虑蠕变的增量本构关系：

$$d\boldsymbol{\sigma} = \boldsymbol{D}(d\boldsymbol{\varepsilon} - d\boldsymbol{\varepsilon}^c - d\boldsymbol{\varepsilon}^v) \tag{1-18}$$

式中，$d\boldsymbol{\sigma}$ 为应力增量张量；$d\boldsymbol{\varepsilon}$ 为总应变增量张量；$\boldsymbol{D}$ 为弹性系数张量；$d\boldsymbol{\varepsilon}^v$ 为由相变膨胀所造成的土体体积变形增量张量，并且由于各向同性假设，因此有

$$\varepsilon_x^v = \varepsilon_y^v = \varepsilon_z^v = \varepsilon^v / 3 \tag{1-19}$$

$$\gamma_{xy}^v = \gamma_{yz}^v = \gamma_{zx}^v = 0 \tag{1-20}$$

其中，体积膨胀率 ε^v 为

$$\varepsilon^v = 0.09(\theta_0 + \Delta\theta - \theta_1) + \Delta\theta + (\theta_0 - n) \tag{1-21}$$

式中，θ_0 为初始体积含水量；$\Delta\theta$ 为水分迁移导致含水量增加；n 为土壤孔隙率。蠕变应变增量张量 $d\boldsymbol{\varepsilon}^c$ 满足：

$$d\boldsymbol{\varepsilon}^c = b\left(\frac{\overline{\sigma}}{\sigma_{cT}}\right)^n \left(\frac{\varepsilon}{b}\right)^b \tau^{b-1} \frac{\partial \overline{\sigma}}{\partial\{\sigma\}} d\tau \tag{1-22}$$

$$\sigma_{cT} = \sigma_{co}\left(1 + \frac{T}{T_r}\right)^w \tag{1-23}$$

式中，$\overline{\sigma} = \sqrt{3 s_{ij} s_{ij} / 2}$，$s_{ij}$ 为偏应力；σ_{co}，n，b，w 为实验系数；ε，T_r 分别为应变率及温度的参考值。

水热力耦合模型在水热耦合模型的基础上考虑了应力场的作用，但同样不考虑透镜体的形成问题，文献[70]～[72]也从水热力耦合的角度提出过类似模型。

1.3.3　分凝势模型

Konrad 和 Morgenstern 及 Nixon 通过几篇文章提出了形式简单的分凝势模型[73-76]，Konrad 和 Morgenstern 认为"任何需要关于负温下未冻水含量或导水特性较精确的分布的理论都无法成为实用的理论"，通过近似分析及实验验证指出，在达到稳态条件时，最后一个透镜体的分凝温度 T_{so} 与冷端的温度无关，冻结缘内的平均渗透系数 $\overline{K}_{fo}$ 此时是个常数，并且有重要结论：当达到末透镜体形成后的稳态时，末透镜体暖端吸水速度与主动区内的温度梯度成正比，该比例系数后来即被称为分凝势，即有

$$V_0 = \text{SP}_0 \, \text{grad} \, T \qquad (1-24)$$

式中，分凝势 SP_0 是 T_{so} 与 $\overline{K}_{fo}$ 的函数，可以通过实验室实验测得。

分凝势 SP_0 的各影响因素分析等相关问题成了 Konrad 和 Morgenstern 冻胀研究的一个重点，Konrad 和 Morgenstern 通过实验及热力学分析指出分凝势也是冻结缘内平均吸力的函数，并且分凝势参数随着吸力的增加而减少，由此，冻结路径将会对稳态后的分凝势参数有影响。Konrad 和 Morgenstern 考虑了荷载对 T_{so} 及 $\overline{K}_{fo}$ 的影响，通过实验及热力学分析指出达到稳态后的分凝势与外荷载、冻结锋面的吸力及冻结缘的冷却速率有关，并且给出了一个简单的计算原位冻胀的方法。

Konrad 和 Morgenstern 利用分凝势模型预测了冷冻管在穿越未冻土区时所引起的冻胀量，与长期现场试验结果取得了很好的一致，Nixon 也利用分凝势模型对现场的冻胀进行了计算。Konrad 将分凝势理论引入两端恒速降温的冻结模式中，指出了分凝势存在关系 $\text{SP}_0 = f(\dot{T}_f, P_u)$。

分凝势模型是在工程中应用较多的模型，但是也有许多不足之处，Gassen 和 Sego 指出在瞬态冻结时分凝势与冻结冷却速率及冻结锋面抽吸力之间的关系不唯一，否认了分凝势理论在两端恒速降温的冻结模式中的适用性[51]。Nixon 对 SP 模型在多年应用中的一些不足做了总结：①SP 方法不能够预测到实验室中常遇到的冻结初期的排水现象；②在实验室情况下冷却速率对冻胀速率有较大影响，但是对现场条件影响却不大；③同样，在实验室条件下冻胀速率受冻结锋面处的抽吸力影响较大，但现场条件中这种影响却不大；④半经验的 SP 方法并没有将 SP 参数与较为一般土性参数建立关系；⑤SP 理论中所认为的荷载与冻结锋面处的抽吸力对冻胀速率的独立影响是不合理的。

1.3.4　刚性冰模型

自 Miller 提出冻结缘理论以后，人们对于冻结过程中冰透镜体形成的位置有了比较准确的认识。如图 1-1 所示，冰透镜体通常形成于冻结锋面后端某处，而活动透镜体底端与冻结锋面之间的部分称为冻结缘。

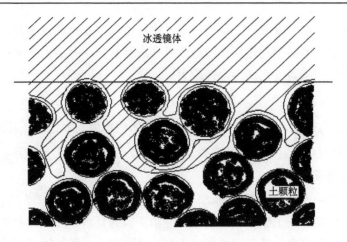

图 1-1　冻结缘示意图

刚性冰模型是直接以计算冻胀为目的而建立的，其理论体系比较完备，由 O'Neil 和 Miller 提出，所针对的是饱和刚性孔隙土体系统，其最重要的假设是活动透镜体与位于其下的孔隙冰连成一刚性整体，以统一的速度 V_{I} 移动，而这一速度也就是冻胀速度[77,78]。

刚性冰模型应用饱和冻土与非饱和未冻土之间的类比关系，通过土水特性曲线，再利用积分形式的克拉佩龙方程得到饱和冻土中的冰含量 I 与水压力 u_{w} 及温度 T 的关系：

$$I = I(Au_{\mathrm{w}} + BT) \tag{1-25}$$

式中，系数 A、B 均为已知参数。

刚性冰模型的基本方程仍然为热量、质量守恒方程，与水热耦合模型不同，在质量守恒方程中考虑了冰晶的移动：

$$(\rho_{\mathrm{i}} - \rho_{\mathrm{w}})\frac{\partial I}{\partial t} - \frac{\partial}{\partial x}\left[\frac{k}{g}\left(\frac{\partial u_{\mathrm{w}}}{\partial x} - \rho_{\mathrm{w}}g\right) - \rho_{\mathrm{i}}V_{\mathrm{I}}I\right] = 0 \tag{1-26}$$

$$\sum(\rho c\theta)_n\frac{\partial T}{\partial t} - \frac{\partial}{\partial x}\left(K_{\mathrm{h}}\frac{\partial T}{\partial x}\right) - \rho_{\mathrm{i}}L\left(\frac{\partial I}{\partial t} + V_{\mathrm{I}}\frac{\partial I}{\partial x}\right) = 0 \tag{1-27}$$

式中，ρ_{i}，ρ_{w}，k，g，ρ_n，c_n，θ_n，K_{h}，L 分别为冰密度、水密度、导湿系数、重力加速度、各组分密度、各组分比热、各组分体积含量、导热系数、相变潜热。对于冰晶移动速度 V_{I} 的方程，可以通过活动透镜体底端的质量守恒建立：

$$V_{\mathrm{I}} = -k\left(\frac{\partial u_{\mathrm{w}}}{\partial x} - \rho_{\mathrm{w}}g\right)\Big/\left[\rho_{\mathrm{i}}g(1 - I)\right] \tag{1-28}$$

也可以通过活动透镜体以下主动区的质量守恒建立：

$$V_{\mathrm{I}} = \frac{1}{\gamma_{\mathrm{i}}}v(x_{\mathrm{w}}) + \frac{\Delta\rho'}{\rho_{\mathrm{i}}}\frac{\mathrm{d}}{\mathrm{d}t}\int_{x_{\mathrm{b}}}^{x_{\mathrm{w}}} I\mathrm{d}x \tag{1-29}$$

式中，γ_{i}，$v(x_{\mathrm{w}})$，x_{w}，x_{b}，$\Delta\rho'$ 分别为冰重度、土柱暖端吸水速度、土柱暖端坐标、

透镜体暖端坐标、冰水密度差。于是便形成了刚性冰模型系统的基本方程，任何一个以冻胀为直接目的的模型必须对透镜体的形成机理进行解释，并引入模型中去，刚性冰模型通常定义一个平均应力（直译为中性应力）：

$$\sigma_n = \chi u_w + (1-\chi)u_i \tag{1-30}$$

式中，χ 为权重，与未冻水含量有关。在对比透镜体的形成与非饱和土拉伸破坏行为后，Miller 指出在冻结缘中，当某点土的有效应力降为 0，即平均应力单独承担外荷载时，新的冰透镜体便会形成。

刚性冰模型的输入参数较多，Black 发展了输入参数的数学系统[79]，并对冻胀进行模拟，通过实验结果验证了参数。刚性冰模型由于较为复杂，随后的发展并不是很多，国内学者李萍等、曹宏章等基于刚性冰的思想也提出过一个类似的模型[80,81]。

1.3.5　不连续冰透镜体模型

Gilpin 对固体表面的液态水的热力学特性进行了分析，随后建立了一个非常简单的冻胀模型，为冻胀模型的建立提供了新的思路[82,83]。该模型与刚性冰模型不同，它不再对透镜体以下的孔隙冰的生长方式作假设，该模型的基本假设如下：

（1）土体框架分为冻土区、冻结缘、未冻土区，并且在这三个区域内温度场被视为线性分布，如图 1-2 所示；

（2）土体的显热与土中未冻水的潜热相比可以忽略不计，这实际要求 Stefan 准则数 $C\Delta T/L$ 相对较小；

（3）相变主要发生在两个界面处，即活动透镜体底端及冻结锋面处，忽略在冻结缘内未冻水含量变化所造成的热量变化。

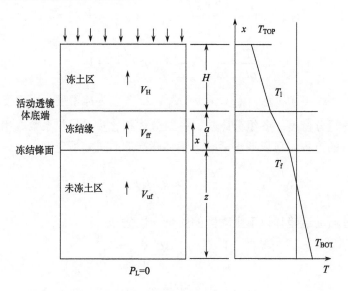

图 1-2　冻土结构图

于是建立方程，在第二类冻胀模式下，冻结锋面及活动透镜体底端位置上的能量守恒方程：

$$-k_\mathrm{f}\left(T_\mathrm{TOP}-T_1\right)/H - k_\rho\left(T_\mathrm{f}-T_1\right)/a = \frac{L}{v_\mathrm{s}}V_\mathrm{H} \tag{1-31}$$

$$k_\rho\left(T_\mathrm{f}-T_1\right)/a - k_\mathrm{uf}\left(T_\mathrm{BOT}-T_\mathrm{f}\right)/z = \rho_\mathrm{si}L\frac{\mathrm{d}z}{\mathrm{d}t} \tag{1-32}$$

式中，k_f，k_ρ，k_uf，L，v_s，ρ_si 分别为冻土导热系数、冻结缘导热系数、未冻土导热系数、相变潜热、冰比容、冻结锋面处的结冰率，其余参数见图 1-2。在第一类冻胀模式下（即冻结缘不出现，此时只有一个界面），方程变化为

$$-k_\mathrm{f}\left(T_\mathrm{TOP}-T_1\right)/H - k_\mathrm{uf}\left(T_\mathrm{BOT}-T_\mathrm{f}\right)/z = \frac{L}{v_\mathrm{s}}V_\mathrm{H} \tag{1-33}$$

在未冻土段将达西定律变形，并利用两个界面上的质量守恒方程后得到：

$$P_\mathrm{Lf} = -g\frac{z}{v_\mathrm{L}}\left[1+\frac{v_\mathrm{L}}{v_\mathrm{s}}\left(V_\mathrm{H}+\rho_\mathrm{si}\Delta v\frac{\mathrm{d}z}{\mathrm{d}t}\right)\right]\Big/\kappa_\mathrm{uf} \tag{1-34}$$

式中，g，Δv，v_L，P_Lf，κ_uf 分别为重力加速度、冰水比容差、液态水比容、锋面位置水压、未冻土导湿系数。在冻结缘及透镜体以下区域应用流动阻力公式得到：

$$V_\mathrm{H} = \frac{v_\mathrm{s}^2}{gv_\mathrm{L}}\frac{1}{[aI_\mathrm{fl}/(T_\mathrm{f}-T_1)]+(1/\kappa_\mathrm{L})}\left[\frac{L(-T_1)}{v_\mathrm{s}T_\mathrm{a}}-P_\mathrm{OB}+P_\mathrm{Lf}\right] \tag{1-35}$$

式中，P_OB，$aI_\mathrm{fl}/(T_\mathrm{f}-T_1)$ 分别为外荷载及冻结缘水阻力；而对于冻结缘不存在的情形，公式中 $\mathrm{d}z/\mathrm{d}t=0$，且冻结缘内的流动阻力项为 0，如此便形成模型的基本方程，是关于 4 个变量 $\mathrm{d}z/\mathrm{d}t$，V_H，P_Lf，T_1 的非线性方程组（冻结缘不存在时缺 $\mathrm{d}z/\mathrm{d}t$）。

对于透镜体的形成准则，模型采用的方法类似于刚性冰模型，所不同的是直接通过冰压力进行判断，定义临界分离压力：

$$P_\mathrm{sep} = P_\mathrm{OB} + \frac{2\sigma_\mathrm{SL}}{R}f(P_\mathrm{R}) \tag{1-36}$$

式中，参数 P_R 是表征孔隙冰在土颗粒之间赋存几何形态的，表达式为

$$P_\mathrm{R} = \frac{L(-T)}{v_\mathrm{L}T_\mathrm{a}}\frac{R}{2\sigma_\mathrm{SL}} \tag{1-37}$$

式中，R 为土颗粒等效半径；σ_SL 为冰水相界面表面张力。

$P_\mathrm{R}=2$ 时，可以认为孔隙冰基本很难存在，此时对应的温度 T 便是理论冻结温度，对于函数 $f(x)$，取为

$$f(P_\mathrm{R}) = \frac{P_\mathrm{R}}{7.5}\left[1-\exp\left(-\frac{7.5}{P_\mathrm{R}}\right)\right] \tag{1-38}$$

Gilpin 的模型非常简单，数值计算也容易，Nixon 对该模型进行了改进，并将其称作不连续透镜体模型，他进一步考虑了整个冻结缘内的相变热量，冻结缘内的冰晶体总厚度为

$$H_{\mathrm{f}} = n \int_0^a (1 - W_{\mathrm{u}}) \mathrm{d}x \tag{1-39}$$

式中，n 为孔隙率；a 为冻结缘厚度；W_{u} 为未冻水含量。

然后 Gilpin 模型中冻结锋面处的能量平衡方程将变成下式：

$$L \mathrm{d} H_{\mathrm{f}} / \mathrm{d} t = Q_{\mathrm{ff}} - Q_{\mathrm{u}} \tag{1-40}$$

式中，Q_{ff}，Q_{u} 分别为流经冻结缘及未冻土区的热流。Nixon 对模型进行了数值模拟，取得了与实验较为吻合的结果[84]。

1.3.6 热力学模型

Duquennoi 等[85]、Fremond 和 Mikkola[86]基于连续介质力学及宏观热力学基本原理建立了饱和土冻结过程中的数学模型。

令 β^k（$k \in \{\mathrm{s, w, i}\}$）表示土骨架、水、冰的体积含量，则有

$$\beta^{\mathrm{s}} + \beta^{\mathrm{w}} + \beta^{\mathrm{i}} = 1, \quad \beta^{\mathrm{s}} \geqslant 0, \quad \beta^{\mathrm{w}} \geqslant 0, \quad \beta^{\mathrm{i}} \geqslant 0 \tag{1-41}$$

质量守恒定律满足：

$$\theta^{\mathrm{s}} = 0, \quad \theta^{\mathrm{w}} + \theta^{\mathrm{i}} = 0 \tag{1-42}$$

式中各组分质量增量 θ^k 为

$$\theta^k = \frac{\partial}{\partial t}(\rho^k \beta^k) + \mathrm{div}(\rho^k \beta^k \boldsymbol{U}^k), \quad k \in \{\mathrm{s, w, i}\} \tag{1-43}$$

式中，$\boldsymbol{U}$ 为颗粒移动速度矢量；ρ 为密度；t 为时间。

动量守恒定律满足：

$$\boldsymbol{m}^{\mathrm{s}} + \boldsymbol{m}^{\mathrm{w}} + \boldsymbol{m}^{\mathrm{i}} = 0 \tag{1-44}$$

式中各组分动量增量 $\boldsymbol{m}^k$ 为

$$\boldsymbol{m}^k = -\mathrm{div}\boldsymbol{\sigma}^k - \boldsymbol{f}^k + \rho^k \beta^k \frac{\mathrm{d}^{(k)} \boldsymbol{U}^k}{\mathrm{d} t} + \theta^k \boldsymbol{U}^k, \quad k \in \{\mathrm{s, w, i}\} \tag{1-45}$$

式中，$\boldsymbol{\sigma}^k$ 为 k 组分的应力张量；$\boldsymbol{f}^k$ 为单位体积的体力。

能量守恒方程满足：

$$l^{\mathrm{s}} + l^{\mathrm{w}} + l^{\mathrm{i}} = 0 \tag{1-46}$$

式中各组分能量增量 l^k 为

$$l^k = \frac{\mathrm{d}^{(k)}e^k}{\mathrm{d}t} + e^k \mathrm{div}\boldsymbol{U}^k - \boldsymbol{\sigma}^k : D(\boldsymbol{U}^k) + \boldsymbol{m}^k \boldsymbol{U}^k + \mathrm{div}\boldsymbol{q}^k - r^k, \quad k \in \{\mathrm{s, w, i}\} \tag{1-47}$$

式中，e^k 为 k 组分内能；$\boldsymbol{q}^k$ 为流出的热流；r^k 为内热源强度；$D(\boldsymbol{U}^k)$ 为变形速率张量。

热力学第二定律要求：

$$T(\gamma^{\mathrm{s}} + \gamma^{\mathrm{w}} + \gamma^{\mathrm{i}}) \geqslant 0 \tag{1-48}$$

式中单位体积的熵产率 γ^k 为

$$\gamma^k = \frac{\partial s^k}{\partial t} + \mathrm{div}(s^k \boldsymbol{U}^k) + \mathrm{div}\left(\frac{\boldsymbol{q}^k}{T}\right) - \frac{r^k}{T}, \quad k \in \{\mathrm{s, w, i}\} \tag{1-49}$$

式中，s^k 为 k 组分的比熵；T 为热力学温度。

利用熵不等式可以得到：

$$\sigma_D^{\mathrm{s}} = \left(\frac{\partial \boldsymbol{\Psi}^{\mathrm{s}}}{\partial E^{\mathrm{s}}}\right)_D, \quad \sigma_D^{\mathrm{w}} = 0, \quad \sigma_D^{\mathrm{i}} = \left(\frac{\partial \boldsymbol{\Psi}^{\mathrm{i}}}{\partial E^{\mathrm{i}}}\right)_D + \left(\frac{\partial \boldsymbol{\Phi}_1}{\partial D(\boldsymbol{U}^{\mathrm{i}})}\right)_D \tag{1-50}$$

$$p^{\mathrm{s}} = -\frac{1}{3}\mathrm{tr}\frac{\partial \boldsymbol{\Psi}^{\mathrm{s}}}{\partial E^{\mathrm{s}}} - \boldsymbol{\Psi}^{\mathrm{s}} + \beta^{\mathrm{s}}(B_{\mathrm{ss}} + B_{\mathrm{ws}} + B_{\mathrm{is}} + \hat{B}_{\mathrm{s}}) \tag{1-51}$$

$$p^{\mathrm{w}} = -\boldsymbol{\Psi}^{\mathrm{w}} + \beta^{\mathrm{w}}(B_{\mathrm{sw}} + B_{\mathrm{ww}} + B_{\mathrm{iw}} + \hat{B}_{\mathrm{w}}) \tag{1-52}$$

$$p^{\mathrm{i}} = -\frac{1}{3}\mathrm{tr}\frac{\partial \boldsymbol{\Psi}^{\mathrm{i}}}{\partial E^{\mathrm{i}}} - \frac{1}{3}\mathrm{tr}\frac{\partial \boldsymbol{\Phi}_1}{\partial D(\boldsymbol{U}^{\mathrm{i}})} - \boldsymbol{\Psi}^{\mathrm{i}} + \beta^{\mathrm{i}}(B_{\mathrm{si}} + B_{\mathrm{wi}} + B_{\mathrm{ii}} + \hat{B}_{\mathrm{i}}) \tag{1-53}$$

$$\frac{\partial \boldsymbol{\Phi}_1}{\partial \theta} = -\frac{\boldsymbol{\Psi}^{\mathrm{w}} + p^{\mathrm{w}}}{\rho^{\mathrm{w}}\beta^{\mathrm{w}}} + \frac{\boldsymbol{\Psi}^{\mathrm{i}} + p^{\mathrm{i}} + \dfrac{1}{3}\mathrm{tr}\dfrac{\partial \boldsymbol{\Psi}^{\mathrm{i}}}{\partial E^{\mathrm{i}}} + \dfrac{1}{3}\mathrm{tr}\dfrac{\partial \boldsymbol{\Phi}_1}{\partial D(\boldsymbol{U}^{\mathrm{i}})}}{\rho^{\mathrm{i}}\beta^{\mathrm{i}}} \tag{1-54}$$

$$\frac{\partial \boldsymbol{\Phi}_1}{\partial \rho^{\mathrm{w}}\beta^{\mathrm{w}}V^{\mathrm{w}}} = -\frac{1}{\rho^{\mathrm{w}}\beta^{\mathrm{w}}}\left[\boldsymbol{m}^{\mathrm{w}} - (B_{\mathrm{sw}} + B_{\mathrm{iw}} + \hat{B}_{\mathrm{w}})\mathrm{grad}\beta^{\mathrm{w}} + B_{\mathrm{ws}}\mathrm{grad}\beta^{\mathrm{s}} + B_{\mathrm{wi}}\mathrm{grad}\beta^{\mathrm{i}}\right] \tag{1-55}$$

$$\frac{\partial \boldsymbol{\Phi}_1}{\partial \rho^{\mathrm{i}}\beta^{\mathrm{i}}V^{\mathrm{i}}} = -\frac{1}{\rho^{\mathrm{i}}\beta^{\mathrm{i}}}\left[\boldsymbol{m}^{\mathrm{i}} - (B_{\mathrm{si}} + B_{\mathrm{ii}} + \hat{B}_{\mathrm{i}})\mathrm{grad}\beta^{\mathrm{i}} + B_{\mathrm{is}}\mathrm{grad}\beta^{\mathrm{s}} + B_{\mathrm{iw}}\mathrm{grad}\beta^{\mathrm{w}}\right] \tag{1-56}$$

式中，$\boldsymbol{\Psi}$ 为总自由能；$\boldsymbol{\Phi}$ 为耗散函数，二阶张量均分解为偏张量及球张量两个部分，如 $\sigma = \sigma_D - pI$，$p = -(\mathrm{tr}\sigma)/3$，记号 B_{kj} 为 $\partial \boldsymbol{\Psi}^k / \beta^j$，$(\hat{B}_{\mathrm{s}}, \hat{B}_{\mathrm{w}}, \hat{B}_{\mathrm{i}}) \in \partial I(\beta^{\mathrm{s}}, \beta^{\mathrm{w}}, \beta^{\mathrm{i}})$，$I$ 为指标函数，符号 ∂ 为下微分。

以上便建立了描述冻土体系及冻土经历的一切过程的热力学模型，其体系相当复杂，由于模型的方程体系是从一般公理出发建立的，正确性是不言而喻的，但要得到有实际意义的结果，则还要仔细考虑如何对模型进行简化。

1.4　本书结构

本书围绕土壤冻结过程中物理场的演变及冻胀、冻胀力的发展开展研究，主要介绍如下内容：第 2 章主要介绍土壤冻结过程中水分、温度场耦合发展过程的数值计算，提出对现有算法的改进。第 3 章介绍土壤一维冻结过程中分凝冰发展的观测试验，主要通过图像处理及可视化方法研究冻结过程中透镜体的发展。第 4 章主要介绍土壤冻结过程中冰透镜体的形成机理，并结合试验数据提出透镜体形成的判断准则。第 5 章介绍土壤一维冻结过程的水热耦合分离冰冻胀模型的基本理论及其试验验证。第 6 章主要建立考虑外荷载及孔隙变形的土体冻结水热力耦合分离冰冻胀模型的基本理论及其试验验证。第 7 章主要对土体冻结过程中的几种冻结模式进行研究，获得可以有效控制冻胀的模式并分析其冻胀控制的机理。

参 考 文 献

[1]　周幼吾, 郭东信, 邱国庆, 等. 中国冻土[M]. 北京: 科学出版社, 2000.

[2]　翁家杰. 井巷特殊施工[M]. 北京: 煤炭工业出版社, 1991.

[3]　陈瑞杰, 程国栋. 人工地层冻结应用研究进展和展望[J]. 岩土工程学报, 2000, 22(1): 41-43.

[4]　翁家杰, 陈明雄. 冻结技术在城市地下工程中的应用[J]. 煤炭科学技术, 1997, 25(7): 51-53.

[5]　HARRIS J S. Sate of the art: Tunneling using artificially frozen ground[C]. The 5th International Symposium on Ground Freezing, Nottingham, 1988: 245-253.

[6]　王建平. 人工冻土冻胀融沉规律的研究[D]. 徐州: 中国矿业大学, 1999.

[7]　H. A. 崔托维奇. 冻土力学[M]. 张长庆, 朱元林, 译. 北京: 科学出版社, 1985.

[8]　吴剑. 隧道冻害机理及冻胀力计算方法的研究[D]. 成都: 西南交通大学, 2004.

[9]　张照太. 深土冻土力学性能试验研究及工程应用[D]. 淮南: 安徽理工大学, 2006.

[10]　匡亮. 室内单轴冻胀本构试验及冻土隧道冻胀力模型试验研究[D]. 成都: 西南交通大学, 2006.

[11]　BOUYOUCOS G J. Degree of temperature to which soils can be cooled without freezing[J]. Journal of Agricultural Research, 1920, 20: 267-269.

[12]　TABER S. The mechanics of frost heaving[J]. The Journal of Geology, 1930, 38(4): 303-317.

[13]　BESKOW G. Soil freezing and frost heaving with special application to roads and railroads[J]. Soil Science, 1948, 65(4): 355.

[14]　SCHOFIELD R K. The pF of water in soil[C]. International Congress on Soil Science, 1935, 2: 37-48.

[15]　EDLEFSEN N E, ANDERSON A B C. Thermodynamics of soil moisture[J]. Hilgardia, 1943, 15(2): 85-94.

[16]　CASAGRANDE A. Discussion of frost heaving[J]. Proceedings of Highway Research Board, 1931, 11: 168-172.

[17]　JACKSON K, CHALMERS B. Freezing of liquids in porous media with special reference to frost heaving in soils[J]. Journal of Applied Physics, 1958, 29(8): 1178-1181.

[18]　GOLD L W. A possible force mechanism associated with the freezing of water in porous materials[J].

Highway Research Board Bulletin, 1957, 168: 65-72.

[19] CASS L, MILLER R D. Research report 49[R]. U. S Army Cold Regions Research and Engineering Laboratory, Corps of Engineers, 1959.

[20] MILLER R D, BAKER J H, KOLAIAN J H. Particle size, overburden pressure, pore water pressure and freezing temperature of ice lenses in soil[C]. 7th International Congress of Soil Science, Madison, 1960.

[21] EVERETT D H. The thermodynamics of soil moisture[J]. Transactions of the Faraday Society, 1961, 57: 1541-1551.

[22] EVERETT D H, HAINES J M. Capillary properties of some model pore systems with special reference to frost damage[J]. Bull Rilem, 1965, 27: 31-36.

[23] KOOPMANS R W R, MILLER R D. Soil freezing and soil water characteristic curves 1[J]. Soil Science Society of America Journal, 1966, 30(6): 680-685.

[24] ROMKENS M J M, MILLER R D. Migration of mineral particles in ice with a temperature gradient[J]. Journal of Colloid and Interface Science, 1973, 42(1): 16-27.

[25] MILLER R D. Ice sandwich: Functional semipermeable membrane[J]. Science, 1970, 169(3945): 584-585.

[26] MILLER R D. Freezing and heaving of saturated and unsaturated soils[J]. Highway Research Record, 1972, 393: 1-11.

[27] MILLER R D. Soil freezing in relation to pore water pressure and temperature[C]. Second International Conference of Permafrost, Washington, 1973.

[28] MILLER R D. The porous phase barrier and crystallization[J]. Separation Science, 1973, 8(5): 521-535.

[29] SAHIN T. Transport of water in frozen soils [D]. New York: Cornell University, 1973.

[30] MILLER R D, LOCH J P G, BRESLER E. Transport of water and heat in a frozen permeameter[J]. Soil Science Society of American Proceedings, 1975, 39(6): 1029-1036.

[31] HORIGUCHI K, MILLER R D. Experimental studies with frozen soil in an "ice sandwich" permeameter[J]. Cold Regions Science and Technology, 1980, 3(2-3): 177-183.

[32] MILLER R D. Lens initiation in secondary heaving[C]. Proceedings of the International Symposium on Frost Action in Soils, Sweden, 1977, 2: 16-18.

[33] MILLER R D. Frost heaving in non-colloidal soils[C]. Third International Conference in Permafrost, Washington, 1978.

[34] HARLAN R L. Analysis of coupled heat-fluid transport in partially frozen soil[J]. Water Resource Research, 1973, 9(5): 1314-1323.

[35] BRESLER E D, RUSSO D, MILLER R D. Estimation of pore blockage induced by freezing of unsaturated soil[C]. Conference on Soil-Water Problems in Cold Region, Alberta, 1975.

[36] SNYDER V A, MILLER R D. Tensile strength of unsaturated soils[J]. Soil Science Society of America Journal, 1985, 49(1): 58-65.

[37] O'NEIL K, MILLER R D. Exploration of a rigid ice model of frost heave[J]. Water Resources Research, 1985, 21(3): 281-296.

[38] AKAGAWA S. Experimental study of frozen fringe characteristics[J]. Cold Regions Science and Technology, 1988, 15(3): 209-223.

[39] WATANABE K, MIZOGUCHI M, ISHIZAKI T, et al. Experimental study on microstructure near freezing front during soil freezing[C]. International Symposium on Ground Freezing, Netherlands, 1997: 187-192.

[40] MIYATA Y. A macroscopic frost heave theory coupling equations and criteria for creation of new ice lens[C]. International Symposium on Ground Freezing, Netherlands, 1997.

[41] TAKEDA K, OKAMURA A. Microstructure of freezing front in freezing soils[C]. International Symposium on Ground Freezing, Netherlands, 1997.

[42] 李萍, 徐学祖, 王家澄, 等. 利用图像数字化技术分析冻结缘特征[J]. 冰川冻土, 1999, 21(2): 175-180.

[43] BOUYOUCOUS G J. Classification and measurement of the different forms of water in the soil by means of the dilatometer method[J]. Michigan Agriculture Experiment Station Technical Bulletin, 1917, 36: 36-48.

[44] PATTERSON D E, SMITH M W. The measurement of unfrozen water content by time domain reflectometry: Results from laboratory tests[J]. Canadian Geotechnical Journal, 1981, 18(1): 131-144.

[45] SPAANS E J A, BAKER J M. Examining the use of time domain reflectometry for measuring liquid water content in frozen soil[J]. Water Resources Research, 1995, 31(12): 2917-2925.

[46] KOLAIAN J H, LOW P F. Calorimetric determination of unfrozen water in montmorillonite pastes[J]. Soil Science, 1963, 95(6): 376-384.

[47] WILLIAMS P J. Unfrozen water content of frozen soils and soil moisture suction[J]. Géotechnique, 1964, 14(3): 231-246.

[48] HORIGUCHI K. Determination of unfrozen water content by DSC[C]. Proceedings 4th International Symposium Ground Freezing, Sapporo, 1985: 33-38.

[49] KOZLOWSKI T. A comprehensive method of determining the soil unfrozen water curves 1. application of the term of convolution[J]. Cold Regions Science and Technology, 2003, 36(1-3): 71-79.

[50] KOZLOWSKI T. A comprehensive method of determining the soil unfrozen water curves 2. stages of the phase change process in frozen soil-water system[J]. Cold Regions Science and Technology, 2003, 36(1-3): 81-92.

[51] 徐学祖, 王家澄, 张立新. 冻土物理学[M]. 北京: 科学出版社, 2001.

[52] YOSHIKAWA K, OVERDUIN P P. Comparing unfrozen water content measurements of frozen soil using recently developed commercial sensors[J]. Cold Regions Science and Technology, 2005, 42(3): 250-256.

[53] OLIPHANT J L. A model for dielectric constants of frozen soils, in freezing and thawing of soil-water systems[C]. American Society of Civil Engineer, New York, 1985: 46-56.

[54] SMITH M W, TICE A R. Measurement of unfrozen water content of soils: Comparison of NMR and TDR methods[R]. U. S. Army Cold Regions Research and Engineering Laboratory, Hanover, 1988.

[55] SPAANS E J A, BAKER J M. The soil freezing characteristic: Its measurement and similarity to the soil moisture characteristic [J]. Soil Science Society of America Journal, 1996, 60(1): 9-13.

[56] HERKELRATH W N, HAMBURG S P, MURPHY F. Automatic real-time monitoring of soil moisture in a remote field area with time domain reflectometry[J]. Water Resources Research, 1991, 27(5): 857-864.

[57] BLACK P B, TICE A R. Comparison of soil freezing curve and soil water curve data for Windsor sandy loam[J]. Water Resources Research, 1989, 25(10): 2205-2210.

[58] MUALEM Y. A new model for predicting the hydraulic conductivity of unsaturated porous media[J]. Water Resources Research, 1976, 12(3): 513-522.

[59] ZHOU Y, ZHOU J, Shi X Y, et al. Practical models describing hysteresis behavior of unfrozen water in frozen soil based on similarity analysis [J]. Cold Regions Science and Technology, 2019, 157: 215-223.

[60] NIXON J F. Discrete ice lens theory for frost heave in soils[J]. Canadian Geotechnical Journal, 1991, 28(6): 843-859.

[61] HARLAN R L. Water transport in frozen and partially frozen porous media [C]. Proceedings of the Canadian Hydrology Symposium, 1971: 109-129.

[62] NIXON J F. The role of convective heat transport in the thawing of frozen soils[J]. Canadian Geotechnical Journal, 1975, 12(3): 425-429.

[63] TAYLOR G S, LUTHIN J N. A model for coupled heat and moisture transfer during soil freezing[J]. Canadian Geotechnical Journal, 1978, 15(4): 548-555.

[64] JAME Y W, NORUM D I. Heat and mass transfer in a freezing unsaturated porous medium [J]. Water Resources Research, 1980, 16(4): 918-930.

[65] NEWMAN G P, WILSON G W. Heat and mass transfer in unsaturated soils during freezing[J]. Canadian Geotechnical Journal, 1997, 34(1): 63-70.

[66] OUTCALT S. A numerical model of ice lensing in freezing soils[C]. 2nd Conference on Soil Water Problems in Cold Regions, Edmonton, 1976.

[67] 杨诗秀, 雷志栋, 朱强. 土壤冻结条件下水热耦合运移的数值模拟[J], 清华大学学报, 1988, 23(s1): 112-120.

[68] 尚松浩, 雷志栋, 杨诗秀. 冻结条件下水热耦合运移的数值模拟的改进[J]. 清华大学学报, 1997, 37(8): 62-64.

[69] SHEN M, LADANYI B. Modelling of coupled heat, moisture and stress field in freezing soil[J]. Cold Regions Science and Technology, 1987, 14(3): 237-246.

[70] 李洪升, 刘增利, 梁承姬. 冻土水热力耦合作用的数学模型及数值模拟[J]. 力学学报, 2001, 33(5): 621-629.

[71] 何平, 程国栋, 俞祁浩, 等. 饱和正冻土中的水、热、力场耦合模型[J]. 冰川冻土, 2000, (2): 135-138.

[72] 许强, 彭功生, 李南生, 等. 土冻结过程中的水热力三场耦合数值分析[J]. 同济大学学报, 2005, 33(10): 1281-1285.

[73] KONRAD J M, MORGENSTERN N R. The segregation potential of a freezing soil[J]. Canadian Geotechnical Journal, 1981, 18(4): 482-491.

[74] KONRAD J M, MORGENSTERN N R. A mechanistic theory of ice lens formation in fine-grained soils[J]. Canadian Geotechnical Journal, 1980, 17(4): 473-486.

[75] KONRAD J M, MORGENSTERN N R. Effects of applied pressure on freezing soils[J]. Canadian Geotechnical Journal, 1982, 19(4): 494-505.

[76] NIXON J F. Field frost heave predictions using the segregation potential concept[J]. Canadian Geotechnical Journal, 1982, 19: 526-529.

[77]　O'NEIL K. The physics of mathematical frost heave models: A review[J]. Cold Regions Science and Technology, 1983, 6(3): 275-291.

[78]　O'NEILL K, MILLER R D. Numerical solutions for a rigid-ice model of secondary frost heave[R]. Hanover: Cold Regions Research and Engineering Laboratory, 1982.

[79]　BLACK P B. The rigidice model of frost heave and its input functions[D]. New York: Cornell University, 1985.

[80]　李萍, 徐学祖, 陈峰峰. 冻结缘和冻胀模型的研究现状与进展[J]. 冰川冻土, 2000, 22(1): 90-95.

[81]　曹宏章, 刘石, 姜凡, 等. 饱和颗粒土一维冰分凝模型及数值模拟[J]. 力学学报, 2007, 39(6): 848-857.

[82]　GILPIN R R. A model of the "liquid-like" layer between ice and a substrate with applications to wire regelation and particle migration[J]. Journal of Colloid and Interface Science, 1979, 68(2): 235-251.

[83]　GILPIN R R. Theoretical studies of particle engulfment[J]. Journal of Colloid and Interface Science, 1980, 74(1): 44-63.

[84]　GILPIN R R. A model for the prediction of ice lensing and frost heave in soils[J]. Water Resources Research, 1980, 16(5): 918-930.

[85]　DUQUENNOI C, FREMOND M, LEVY M. Modeling of thermal soil behavior[C]. Proceedings International Symposium. Frost in Geotechnical Engineering, Finland, 1989: 895-915.

[86]　FREMOND M, MIKKOLA M. Thermomechanical modelling of freezing soil[C]. The 6th International Symposium on Ground Freezing, Beijing, 1991.

第 2 章　土壤冻结过程水热耦合计算

2.1　Harlan 水热耦合模型

Harlan 的水热耦合模型是土壤冻结过程计算中最常用到的[1-9]，在绪论中已有详细介绍，这里为了本章内容的完整性作简要介绍。Harlan 最初提出的控制方程为

$$\frac{\partial}{\partial x}\left(\rho_l K \frac{\partial \varphi}{\partial x}\right) = \frac{\partial(\rho_l \theta_u)}{\partial t} + \Delta S \tag{2-1}$$

$$\frac{\partial}{\partial x}\left(\lambda \frac{\partial T}{\partial x}\right) - c_1 \rho_1 \frac{\partial(v_x T)}{\partial x} = \frac{\partial(\overline{c_\rho} T)}{\partial t} \tag{2-2}$$

忽略对流项，引入名义热容后得到计算中常用的形式：

$$\frac{\partial}{\partial x}\left(D \frac{\partial \theta_u}{\partial x}\right) = \frac{\partial \theta_u}{\partial t} + \frac{\rho_s}{\rho_l} \frac{\partial \theta_s}{\partial t} \tag{2-3}$$

$$\frac{\partial}{\partial x}\left(\lambda \frac{\partial T}{\partial x}\right) = c_\rho \frac{\partial T}{\partial t} - L\rho_s \frac{\partial \theta_s}{\partial t} \tag{2-4}$$

本章主要基于式（2-3）和式（2-4）对土体一维冻结过程进行水热耦合计算。

2.2　有限容积法

2.2.1　简介

本章及随后章节的计算均采用有限容积法[10]，该方法处理传热、流体的问题已经相当成熟，且应用广泛，与有限差分方法相比其具备明确的物理意义，与有限元法相比其具备简单的形式，计算工作量小。

有限容积法是将所计算的区域划分成一系列控制容积，每个控制容积都有一个节点作代表，通过对控制方程在控制容积及时间上积分来导出离散方程，在导出过程中，需要对界面上的被求函数本身及一阶导数的构成作出假定，即确定型线的形式，该形式就是有限容积法中的离散格式。

2.2.2　节点方式及节点参数

与有限差分方法相同，有限容积法的区域离散化也是用一组有限个离散的点来代替原来的连续空间。一般的实施过程是：把所计算的区域划分成许多个互不重叠的子区域，确定每个子区域中的节点位置及该节点所代表的控制容积。区域离散化过程结束后，可

以得到以下 4 种几何要素:

（1）节点，需要求解的未知物理量的几何位置;

（2）控制容积，应用控制方程或守恒定律的最小几何单位;

（3）界面，即各节点相对应的控制容积的分界面位置;

（4）网络线，沿坐标轴方向联结相邻两节点而形成的曲线簇。

节点是控制容积的代表，视节点在子区域中位置的不同，可以把区域离散化的方式划分为两大类:外节点法与内节点法。

外节点法指节点位于子区域的角顶上，划分子区域的曲线簇就是网格线，但子区域不是控制容积。为了确定各节点的控制容积，需要在相邻两节点的中间位置上作界面线，由这些界面线构成各节点的控制容积。从计算过程的先后来看，是先确定节点的坐标再计算相应的界面，因而也可称为先节点后界面的方法。内节点法是节点位于子区域的中心，这时子区域就是控制容积，划分子区域的曲线簇就是控制体的界面线。就实施过程而言，先规定界面位置而后确定节点，因而是一种先界面后节点的方法。二维的直角坐标系中上述两种离散化方法示于图 2-1 中。

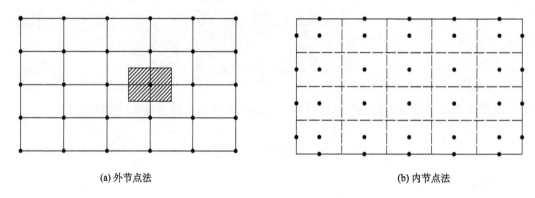

(a) 外节点法　　　　　　　　　　　　　　　(b) 内节点法

图 2-1　直角坐标系中的两种区域离散化方法

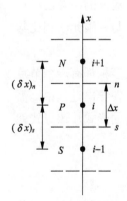

图 2-2　网格参数

为建立节点的离散方程并进行特性分析，还需对节点及有关的几何要素的命名方法作出规定，图 2-2 为一维条件下网格参数的命名方法，其中 P, S, N 表示所研究的节点及上、下方向相邻的 2 个节点，n, s 表示相应的上、下方向界面。

2.2.3　控制容积积分法

有限容积法中建立离散方程的主要方法是控制容积积分法，其主要步骤如下:

（1）将守恒型的控制方程在任一控制容积及时间间隔内对空间与时间作积分。

（2）选定未知函数及其导数对时间及空间的局部分布曲线，即型线，也就是如何从相邻节点的函数值来确定控制容积界面上被求函数值的插值方式。

（3）对各个项按选定的型线作出积分，并整理成关于节点上未知值的代数方程。

在实施控制容积积分法时常用的型线有两种，即分段线性分布及阶梯式分布。在图 2-3（a）中画出了函数 φ 随空间坐标而变化的两种型线，而图 2-3（b）中则是 φ 随时间而变化的两种型线。

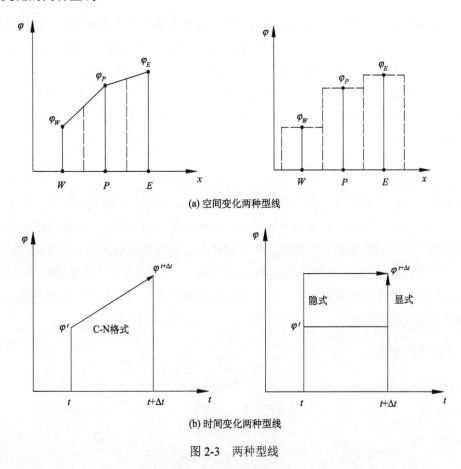

(a) 空间变化两种型线

(b) 时间变化两种型线

图 2-3　两种型线

2.3　Harlan 模型的有限容积离散

2.3.1　现有数值计算存在的问题

Harlan 模型具有耦合性及非线性两大特点，这给数值求解带来了一些困难，现有文献中进行的土壤冻结过程的数值模拟存在的问题主要有如下两点。

1. 求解方式存在问题

现有文献中均采用修正含冰量的方式进行计算，即将式（2-3）、式（2-4）离散后，首先选取含冰量初始迭代值，代入式（2-3）、式（2-4）的离散方程后获得温度及含水量，再通过土体冻结特性获得新的含冰量迭代值，如此进行反复计算。

考虑一个简单的线性方程组：

$$\begin{cases} x_1 + x_2 = 1 \\ x_1 - x_2 = 3 \end{cases} \tag{2-5}$$

给定 x_1 初值，利用第一个方程计算 x_2，再将 x_2 代入第二个方程修正 x_1，如此反复迭代，则只要初值不是真解，迭代过程无法收敛，这是因为此过程迭代矩阵的谱半径为 1，而迭代收敛的充分必要条件为迭代矩阵的谱半径小于 1。修正含冰量的计算方式与此类似，是应用迭代法求解非线性方程，其迭代矩阵更复杂，求解方式无数学基础，难以保证迭代过程对含冰量起修正作用，已有文献中模拟给出了该计算过程中产生的振荡，其实质是不收敛造成的。

2. 引入了附加条件

一些文献在进行水热耦合计算中引入了非必要的附加条件，有的计算在整个冻土区应用了克拉佩龙方程简化，并认为大气压下冻土中冰压力增量为零，这两点均有较大争议，尤其关于冰压力的假设更与刚性冰模型相悖。有的计算假定了在每个时间步长内含冰量保持不变，冻土区中未冻水自由流动，在时间步长终点多余的未冻水瞬时冻结成冰，这实际上是强制冻土区在时间步长端点处满足冻结特性关系，冻土区中计算所得到的水分并非真实发生的流动。

2.3.2　方程系统变形

未冻土区含冰量为 0，于是该区域中水热耦合方程为

$$\begin{cases} C_{\mathrm{v}} \dfrac{\partial T}{\partial t} = \dfrac{\partial}{\partial x}\left(\lambda \dfrac{\partial T}{\partial x} \right) \\ \dfrac{\partial}{\partial x}\left(D \dfrac{\partial \theta_{\mathrm{u}}}{\partial x} \right) = \dfrac{\partial \theta_{\mathrm{u}}}{\partial t} - \dfrac{\partial K}{\partial x} \end{cases} \tag{2-6}$$

在冻土区中，将冻结特性代入式（2-4），与式（2-3）联立消去含冰量并简化后可以得到仅含温度变量的下式[8]：

$$\left(C_{\mathrm{v}} + L\rho_{\mathrm{w}} \frac{\mathrm{d}\theta_{\mathrm{u}}}{\mathrm{d}T} \right) \frac{\partial T}{\partial t} = \frac{\partial}{\partial x}\left[\left(\lambda + DL\rho_{\mathrm{w}} \frac{\mathrm{d}\theta_{\mathrm{u}}}{\mathrm{d}T} \right) \frac{\partial T}{\partial x} \right] + L\rho_{\mathrm{w}} \frac{\partial K}{\partial x} \tag{2-7}$$

式（2-6）和式（2-7）构成新的方程体系，求解该体系可以获得未冻土中的 θ_{u}, T，冻土中的 T，然后冻土中的 θ_{u} 通过土体冻结特性获得，θ_{i} 通过式（2-3）或式（2-4）的离散格式确定。

以上分析说明水热耦合方程中 $\partial \theta_{\mathrm{i}}/\partial t$ 项带来的耦合并非真正的耦合，通过方程变形

后，按照一定的求解次序完全可以实现解耦运算。

2.3.3　有限容积离散

本章采用外节点方式布置有限容积网格，节点编号自未冻土区向冻土区为 $1\sim N$，其中 $1\sim N_1$ 为未冻土区中的节点，$(N_1+1)\sim N$ 为冻土区中的节点，网格基本参数在图 2-2 中已有介绍。

下面以控制容积积分法建立式（2-6）中的第一个式子的离散方程，将该式对图 2-2 所示的控制容积 P 在 Δt 时间间隔内作积分，得到：

$$C_v \int_s^n (T^{t+\Delta t} - T^t) \mathrm{d}x = \int_t^{t+\Delta t} \left[\left(\lambda \frac{\partial T}{\partial x} \right)_n - \left(\lambda \frac{\partial T}{\partial x} \right)_s \right] \mathrm{d}t \qquad (2\text{-}8)$$

为了完成各项积分以获得节点上未知值间的代数方程，需要对各项中变量的型线做出选择，正是在这一步中，引入了对被求量的近似。

首先对于式（2-8）中左侧非稳态项，需要选定 T 随空间 x 而变化的型线，这里取为阶梯式，即同一控制容积中各处的 T 值相同，等于节点上的值 T_P，于是有

$$C_v \int_s^n (T^{t+\Delta t} - T^t) \mathrm{d}x = C_v (T_P^{t+\Delta t} - T_P^t) \Delta x \qquad (2\text{-}9)$$

对于式（2-8）右侧的扩散项，选取一阶导数随时间作隐式阶跃式的变化，得到

$$\int_t^{t+\Delta t} \left[\left(\lambda \frac{\partial T}{\partial x} \right)_n - \left(\lambda \frac{\partial T}{\partial x} \right)_s \right] \mathrm{d}t = \left[\lambda_n \left(\frac{\partial T}{\partial x} \right)_n^{t+\Delta t} - \lambda_s \left(\frac{\partial T}{\partial x} \right)_s^{t+\Delta t} \right] \Delta t \qquad (2\text{-}10)$$

与有限元法不同，有限元法中的型函数在确定了以后便不再改变，而有限容积法中可以在不同项中选取不同的型线。进一步，在式（2-10）中取 T 随 x 呈分段线性的变化，则有

$$\left(\frac{\partial T}{\partial x} \right)_n^{t+\Delta t} = \frac{T_N^{t+\Delta t} - T_P^{t+\Delta t}}{(\delta x)_n}, \qquad \left(\frac{\partial T}{\partial x} \right)_s^{t+\Delta t} = \frac{T_P^{t+\Delta t} - T_S^{t+\Delta t}}{(\delta x)_s} \qquad (2\text{-}11)$$

最后对于界面上的 λ_s，λ_n，文献[10]中指出，对于这类表征界面上传递性质的参数，应取为邻近两节点的调和平均值，部分文献[9]将界面上的传递参数取为算术平均值是不合理的，这样会导致界面上的传输阻力主要由传递系数大的节点决定，这是不符合传递基本原理的。

最终得到 P 节点的离散控制方程为

$$C_v \frac{T_P^{t+\Delta t} - T_P^t}{\Delta t} = \frac{\lambda_s T_s^{t+\Delta t} - (\lambda_s + \lambda_n) T_P^{t+\Delta t} + \lambda_n T_N^{t+\Delta t}}{\Delta x^2} \qquad (2\text{-}12)$$

类似以上过程，将方程（2-6）在未冻土区 i 的控制容积 $s\text{-}n$ 中及 Δt 时间上积分后化简得到：

$$a_i T_{i-1}^{n+1} + b_i T_i^{n+1} + c_i T_{i+1}^{n+1} = d_i \tag{2-13}$$

$$e_i (\theta_{\mathrm{u}})_{i-1}^{n+1} + f_i (\theta_{\mathrm{u}})_i^{n+1} + g_i (\theta_{\mathrm{u}})_{i+1}^{n+1} = h_i \tag{2-14}$$

式中，$a_i = \lambda_s / (\delta x)_s$；$c_i = \lambda_n / (\delta x)_n$；$d_i = -C_{\mathrm{v}} T_i^n \Delta x / \Delta t$；$b_i = -a_i - c_i - C_{\mathrm{v}} \Delta x / \Delta t$；$e_i = D_s / (\delta x)_s$；$g_i = D_n / (\delta x)_n$；$f_i = -e_i - g_i - \Delta x / \Delta t$；$h_i = -(\theta_{\mathrm{u}})_i^n \Delta x / \Delta t + K_s - K_n$。

对于冻土中的控制容积 i，利用方程（2-7）同样可以得到离散方程：

$$l_i T_{i-1}^{n+1} + m_i T_i^{n+1} + p_i T_{i+1}^{n+1} = q_i \tag{2-15}$$

式中，$l_i = [D_s (\mathrm{d}\theta_{\mathrm{u}} / \mathrm{d}T)_s + \lambda_s / (L\rho_{\mathrm{w}})] / (\delta x)_s$；$p_i = [D_n (\mathrm{d}\theta_{\mathrm{u}} / \mathrm{d}T)_n + \lambda_n / (L\rho_{\mathrm{w}})] / (\delta x)_n$；$m_i = -l_i - p_i - [\mathrm{d}\theta_{\mathrm{u}} / \mathrm{d}T + C_{\mathrm{v}} / (L\rho_{\mathrm{w}})] \Delta x / \Delta t$；$q_i = -[\mathrm{d}\theta_{\mathrm{u}} / \mathrm{d}T + C_{\mathrm{v}} / (L\rho_{\mathrm{w}})] \Delta x / \Delta t T_i^n + K_s - K_n$。

式中，下标 s, n 分别表示在界面上的参数，表征传递的参数取相邻两节点的调和平均值；非传递参数如 $\mathrm{d}\theta_{\mathrm{u}} / \mathrm{d}T$ 在界面上的值可取为相邻两节点的算术平均值。

2.3.4　特殊节点的离散

由于 N_1 节点在未冻土区，该节点上 T 与 θ_{u} 是没有函数关系的，$\mathrm{d}\theta_{\mathrm{u}} / \mathrm{d}T$ 无意义，因而 N_1+1 节点在 s 界面上 $\mathrm{d}\theta_{\mathrm{u}} / \mathrm{d}T$ 也无意义，该界面上 θ_{u} 的梯度不能通过引入 $\mathrm{d}\theta_{\mathrm{u}} / \mathrm{d}T$ 的方式转化为 T 的梯度，而应当直接由 N_1 及 N_1+1 节点的 θ_{u} 表示，由此推导的式（2-15）在 N_1+1 节点的离散方程为

$$A(\theta_{\mathrm{u}})_{N_1}^{n+1} + BT_{N_1}^{n+1} + C(\theta_{\mathrm{u}})_{N_1+1}^{n+1} + ET_{N_1+1}^{n+1} + FT_{N_1+2}^{n+1} = G \tag{2-16}$$

式中，$A = D_s / (\delta x)_s$；$B = \lambda_s / [L\rho_{\mathrm{w}} (\delta x)_s]$；$C = -D_s / (\delta x)_s$；$F = [D_n (\mathrm{d}\theta / \mathrm{d}T)_n + \lambda_n / (L\rho_{\mathrm{w}})] / (\delta x)_n$；$E = -F - B - [\mathrm{d}\theta_{\mathrm{u}} / \mathrm{d}T + C_{\mathrm{v}} / (L\rho_{\mathrm{w}})] \Delta x / \Delta t$；$G = -[\mathrm{d}\theta_{\mathrm{u}} / \mathrm{d}T + C_{\mathrm{v}} / (L\rho_{\mathrm{w}})] \Delta x T_{N_1+1}^n / \Delta t + K_s - K_n$。

N_1 节点的水分方程（2-14）及式（2-16）中均出现了 N_1+1 节点的未冻水含量 $(\theta_{\mathrm{u}})_{N_1+1}^{n+1}$，于是需要在 N_1+1 节点引入土体冻结特性关系式，对于此非线性方程可以采用牛顿切线法用线性化方程代替：

$$(\theta_{\mathrm{u}})_{N_1+1}^{n+1} - (\mathrm{d}\theta_{\mathrm{u}} / \mathrm{d}T)^* T_{N_1+1}^{n+1} = \theta_{\mathrm{u}}^* - (\mathrm{d}\theta_{\mathrm{u}} / \mathrm{d}T)^* T^* \tag{2-17}$$

式中，带*为上次迭代的近似值。需要指出的是，对于水热耦合模型式（2-3）和式（2-4），比较简单的数学方法是直接对其进行离散，然后与土体冻结特性联立，用牛顿切线法求解完整的非线性方程组，这样计算的缺点在于线性化方程较多，影响收敛速度，方程阶数高，导致牛顿法迭代耗时。

在外节点法中，边界节点（1 与 N）只包含半个控制容积，温度边界为第一类边界，可以直接给出；水流边界通常有开放系统及封闭系统两种方式，以 1 节点为例，在无压差自由补水条件下为

$$\theta_{\mathrm{u}1} = (\theta_{\mathrm{u}1})_0 \tag{2-18}$$

而对于封闭系统，需要将式（2-6）中第二式对 1 节点控制容积积分，并利用其 s 界面流量为 0 得到：

$$H(\theta_u)_1^{n+1} + I(\theta_u)_2^{n+1} = J \qquad (2\text{-}19)$$

式中，$H = -2D_n / (\delta x)_n - \Delta x / \Delta t$；$I = 2D_n / (\delta x)_n$；$J = -\Delta x (\theta_u)_1^n / \Delta t - 2K_n$。

式（2-13）～式（2-17）及边界条件式（2-18）或式（2-19）便构成了待求变量系统 $(\theta_u)_1, (\theta_u)_2, T_2, \cdots, (\theta_u)_{N_1}, T_{N_1}, (\theta_u)_{N_1+1}, T_{N_1+1}, \cdots, T_{N-1}$ 的封闭线性方程组，该方程组的系数矩阵是一个 $N+N_1-1$ 阶稀疏对角阵，求解后再通过土体冻结特性即可以获得冻土中的未冻水含量，含冰量采用式（2-3）或式（2-4）的离散格式确定，若采用式（2-3）则在边界 N 节点需要确定外侧虚拟节点热流，较复杂，本书采用式（2-4）的离散方程确定：

$$(\theta_i)_i^{n+1} = (\theta_i)_i^n + \rho_w \Delta t / (\rho_i \Delta x)[\alpha(\theta_u)_{i+1}^{n+1} + \beta(\theta_u)_{i-1}^{n+1} + \gamma(\theta_u)_i^{n+1} + \Delta x(\theta_u)_i^n / \Delta t - K_s + K_n]$$

$$(2\text{-}20)$$

式中，$\alpha = D_n / (\delta x)_n$；$\beta = D_s / (\delta x)_s$；$\gamma = -\alpha - \beta - \Delta x / \Delta t$。

对于边界节点 N，仅包含半个控制容积，在其上积分并利用 n 界面流量为 0 得到：

$$(\theta_i)_N^{n+1} = (\theta_i)_N^n + \rho_w \Delta t / (\rho_i \Delta x)[\alpha(\theta_u)_{N-1}^{n+1} + \beta(\theta_u)_N^{n+1} + \Delta x(\theta_u)_N^n / \Delta t - 2K_s] \qquad (2\text{-}21)$$

式中，$\alpha = 2D_s / (\delta x)_s$；$\beta = -\alpha - \Delta x / \Delta t$。

以上计算中，方程的系数也是采用 $n+1$ 时刻的，首次计算时采用 n 时刻状态变量计算方程系数，获得 $n+1$ 时刻状态变量后更新方程系数进行重复计算，达到一定精度后进行下一时间步的计算。

2.3.5　时间步长的确定

计算过程中，需要对时间步长进行调节，其基本原则是在水热状态变化较快时，取时间步长较小，在水热状态变化较慢时，取时间步长较大。

冻土区与未冻土区的控制方程有本质差别，对于锋面附近节点 N_1，经过一个时间步长 Δt 后，其状态由非冻结转变为冻结，该节点在始末状态的控制方程不同，采用未冻土区的控制方程或冻土区控制方程均不能描述节点经历的实际过程，因而当 N_1 节点出现状态改变时，还需要确定临界时间步长 Δt_c，即 N_1 节点恰好进入冻结状态的时间步长，这样才能确保离散系统与微分方程系统所描述的物理过程的一致性。

在计算过程中，若 N_1 节点状态发生改变，此时时间步长为 Δt_1，则临界时间步长在区间（0，Δt_1）上，于是 Δt_c 可以采用二分法进行确定。

2.4　水热耦合数值计算及试验对比

2.4.1　石英粉的水平冻结

用于对比的第一组试验是文献[4]中的石英粉（silica flour）在封闭系统中的水平冻结，

此时 $\partial K / \partial x$ 不存在。试样长 30cm，直径 10cm，干密度 1.33g/cm³，初始质量含水量为 15.59%，冻结进行 72h，初始温度 20℃，开始冻结时暖端恒定在 20℃，文献[4]以图形曲线形式给出冷端边界，本书近似以分段线性降温代替，冷端起始 0.5h 温度为 0℃，0.5～1h，降温至−5℃，1～2h 降温至−7℃，2～12h 降温至−10℃并维持。

冻结特性曲线在文献[4]中也以图形给出，可以近似以三段直线表示：

$$\theta_{u} = \begin{cases} 0.76T + 0.45, & -0.5 \leqslant T \leqslant 0 \\ 0.03T + 0.085, & -2 \leqslant T < -0.5 \\ 0.001T + 0.027, & T < -2 \end{cases} \tag{2-22}$$

由于计算中需要导数的信息，直线交点处需要局部光滑化，其导数为左右导数的平均值。

介质的水分扩散系数为（cm²/s）：

$$D = \begin{cases} 10^{-4} \times 10^{10\theta_u} / I, & \theta_{u} \geqslant 0.1 \\ 10^{-5} \times 10^{20\theta_u} / I, & \theta_{u} < 0.1 \end{cases} \tag{2-23}$$

式中，冰阻抗因子 I 按 Taylor 和 Luthin 的建议取 $10^{10\theta_i}$。

石英粉介质的体积热容为

$$C_{v} = \rho_{d}(C_{s} + 4.184w_{u} + 2.10w_{i}) \tag{2-24}$$

式中，ρ_{d} 为干密度，1.33g/cm³；C_{s} 为介质骨架的质量比热，0.837J/（g·℃）；w_{u} 及 w_{i} 分别为质量含水量及含冰量。

对于导热系数参数，文献[4]中采用了 de Vries 方法，该方法通过 Maxwell 方程计算均一球体嵌入流体介质中后混合物的导热系数，其公式为

$$\lambda = \frac{\theta_{u}\lambda_{u} + F_{a}\theta_{a}\lambda_{a} + F_{s}\theta_{s}\lambda_{s} + F_{i}\theta_{i}\lambda_{i}}{\theta_{u} + F_{a}\theta_{a} + F_{s}\theta_{s} + F_{i}\theta_{i}} \tag{2-25}$$

式中，θ_{u}、θ_{a}、θ_{s}、θ_{i} 分别为未冻水、空气、石英、冰的体积含量。

对于空气有

$$F_{a} = \frac{1}{3}\left\{ \frac{2}{1 + [(\lambda_{a} / \lambda_{w}) - 1]g_{a}} + \frac{1}{1 + [(\lambda_{a} / \lambda_{w}) - 1]g_{c}} \right\} \tag{2-26}$$

其中，空气的形状因子为

$$g_{a} = 0.333 - (\theta_{a} / n)(0.333 - 0.035), \qquad g_{c} = 1 - 2g_{a} \tag{2-27}$$

对于石英及冰（即 F_{s}, F_{i}）有

$$F = \frac{1}{3}\sum_{i=a,b,c}\left[1 + \left(\frac{\lambda}{\lambda_{u}} - 1\right)g_{i}\right]^{-1} \tag{2-28}$$

根据文献[4]所给出的离散数据，拟合得到本书计算采用的石英及冰的形状因子：

$$g_{a} = 0.16, \quad g_{b} = 0.125, \quad g_{c} = 1 - g_{a} - g_{b} \tag{2-29}$$

　　图 2-4 为不同时刻温度场计算值与实测值的对比，两者基本吻合，最终冻结结束时冻结锋面计算值比实测推进稍远，温度场出现一些偏差，稳态温度场的分布主要受导热系数分布形式的影响，这种偏差应当是导热系数与实际值的差别造成的。

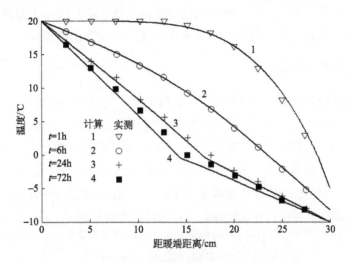

图 2-4　不同时刻温度场计算值与实测值的对比

　　图 2-5 为不同时刻总质量含水量计算值与实测值的对比。试验及计算结果均表明，随着冻结锋面的推进，发生了未冻土区向冻土区的水分迁移，冻土区的含水量高于未冻土区，且伴随着冻结锋面的远离，已冻土区基本不再发生水分迁移，这是已冻土区水分扩散系数很小造成的，因而冻结过程中的水分重分布可以认为仅发生在未冻土区至冻结锋面附近；在冷端附近，计算得到的水分场产生了较高程度的积累，从含冰量计算式（2-20）与式（2-21）的差别可以看出，对于封闭边界，其过程类似于存在一虚拟外节点同时向冷端进行水分输运，因而造成了冷端积累程度高，文献[4]中试验未测量冷端

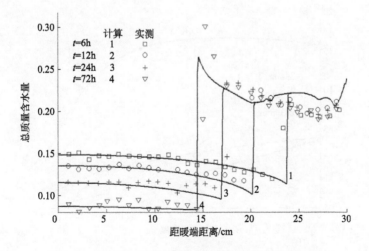

图 2-5　不同时刻总质量含水量计算值与实测值的对比

1cm 附近的含水量，冷端的积累现象与文献[11]中的试验结果吻合；从实测及计算均可以看出，较显著的水分积累发生在锋面推进缓慢并稳定后，而锋面持续推进阶段，水分积累基本处于同一水平，含水量计算结果与实测结果在稳定冻结锋面附近偏差较大，这与冻结锋面的推进距离有关，计算所得到的稳定冻结锋面距离冷端比实测值较远，造成其附近的含水量积累相对试验值较少；在未冻土区，含水量计算值与实测值吻合较好。

2.4.2　张掖壤土的竖直冻结

另一组对比试验为文献[12]中张掖壤土的自上而下封闭冻结试验，土柱高 13.68cm，直径 11.36cm，干容重 1.50g/cm^3，初始均匀体积含水量 0.2208，饱和度 49.68%，冻结进行 2830min，初始温度场分布及边界温度在文献[12]中以离散点的形式给出，本书在离散点之间视为线性，计算参数在文献[12]中也有完整详细介绍，限于篇幅，本书仅列出文献[12]中以曲线形式给出的参数及与解释计算结果相关的试验条件和参数。

冻结特性曲线在文献[12]中以曲线给出，近似为两段直线：

$$\theta_u = \begin{cases} 0.75T + 0.475, & -0.5 \leqslant T \leqslant 0 \\ 0.00526T + 0.1026, & T < -0.5 \end{cases} \tag{2-30}$$

张掖壤土的水分扩散系数为（cm^2/min）：

$$D = 2.03 \times G^{7.35} / I \tag{2-31}$$

式中，冰阻抗因子同样为 $I = 10^{10\theta_i}$；G 为饱和度。

文献[12]中给出的冷端边界条件在 86～367min 由−2.16℃升温至−1.34℃，在这一阶段，可能会出现冻结锋面的退化，计算中，以含冰量的变化判断 N_1+1 控制容积是否退化为未冻结状态。

图 2-6 为温度场在 3 个时刻的计算值与实测值的对比，两者吻合较好；图 2-7 为试验结束时总体积含水量计算值与实测值的对比，计算结果很好地反映了水分重分布的趋

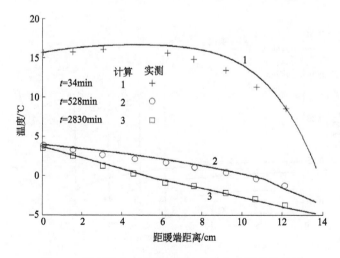

图 2-6　温度场在 3 个时刻的计算值与实测值的对比

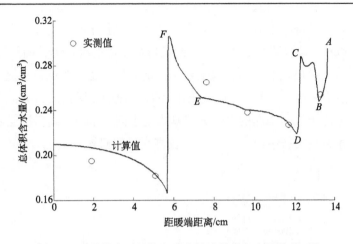

图 2-7　试验结束时总体积含水量计算值与实测值的对比

势，本书计算的水分场结果与文献[12]在距离暖端 12cm 以内是一致的，但在冷端附近文献[12]中的计算并未出现类似曲线上 *B-C* 的积累，由于在冷端 1.6cm 附近没有足够多的实测点，无法给出在这段短土柱内的水分场的变化规律，下面从冻结锋面推进的角度解释计算结果。

图 2-8 为计算所得到的冻结锋面的推进曲线（以含冰量判断），图 2-9 为温度回升阶段（86~367min）冷端附近的温度场变化。

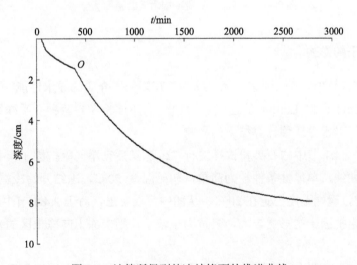

图 2-8　计算所得到的冻结锋面的推进曲线

从图 2-8 可以看出，冻结锋面的推进可分为两个阶段，*O* 点是这两个阶段的分界点，该结果是冷端边界温度回升造成的。图 2-9 中温度曲线表明在边界升温阶段，尽管冷端附近出现了温度回升，但升温范围距离冷端较近（1cm 内），冻结锋面未发生退化。在第一阶段，冻结锋面由图 2-7 中 *A* 点开始向暖端推进，其速度很快减小（图 2-8），从而锋面附近能够出现较高程度的水分积累，对应为图 2-7 中水分场曲线 *B-C* 段，*C* 点所对应位置距冷端约 1.4cm，该点即图 2-8 中第一阶段锋面推进的终点 *O*，曲线段 *B-C* 中的台阶是由于该阶段冻土区出现了升温，水阻减小，造成积累程度的进一步提高；第二阶段开始后，冻结锋面快速推进，水分场曲线出现了 *C-D* 段的陡降，在 *D-E* 段由于锋面推进速度变化不大，未冻土区向锋面的水分积累基本处于同一水平，随着冻结锋面最终进一步的推进缓慢，水分场曲线中出现了 *D-E* 段较高水平的积累。

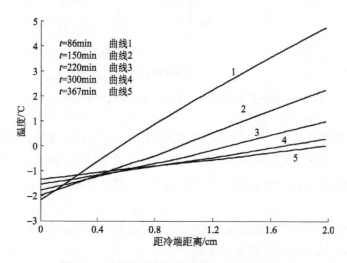

图 2-9   温度回升阶段冷端附近的温度场分布

2.4.3   阻抗因子的影响

在 2.4.2 节计算中，考虑到冻土区中冰的存在降低了介质的导水性能，引入了阻抗因子 *I*，并按照 Taylor 和 Luthin 的建议取为 $10^{10\theta_i}$，下面将考察两种介质冻结过程中选取不同的阻抗因子对水分迁移计算结果的影响。

图 2-10 为 2.4.1 节中的石英粉试样进行 72h 冻结后在不同阻抗因子指数下计算得到的最终水分场曲线，单值性条件较为简单，初始温度 20℃，冻结开始冷端线性降温 4h 至−10℃并恒定，暖端温度恒定在 20℃。从图中可以看出，对于 2.4.1 节中石英粉试样，其水分迁移受阻抗因子的影响较大，阻抗因子较小，则未冻土向冻土区的水分迁移较显著，反应较敏感。

图 2-11 为 2.4.2 节中的张掖壤土试样进行 2830min 冻结后在选取与不选取阻抗因子条件下计算得到的最终水分场分布曲线，初始温度 5℃，冻结开始冷端线性降温 2h 至−5℃并恒定，暖端温度恒定在 5℃。从图中可以看出，选取阻抗因子 $10^{10\theta_i}$ 与不选取阻抗因子仅在最终稳定冻结锋面附近有差异，试样其他区域基本无影响。

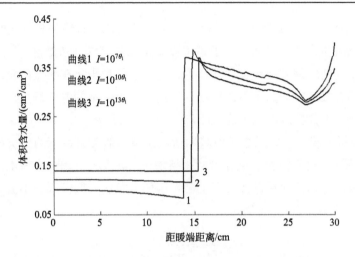

图 2-10　阻抗因子对石英粉试样冻结水分迁移的影响

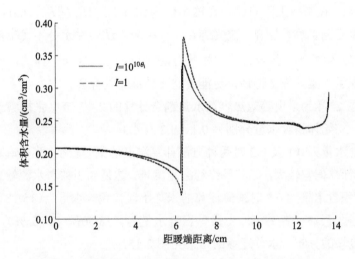

图 2-11　阻抗因子对张掖壤土试样冻结水分迁移的影响

　　两组试样对于阻抗因子的敏感性不一样，这是两者水分扩散能力的差别造成的，初始时刻两者体积含水量均在 0.2 左右，此状态下石英粉试样水分扩散系数为 10^{-2}cm²/s，而张掖壤土试样的水分扩散系数为 2×10^{-4} cm²/s，阻抗因子对冻结石英粉试样影响的绝对数值较大，因而石英粉试样对阻抗因子较为敏感，而对张掖壤土试样在冻结状态下水分扩散系数影响的绝对数值较小，因而在锋面推进阶段其基本不受阻抗因子影响，仅在锋面前进缓慢及稳定时由于较长时间的积累造成了一定的差异。

2.5　水分迁移对温度场的影响

　　在土壤冻结过程中，温度场的准确计算具有重要的意义，例如，一些冻胀预报模式需要预先计算温度场的分布[13]，而在冻结法应用中，温度场计算是确定冻结壁强度的基础。现有文献在计算温度场[9,13]时，一般将土壤冻结类似于普通的相变传热来求解，即认为相变潜热仅发生在冻结锋面处，于是可以采用显热容法（热焓法）[9]进行求解，这对于负温下持水性能较差的粗粒土勉强适用，但对于细粒土，在很低的负温下也存在未冻水，采用这种方式进行计算是不合理的，适用于土壤冻结的温度场模型应当充分考虑到不同土体在负温下的持水性能不同。

2.4 节中分析表明，水热耦合模型基本适用于模型假设条件下的土壤冻结过程，从2.4.2 节中可以看出，对于约 50%饱和度的张掖壤土，其冻结过程中未冻土段向冻土段的水分迁移量较少，考虑低含水量情形下土壤导湿能力较弱，假设水分不流动，则水热耦合模型式（2-3）和式（2-4）变化为

$$\overline{C_v}\frac{\partial T}{\partial t}=\frac{\partial}{\partial x}\left(\lambda\frac{\partial T}{\partial x}\right) \tag{2-32}$$

式中，等效热容$\overline{C_v}$在未冻土段即C_v，在冻土段为$C_v+L\rho_w\partial\theta_u/\partial T$。Harlan 在提出水热耦合模型时，也用到了等效热容，定义为$C_v-L\rho_i\partial\theta_i/\partial T$，在水分不发生流动时，两者等价。式（2-32）中的等效热容方法与显热容法在形式上是完全一样的，仅物性参数不同，且该法考虑了土壤的冻结特性，更能反映土体冻结的介质特点。

图 2-12～图 2-14 为采用等效热容及水热耦合计算的 2.4.3 节中张掖壤土冻结过程所得到的温度场，初始体积含水量分别为 0.1、0.2 及 0.3。

初始体积含水量为 0.1 及 0.2 时两种方法计算温度场偏差较小，而初始体积含水量为 0.3 时两种方法计算偏差较大，尤其最终稳态温度场。这是由于前者水流较弱，对传热影响较小，初始体积含水量为 0.2 时最终计算的未冻土段体积含水量为（15.18%～19.66%）；而后者水流较强，最终计算的未冻土段体积含水量为（18.56%～21.55%），强烈的水分迁移影响了温度场的分布，水分迁移的结果见图 2-15。

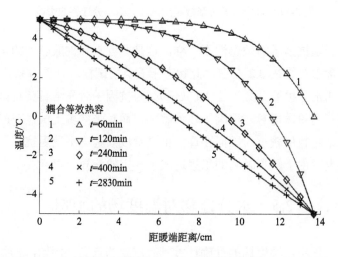

图 2-12　初始体积含水量为 0.1 时两种方法中计算温度场对比

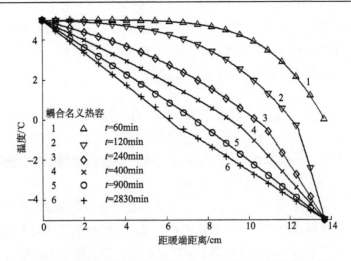

图 2-13　初始体积含水量为 0.2 时两种方法中计算温度场对比

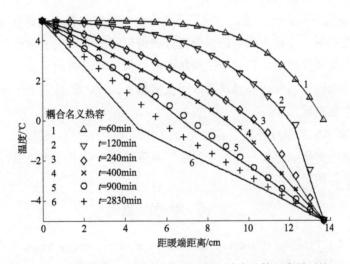

图 2-14　初始体积含水量为 0.3 时两种方法中计算温度场对比

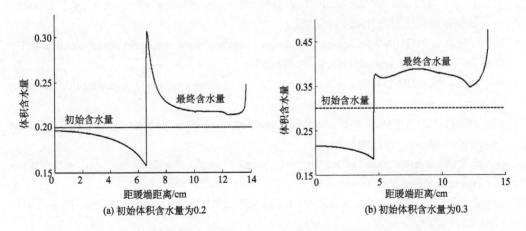

(a) 初始体积含水量为0.2　　　　　　　　　(b) 初始体积含水量为0.3

图 2-15　两组 Harlan 模型计算初始及最终含水量

冻结过程中的水分迁移对温度场的影响主要在两个方面：分凝相变释放了更多的潜热；水分迁移导致孔隙成分的改变，影响导热参数。前者对瞬态温度场影响较大，后者直接影响了稳态温度场分布。

2.6　本章小结

本章对利用 Harlan 水热耦合模型计算土壤在一维冻结过程中的水热输运问题进行了研究，所做的工作及得到的主要结论如下：

（1）指出了现有计算存在收敛性差、引入非必要条件等问题，采用有限容积法，合理选择求解次序解耦后建立了一种新的离散格式，详细介绍了时间步长选择、特殊节点离散等问题，计算了石英粉及张掖壤土试样在相应试验条件下的冻结过程，温度及水分场的计算结果基本与试验值吻合。

（2）数值及试验结果均表明，较显著的水分积累发生在冻结锋面推进缓慢时，且已冻土中水分迁移弱，冻结过程中的水分重分布可以认为仅发生于未冻土区至冻结锋面。冰阻抗因子影响研究表明，石英粉试样导湿能力强，对阻抗因子敏感，阻抗因子越小，未冻土段向冻土段的水分迁移越显著，而张掖壤土试样，阻抗因子选择与否仅在最终冻结锋面附近产生差异。

（3）土壤冻结的温度场模型需要充分考虑到介质的特点，建议在低含水量、水分迁移较弱时，采用简化的等效热容法计算冻结温度场分布；当水流较强时，需要考虑水分重分布对温度场的影响。

参 考 文 献

[1] HARLAN R L. Analysis of coupled heat-fluid transport in partially frozen soil[J]. Water Resource Research, 1973, 9(5): 1314-1323.

[2] NIXON J F. The role of convective heat transport in the thawing of frozen soils[J]. Canadian Geotechnical Journal, 1975, 12(3): 425-429.

[3] TAYLOR G S, LUTHIN J N. A model for coupled heat and moisture transfer during soil freezing[J]. Canadian Geotechnical Journal, 1978, 15(4): 548-555.

[4] JAME Y W, NORUM D I. Heat and mass transfer in a freezing unsaturated porous medium[J]. Water Resources Research, 1980, 16(5): 918-930.

[5] NEWMAN G P, WILSON G W. Heat and mass transfer in unsaturated soils during freezing[J]. Canadian Geotechnical Journal, 1997, 34(1): 63-70.

[6] Outcalt S. A numerical model of ice lensing in freezing soils[C]. The 2nd Conference on Soil Water Problems in Cold Regions, Edmonton, 1976.

[7] 杨诗秀, 雷志栋, 朱强. 土壤冻结条件下水热耦合运移的数值模拟[J]. 清华大学学报, 1988, 23(s1): 112-120.

[8] 尚松浩, 雷志栋, 杨诗秀. 冻结条件下水热耦合运移的数值模拟的改进[J]. 清华大学学报, 1997,

37(8): 62-64.

[9]　商翔宇, 周国庆, 周金生. 基于水动力学模型冻土冻胀数值模拟的改进[J]. 中国矿业大学学报, 2006, 35(6): 762-766.

[10]　陶文铨. 数值传热学[M]. 西安: 西安交通大学出版社, 2002.

[11]　HOEKSTRA P. Moisture movement in soils under temperature gradients with the cold-side temperature below freezing[J]. Water Resources Research, 1966, 2(2): 241-250.

[12]　胡和平, 杨诗秀, 雷志栋. 土壤冻结时水热迁移规律的数值模拟[J]. 水利学报, 1992, (7): 1-8.

[13]　李洪升, 刘增利, 李南生. 基于冻土水分温度和外荷载相互作用的冻胀模式[J]. 大连理工大学学报, 1998, 38(1): 29-33.

第3章 土体冻胀分凝冰演变规律试验研究

寒区建设工程及人工冻结法施工中所遇到的大多数冻胀危害均为有地下水源补给的情况。开放系统下土体冻胀的主要原因是分凝冰的生长，只有对分凝冰的演变规律进行充分的研究才能对冻胀机理有更加深刻的认识。本章基于土体冻结过程中电阻场的变化特征，提出了一种土体冻深新测试方法及装置；采用可视化、图像二值化处理方法对饱和颗粒土冻结过程中的分凝冰演变规律进行试验研究。

3.1 试 验 系 统

采用中国矿业大学深部岩土力学与地下工程国家重点实验室的土体冻结一维冻胀试验系统。该试验系统由恒温系统、边界温度控制系统、加载系统、补水系统、测试系统、数据采集系统组成。

3.1.1 冻结试样筒

冻结试样筒由固定钢架、有机玻璃筒和电极板三部分组成。固定钢架的作用是限制有机玻璃筒的上下移动及其在土压力作用下的侧向开裂，其结构如图 3-1 所示。

图 3-1 固定钢架

试样筒选用透光率为 95% 的有机玻璃制作，内部尺寸为长 × 宽 × 高 = 100mm × 100mm × 200mm，壁厚为 10mm。其中一个面等间距预留 16 个直径为 2mm 的孔，作为热敏电阻传感器预埋孔。有机玻璃筒一侧布置标尺，以方便视频采集分凝冰演变规律，图 3-2 为有机玻璃筒实物图。电极板的作用是采集土体电阻随空间、时间的变化规律，通过分析获得土体冻深随时间变化的规律，电极板的实物图如图 3-3 所示，图 3-4 为冻结试样筒的整体装配图。

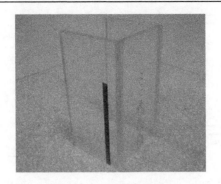

图 3-2　有机玻璃筒实物图

图 3-3　电极板实物图

图 3-4　冻结试样筒整体装配图

3.1.2　边界温度控制系统

冻胀试验应在一个相对稳定的环境温度中进行，以避免环境温度波动对土体温度场产生扰动。恒温控制箱必须满足以下四方面的功能：①能够为人工冻土冻胀融沉试验提供精确的环境温度；②能够为试验系统提供足够的操作空间；③能够为冷浴循环管、测量仪器引出线、补水管等提供预留孔；④能够观察试验进行状况。

考虑到恒温控制箱需要实现的功能，箱体由冷藏冷冻转换柜改装而成，型号为BC/BD-190S，如图 3-5 所示。箱体内部结构设计如图 3-6 所示。

图 3-5　一维冻胀试验系统

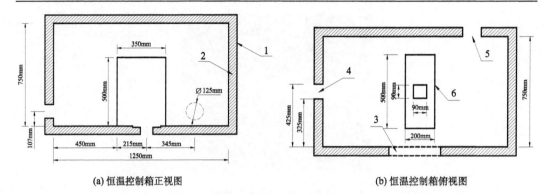

(a) 恒温控制箱正视图　　　　　　　　　　　　　(b) 恒温控制箱俯视图

图 3-6　恒温控制箱内部结构尺寸图

1. 恒温控制箱体；2. 保温层；3. 有机玻璃透视窗；

4. 高清摄像头装配孔；5. 循环管、数据线引出孔；6. 试样筒及钢支承架装配孔

为准确控制土样的边界温度，采用恒温控制冷浴装置。土样冷端采用低温恒温液浴循环两用槽，型号为 XT5201-D31-R50HG；土样暖端采用高低温恒温液浴循环槽，型号为 XT5704-LT-D31-R50C，输出温度范围为–50～90℃，温度波动为±0.05℃。

为了使冷浴输出的冷量在土样的边界截面上分布均匀，采用做成中空的黄铜冷、暖板来传递冷量，其导热性能优异，完全能够达到试验要求。图 3-7（a）、（b）分别为冷板和暖板实物图。冷板起负温恒温控制的作用，暖板起正温恒温控制和补水通道的作用，冷板、暖板尺寸相同，均为长×宽×厚=100mm×100mm×30mm。

(a) 冷板实物图　　　　　　　　　　　　　(b) 暖板实物图

图 3-7　导热铜板

3.1.3　加载系统

加载系统由加载钢架、砝码两部分组成，给土体提供垂直的恒定荷载。图 3-8 为加载钢架、砝码实物图。其中，每个砝码的质量为 12.5kg，施加于试样顶端可以提供 12.5kPa 的压力。

(a) 加载钢架实物图　　　　　　　　　　(b) 砝码实物图

图 3-8　加载系统

3.1.4　补水系统

为了消除重力对补水的影响，实现无压补水，利用虹吸原理，自行设计了马里奥特瓶补水系统，其直径为 30mm，高度为 600mm，最大补水量为 1400mL。图 3-9（a）为补水系统设计图，图 3-9（b）为补水系统实物图。

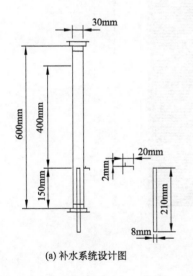

(a) 补水系统设计图　　　　　　　　　　(b) 补水系统实物图

图 3-9　补水系统

3.1.5　测试系统

测试系统主要由四部分组成。

1. 冻胀量测试

冻胀量测试采用量程为 30mm、精度为 0.01mm 的 YHD-50B 型位移计。试验时，将位移计置于试样顶端冷板上方便可采集土体冻胀量实时变化值。

2. 温度场测试

对于土体离散点的温度场采集使用 MF5E-2.202F 型热敏电阻传感器，误差为±0.1%。土体高 15cm，沿土体高度每隔 1cm 布置一个热敏电阻传感器，同时利用在土体边界布置的热敏电阻传感器实时采集试验过程中的边界温度，并根据监测结果调控冷、暖端的温度。

3. 土体电阻测试

通过自行研制的电极板对土体电阻场进行测试，通过测量电极板上每两个铜极之间的电阻可以反映土体不同位置处的电阻场变化情况。依据土体冻结前后电阻场的变化可以对土体冻深随时间变化的规律进行判断。图 3-10 为电极板设计图。

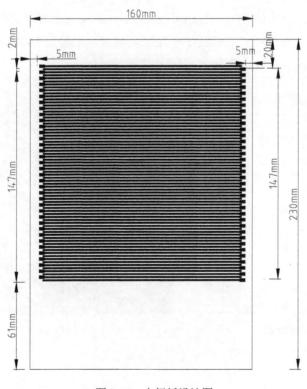

图 3-10   电极板设计图

4. 分凝冰生长动态测试

对土体冻胀过程拍照并获取分凝冰图片，将彩色分凝冰图片转换为灰度图，然后进行二值化处理，便可得到分凝冰厚度。图 3-11 为高清摄像头及其辅助移动架，该移动架由微型步进电机控制，通过自行编制的 VB 程序，可以实现摄像头上下及左右方向的移动，从而对分凝冰的演变过程进行准确的拍摄。

图 3-11　高清摄像头及其辅助移动架

3.1.6　数据采集系统

数据采集系统由 DataTaker 515、DataTaker 800、计算机等组成，如图 3-12 所示。DataTaker 515 具有 10 个通道，DataTaker 800 具有 12 个通道，可以同时对位移计、热敏电阻传感器、电极板进行数据采集。

图 3-12　数据采集系统

3.2　系统可靠性验证

为了确保试验结果真实可信，对系统边界温度稳定性、试验结果重复性、电极板测试可靠性进行试验验证。

3.2.1　边界温度稳定性

图 3-13 为连续冻结条件下试样冷端、暖端温度随时间变化的曲线，由图可见，试样的边界温度稳定，可以认为在整个试验过程中，边界温度恒定不变。

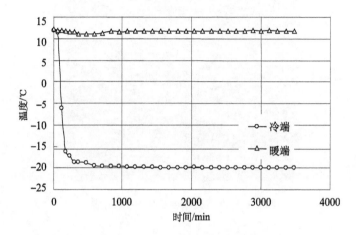

图 3-13　连续冻结条件下试样冷端、暖端温度随时间变化的曲线

为了满足土体一维冻结的要求，土体侧面应进行绝热处理，但试验过程中要对分凝冰演变过程进行图像采集，土体的一个侧面会暴露在测试环境中，所以对土体所处的测试环境要进行保温处理。

图 3-14 为一个试验过程中经过二次保温后的环境温度，最大值为 2.6℃，最小值为 1.4℃，温度波动控制在 ±0.5℃ 范围内，说明二次保温技术具有很好的效果。

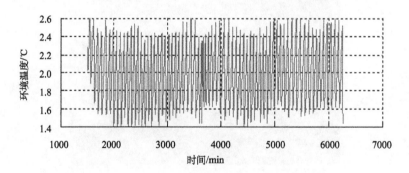

图 3-14　一个试验过程中经过二次保温后的环境温度

3.2.2　试验结果重复性

为了验证试验系统的可重复性，对饱和粉质黏土在 25kPa 外荷载条件下进行两组同水平的对比试验，冻胀量对比曲线如图 3-15 所示。

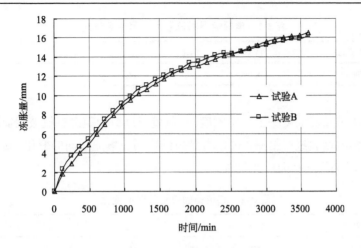

图 3-15 两组同水平试验冻胀量对比曲线

由图 3-15 可见，25kPa 外荷载条件下两组同水平试验的最终冻胀量分别为 16.70mm、16.37mm，冻胀量最大偏差为 0.51mm（相对偏差 4.1%）。冻胀量曲线变化趋势基本一致，试验系统重复性较高。

3.2.3 电极板测试可靠性

利用冰水导电性的差异，通过测定沿水柱高度不同位置处的电阻变化，对结冰位置进行判断。与水柱结冰照片对比以验证电极板测试的可靠性。

由图 3-16 可见，距离有机玻璃筒底端不同位置处的电阻随时间变化趋势一致，开始冻结后，冻结锋面由上向下迁移，试验进行至 80min，距离底端 11.8cm 处电阻突然增大，分析原因是温度降低导致该位置水分冻结成冰，由于冰的电阻远大于水的电阻，故此处电阻产生突变；随着冻结过程的进行，距离底端 10.4cm、9.8cm 等处的电阻相继产生突变。将电阻突变的位置和时刻记录，得到电极板不同位置处的电阻突变时刻，如表 3-1 所示。

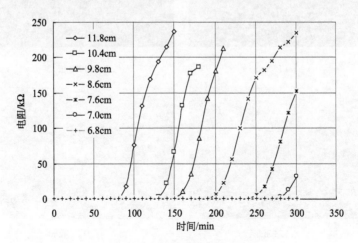

图 3-16 不同位置电阻随时间变化

表 3-1　电极板不同位置处电阻突变时刻

电极板位置/cm	11.8	10.4	9.8	8.6	7.6	7.0
突变时刻/min	80	130	150	190	240	270

　　在透明有机玻璃筒的侧壁上布置刻度尺,刻度尺读数为距离有机玻璃筒底端的高度。通过摄像头对结冰试验进行拍摄,可以得到冻结锋面位置随时间的变化,如表 3-2 所示。图 3-17 为不同时刻冻结锋面所在位置。

表 3-2　冻结锋面位置随时间变化

锋面位置/cm	11.8	10.3	9.8	8.6	7.5	7.1
时间/min	80	130	150	190	240	270

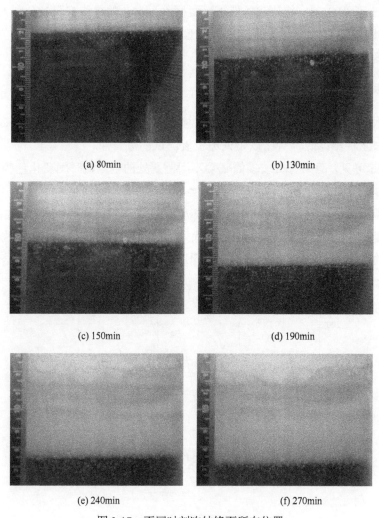

(a) 80min　　　　　　　　　　　　　(b) 130min

(c) 150min　　　　　　　　　　　　(d) 190min

(e) 240min　　　　　　　　　　　　(f) 270min

图 3-17　不同时刻冻结锋面所在位置

由表 3-1、表 3-2 可以得到冻结锋面随时间变化的曲线，如图 3-18 所示。

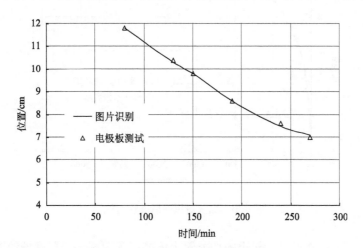

图 3-18　冻结锋面随时间变化的曲线

由图 3-18 可知，电极板测试方法得到的冻结锋面与图片识别方法获得的冻结锋面随时间变化规律基本吻合，利用冰–水相变造成的电阻突变规律进行冻深的识别是可行的。

3.3　试验材料

试验材料分别为粉质黏土和黄黏土，基于土体电阻场变化的冻深测试技术需要土体具有良好的导电性，故在试样中加入千分之一含量的炭黑以加强土体导电性，但炭黑的加入以不影响土体冻胀敏感性和温度场分布为前提。本书对饱和黄黏土在 25kPa 外荷载条件下进行了两组同水平试验，研究炭黑对土体冻胀敏感性和温度场的影响。图 3-19、图 3-20 为加入炭黑前后试样冻胀量、冻深对比曲线。

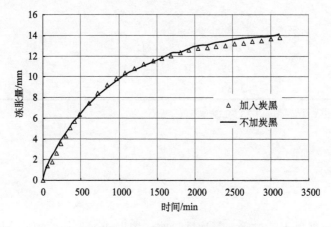

图 3-19　加入炭黑前后冻胀量对比

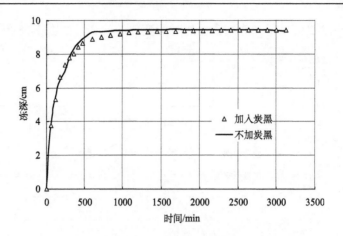

图 3-20　加入炭黑前后冻深对比

由图 3-19、图 3-20 可见,炭黑的加入对土体的冻胀敏感性、温度场的影响很小,可以忽略不计。

3.4　试验方案及步骤

3.4.1　试验方案

本章对粉质黏土、黄黏土在不同外荷载作用下的土体冻胀规律进行研究,试样干密度均为 $1.65g/cm^3$,尺寸为长×宽×高 = $0.1m×0.1m×0.15m$,试验方案见表 3-3。

表 3-3　试验方案

试验编号	补水情况	温度模式	上部荷载/kPa	暖端温度/℃	冷端温度/℃	环境温度/℃
SC1	开放系统	连续冻结	0	+12	−20	+2
SC2			25			
SC3			50			
C1	开放系统	连续冻结	0	+12	−20	+2
C2			25			
C3			50			

注:SC 为粉质黏土;C 为黄黏土;1,2,3 为试验编号。

3.4.2　试验步骤

1. 土样制备

土样碾碎、自然风干、过筛。每次试验前,按设计含水量配制,分层击实,将击实后的土样装入饱和器,放入饱和缸中进行抽气注水饱和。

2. 固结

将饱和试样从真空饱和缸中取出，在试验设计压力下固结，直至固结完成。

3. 安装

将试样放入试验箱内，置温度传感器于待测位置，铜制冷板置于土样上表面，加外荷载并将保温材料包裹于试样筒体外。调节马里奥特补水瓶内水位与土样底端位置齐平，密合试验箱箱盖，连接数据采集系统。

4. 预冷

将恒温控制箱的温度设置为+2℃，两台恒温液浴循环装置的温度设置为+12℃，进行试样预冷，使试样初始温度达到+12℃且分布均匀。预冷过程中，补水系统关闭。

5. 试验

土样达到设计的均匀温度后，调节控制面板上顶板温度于设计温度，补水系统打开，测试系统开始采集数据。

6. 测试

通过热敏电阻传感器测试各个时刻土样中的温度分布，通过补水系统量测补水量；位移计测试土样整体冻胀量；高清摄像头采集分凝冰图片。

3.5　试验结果及分析

3.5.1　温度场

由于外荷载较小，对土体温度场影响很小，所以同一种土在不同外荷载条件下的温度场几乎完全相同，仅取 25kPa 外荷载条件下土体内温度场进行分析。图 3-21、图 3-22 分别为粉质黏土、黄黏土在 25kPa 外荷载作用下的温度场。

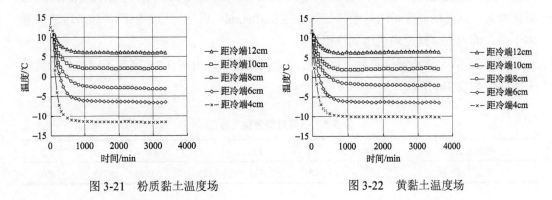

图 3-21　粉质黏土温度场　　　　　　　图 3-22　黄黏土温度场

由图 3-21、图 3-22 可知，土体温度场的变化趋势基本相同，距冷端不同位置处土体温度随时间降低，并最终趋于稳定。

利用电极板测试冻胀过程中沿土体高度的电阻变化，对冻深随时间变化进行判断。图 3-23 为粉质黏土电阻随时间变化的曲线。

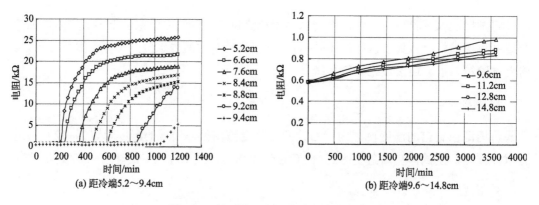

(a) 距冷端5.2~9.4cm　　　　　　　　　　(b) 距冷端9.6~14.8cm

图 3-23　粉质黏土电阻随时间变化曲线

由图 3-23 可见，距冷端 5.2~9.4cm 处的电阻变化趋势基本一致，开始冻结后，冻结锋面向土体暖端迁移，当冻结锋面迁移至测试位置时，土体孔隙水相变为冰，电阻急剧增大；随着冻结过程的进行，冻深趋于稳定，距冷端 9.6~14.8cm 处始终为未冻区，孔隙水没有发生相变，该区域内的电阻随温度缓慢增大。由以上分析可得不同时刻的粉质黏土冻深，如表 3-4 所示。

表 3-4　不同时刻粉质黏土冻深

电极位置/cm	5.2	6.6	7.6	8.4	8.8	9.2	9.4
突变时刻/min	120	245	355	480	605	845	1090

由表 3-4 可得冻深随时间变化的曲线，如图 3-24 所示。由图 3-24 可见，根据粉质黏土冻深曲线变化趋势，可以分为两个阶段：0~1090min 为增长阶段，该阶段冻结深度随时间增大，这是由温度场的持续降低造成的；1090min 以后为稳定阶段，该阶段冻深基本不变，因为土体温度场已达到稳定。

图 3-25 为土体不同位置处电阻随时间变化的曲线，由图 3-25 可得不同时刻的黄黏土冻深，如表 3-5 所示。

表 3-5　不同时刻黄黏土冻深

电极位置/cm	3.8	6.6	7.8	8.4	8.8	9.0	9.2
突变时刻/min	55	170	310	425	555	715	950

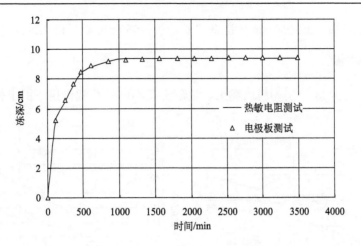

图 3-24　粉质黏土冻深随时间变化曲线

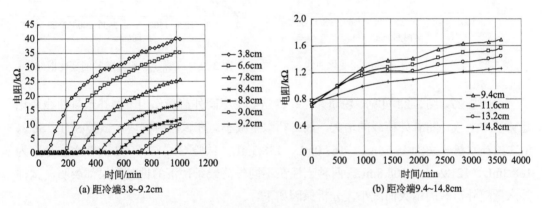

(a) 距冷端3.8~9.2cm　　　　　　　(b) 距冷端9.4~14.8cm

图 3-25　黄黏土电阻随时间变化曲线

由表 3-5 可得黄黏土冻深随时间变化的曲线，如图 3-26 所示。

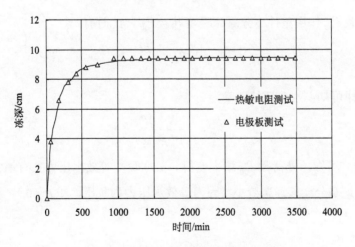

图 3-26　黄黏土冻深随时间变化曲线

由图 3-26 可知，0～950min 为冻深增长阶段；950min 以后进入冻深稳定阶段。

3.5.2　暖端补水量

图 3-27、图 3-28 分别为粉质黏土、黄黏土在不同外荷载作用下的土体暖端补水量曲线。

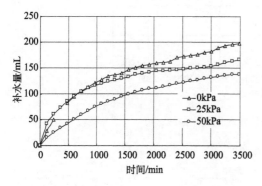

图 3-27　粉质黏土补水量随时间变化曲线

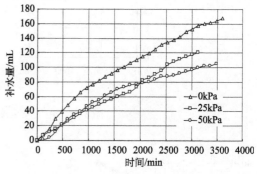

图 3-28　黄黏土补水量随时间变化曲线

由图 3-27、图 3-28 可见，粉质黏土、黄黏土在不同外荷载作用下的补水量曲线变化趋势基本一致，随着外荷载的增大，最终补水量减小。在试验时间内，试验 SC1、SC2、SC3 的补水量分别为 197.6mL、167.0mL、138.3mL；试验 C1、C2、C3 的补水量分别为 168.3mL、121.2mL、108.8mL。两种土性在不同外荷载条件下的试验结果都表明，试样补水量随外荷载的增大而减小，分析原因如下。

由后面第 4 章的理论分析可知，在分凝冰暖端冰水交界面上得到式（3-1）：

$$P = \frac{v_i}{v_w} P_S + \frac{Lt}{t_a v_w} \tag{3-1}$$

恒定外荷载 P_{ob} 作用条件下分凝冰暖端 $P_S = P_{ob}$，此时有

$$P = \frac{v_i}{v_w} P_{ob} + \frac{Lt}{t_a v_w} \tag{3-2}$$

由达西定律可知，水分迁移速率为

$$V_w = -\frac{K}{\rho_w g} \frac{\partial P}{\partial x} \tag{3-3}$$

由式（3-2）可知，外荷载 P_{ob} 增大使得分凝冰暖端等效水压力 P 有增大的趋势，由式（3-3）可知，水分迁移速率减小（因为等效水压力为负压，即 $P < 0$），进而造成土体补水量减小。

3.5.3 冻胀量

图 3-29、图 3-30 分别为粉质黏土、黄黏土在不同外荷载作用下的土体冻胀量曲线。

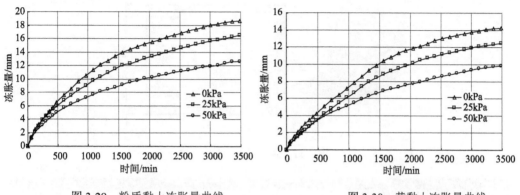

图 3-29　粉质黏土冻胀量曲线　　　　　图 3-30　黄黏土冻胀量曲线

由图 3-29、图 3-30 可见，两种土在不同外荷载作用下的冻胀量曲线变化趋势一致，都经历了两个阶段：快速增长阶段，该阶段冻胀量迅速增大；缓慢增长阶段，该阶段冻胀量曲线斜率减小，冻胀量增长缓慢。分析两个阶段的形成与温度场的传递密切相关，冻胀量快速增长阶段与冻深的增长阶段对应，该阶段冻结锋面迅速向土体暖端推进，饱和土原位冻胀以及不连续分凝冰的生长使得冻胀量快速增大；冻胀量缓慢增长阶段与冻深稳定阶段对应，其冻胀量以较小的速度增长。

由图 3-29、图 3-30 可见，在相同的冻结时间内，试验 SC1、SC2、SC3 的冻胀量分别为 18.6mm、16.5mm、12.6mm；试验 C1、C2、C3 的冻胀量分别为 14.3mm、12.5mm、9.9mm。两种土性在不同外荷载条件下的试验结果都表明，试样冻胀量随外荷载的增大而减小，分析原因是冻胀速率随外荷载的增大而减小。分凝冰暖端发生冰、水相变过程，在该处满足质量守恒定律，可得

$$\rho_i V_i = \rho_w V_w \tag{3-4}$$

由式（3-4）及 3.5.2 节分析可知，外荷载 P_{ob} 增大，水分迁移速率 V_w 减小，冻胀速率 V_i 随之减小，继而造成冻胀量减小。

3.5.4 最暖分凝冰层

图 3-31 为照相装置示意图，照相装置拍出的图像像素为 640×480。现以黄黏土 25kPa 外荷载试验中获取的分凝冰图像处理过程为例，对图像处理流程进行介绍。为了从每次试验中捕捉得到的 500 多张冻土图像上获得所需要的分凝冰演化信息，需要编制与本试验相关的图像处理软件。第一步采用图像处理软件进行预处理，将拍摄到的分凝冰彩色图片转换为灰度图，图 3-32 为灰度处理示意图；第二步利用自编软件处理图像，得到各

点色素值，进行二值化处理，输出数据，生成二值化冰、土图像。图 3-33（a）为目标区域灰度图，图 3-33（b）为二值化冰、土图像。

图 3-31 照相装置示意图

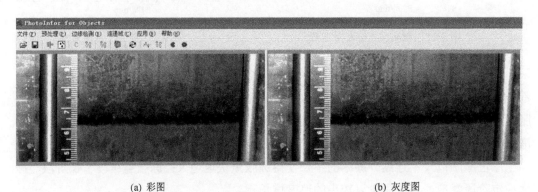

(a) 彩图   (b) 灰度图

图 3-32 灰度处理示意图

(a) 目标区域灰度图   (b) 二值化冰、土图像

图 3-33 二值化过程

选取每隔 480min 的图像，进行处理后得到图 3-34 中分凝冰和土的二值化图像，黑色素点代表分凝冰，白色素点代表土和冻土。

进一步根据输出的数据文本统计所有的黑色素点个数，除以横向的色素点的个数，得到平均每列竖向色素点的个数，与标尺换算得到总的分凝冰的厚度，表 3-6 为试验 C2 在不同时刻的最暖分凝冰厚度。黄黏土在 25kPa 外荷载作用下的分凝冰生长曲线如图 3-35 所示。

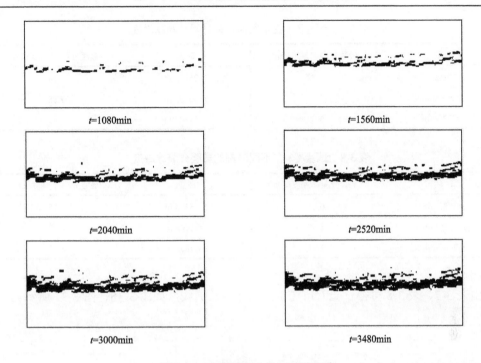

图 3-34　分凝冰和土的二值化图像

表 3-6　试验 C2 在不同时刻的最暖分凝冰厚度

时刻	最暖分凝冰厚度/mm	时刻	最暖分凝冰厚度/mm
t=1080min	0.56	t=2520min	5.18
t=1560min	2.74	t=3000min	5.95
t=2040min	4.05	t=3480min	6.36

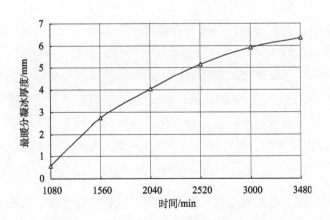

图 3-35　试验 C2 最暖分凝冰厚度变化曲线

　　利用同样的处理方法可以得到试验 C1、C3 在不同时刻的最暖分凝冰厚度,如表 3-7、表 3-8 所示。

表 3-7　试验 C1 在不同时刻的最暖分凝冰厚度

时刻	最暖分凝冰厚度/mm	时刻	最暖分凝冰厚度/mm
t=1080min	0.72	t=2520min	7.14
t=1560min	4.26	t=3000min	7.88
t=2040min	6.09	t=3480min	8.15

表 3-8　试验 C3 在不同时刻的最暖分凝冰厚度

时刻	最暖分凝冰厚度/mm	时刻	最暖分凝冰厚度/mm
t=1080min	0.27	t=2520min	3.35
t=1560min	1.67	t=3000min	4.12
t=2040min	2.51	t=3480min	4.63

由表 3-7、表 3-8 可得试验 C1、C3 分凝冰生长曲线，如图 3-36、图 3-37 所示。

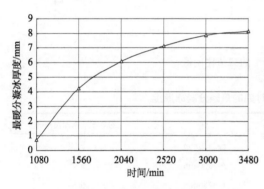

图 3-36　试验 C1 最暖分凝冰厚度变化曲线　　　图 3-37　试验 C3 最暖分凝冰厚度变化曲线

不同外荷载条件下最暖分凝冰厚度对比曲线如图 3-38 所示，最暖分凝冰厚度随着外荷载的增大而减小，试验 C1、C2、C3 在试验结束时的分凝冰厚度分别为 8.15mm、6.36mm、4.63mm。由表 3-6～表 3-8 可得，试验 C1、C2、C3 的最暖分凝冰平均分凝速率分别为 0.0031mm/min、0.0024mm/min、0.0018mm/min，最暖分凝冰分凝速率随外荷载的增大而减小。最暖分凝冰平均分凝速率随外荷载变化曲线如图 3-39 所示。

由图 3-39 知，饱和黄黏土平均分凝速率随外荷载变化拟合函数为

$$\overline{V_i} = -3 \times 10^{-5} P_{ob} + 0.0031 \tag{3-5}$$

分凝冰暖端发生冰、水相变过程，在该处应用质量守恒定律，可得

$$\rho_i V_i = \rho_w V_w \tag{3-6}$$

由达西定律可知，水分迁移速率为

$$V_w = -\frac{K}{\rho_w g}\frac{\partial P}{\partial x} \tag{3-7}$$

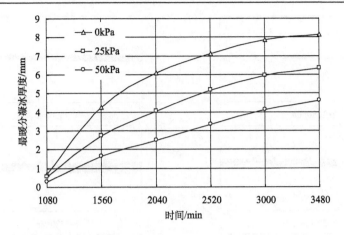

图 3-38　不同外荷载条件下最暖分凝冰厚度对比曲线

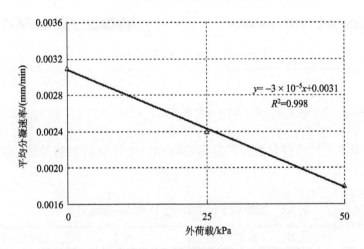

图 3-39　最暖分凝冰平均分凝速率随外荷载变化曲线

联立式（3-6）、式（3-7）可得分凝速率为

$$V_i = -\frac{K}{\rho_i g}\frac{\partial P}{\partial x} \tag{3-8}$$

由式（3-2）可知，外荷载 P_{ob} 增大使得分凝冰暖端等效水压力 P 有增大的趋势，由式（3-8）可知，分凝速率减小（因为等效水压力为负压，即 $P < 0$），进而造成最暖分凝冰厚度减小。

利用相同的处理方法可以得到饱和粉质黏土在 25kPa 外荷载条件下不同时刻的分凝冰二值化图像，如图 3-40 所示。

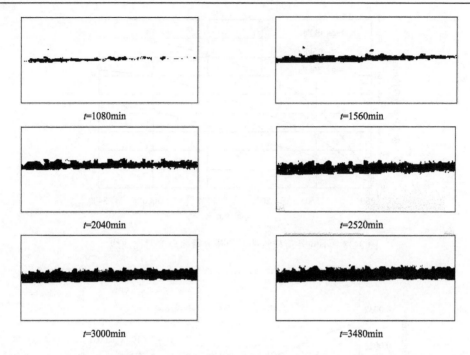

t=1080min　　　　　　　　　　　　　t=1560min

t=2040min　　　　　　　　　　　　　t=2520min

t=3000min　　　　　　　　　　　　　t=3480min

图 3-40　饱和粉质黏土在 25kPa 外荷载条件下不同时刻的分凝冰二值化图像

　　对分凝冰图像进行二值化处理，得到试验 SC2 在不同时刻的最暖分凝冰厚度，如表 3-9 所示。

表 3-9　试验 SC2 在不同时刻的最暖分凝冰厚度

时刻	最暖分凝冰厚度/mm	时刻	最暖分凝冰厚度/mm
t=1080min	0.53	t=2520min	5.42
t=1560min	2.82	t=3000min	6.41
t=2040min	4.13	t=3480min	7.27

　　利用同样的处理方法可以得到试验 SC1、SC3 在不同时刻的最暖分凝冰厚度，如表 3-10、表 3-11 所示。

表 3-10　试验 SC1 在不同时刻的最暖分凝冰厚度

时刻	最暖分凝冰厚度/mm	时刻	最暖分凝冰厚度/mm
t=1080min	1.23	t=2520min	8.15
t=1560min	4.52	t=3000min	9.34
t=2040min	6.82	t=3480min	9.92

表 3-11　试验 SC3 在不同时刻的最暖分凝冰厚度

时刻	最暖分凝冰厚度/mm	时刻	最暖分凝冰厚度/mm
t=1080min	0	t=2520min	3.23
t=1560min	1.43	t=3000min	3.97
t=2040min	2.45	t=3480min	4.64

不同外荷载条件下最暖分凝冰厚度对比曲线如图 3-41 所示，最暖分凝冰厚度随着外荷载的增大而减小，试验 SC1、SC2、SC3 在试验结束时的分凝冰厚度分别为 9.92mm、7.27mm、4.64mm。

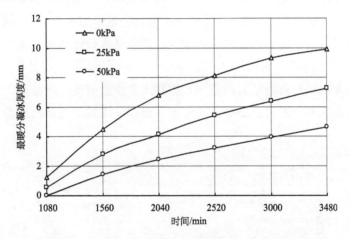

图 3-41　不同外荷载条件下最暖分凝冰厚度对比曲线

由表 3-9～表 3-11 得到试验 SC1、SC2、SC3 的最暖分凝冰平均分凝速率分别为 0.0036mm/min、0.0028mm/min、0.0019mm/min。最暖分凝冰平均分凝速率随外荷载变化如图 3-42 所示。

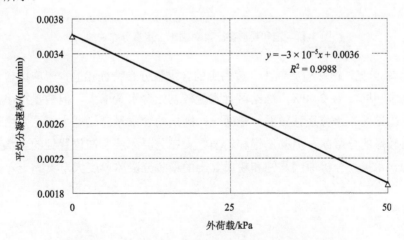

图 3-42　最暖分凝冰平均分凝速率随外荷载变化曲线

由图 3-42 知，饱和粉质黏土平均分凝速率随外荷载变化拟合函数为

$$\overline{V_i} = -3\times10^{-5}P_{ob} + 0.0036 \tag{3-9}$$

另外，在同一外荷载不同土性之间进行比较发现，粉质黏土的平均分凝速率大于黄黏土的平均分凝速率，由式（3-8）可知，相同外荷载作用下，粉质黏土的导湿系数大于黄黏土的导湿系数，故其冰分凝速率相对较大。

3.5.5 含水量分布

非饱和土的冻胀试验完成后，土体含水量的明显特征是：未冻区含水量小于初始含水量，最暖分凝冰层含水量突变增大，被动区含水量略大于初始含水量。尽管有外界水源补给，但由于最暖分凝冰层暖端抽吸力作用，会有少量未冻区水分流向最暖分凝冰层，造成未冻区含水量略小于初始含水量；被动区内的微量水分迁移是其含水量略微增大的原因。

与非饱和土含水量分布特征有所不同，饱和土含水量的变化特征是，未冻区含水量保持不变，仍然为饱和含水量。25kPa 条件下，饱和粉质黏土与黄黏土含水量分布曲线如图 3-43 所示。

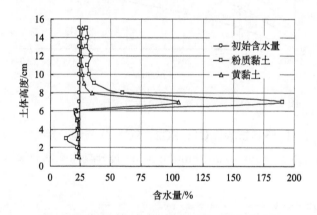

图 3-43　饱和粉质黏土、黄黏土含水量分布曲线

由图 3-43 可见，饱和粉质黏土、黄黏土的含水量分布特征相同，未冻区含水量与初始含水量基本相同，为 24.0%；冻结区含水量较初始含水量增大，但数量很小，充分说明被动区（冻结区）水分迁移较弱；最暖分凝冰层的含水量急剧增大，这是由于该位置产生了一层较厚的分凝冰；另外，饱和粉质黏土在分凝冰层所在位置处的含水量大于饱和黄黏土的含水量，分析原因是饱和粉质黏土的最暖分凝冰厚度大于黄黏土。

3.6　本 章 小 结

本章通过试验对饱和颗粒土一维冻结过程中的分凝冰演变规律展开研究，主要进行了以下几个方面的工作：

（1）对饱和颗粒土在不同外荷载作用下的一维冻结过程进行试验研究，结果表明，土体补水量、冻胀量随外荷载的增大而减小。通过理论分析，对该现象产生的机理进行了解释。

（2）基于土体冻结过程中电阻场的变化特征，提出了一种土体冻深新测试方法及装置，通过该方法得到的土体冻深曲线与热敏电阻传感器测试结果吻合，为土体冻胀试验提供了一种新的研究手段。

（3）采用可视化设备、图像二值化处理方法对饱和颗粒土冻结过程中的分凝冰演变规律进行试验研究，结果表明，最暖分凝冰厚度、平均分凝速率随外荷载的增大而减小。

饱和粉质黏土平均分凝速率随外荷载变化拟合函数为

$$\overline{V_i} = -4 \times 10^{-5} P_{ob} + 0.0043$$

饱和黄黏土平均分凝速率随外荷载变化拟合函数为

$$\overline{V_i} = -3 \times 10^{-5} P_{ob} + 0.0031$$

第 4 章　土壤冻结冰透镜体形成机理分析与试验测试

对于第 2 章关于土壤冻结过程中的水热耦合计算，并未考虑层冰结构在土中的出现，实际上，对于土壤的一维冻结过程，土体中将会经历反复的透镜体的产生与生长过程，从而形成了不同的冻土冷生构造，下面将对透镜体的产生过程进行分析，为下一步建立土体冻结过程完整的冻胀模型奠定基础。

4.1　现有判定准则

在已有的描述透镜体演变规律的冻胀模型中，对冻结过程中透镜体产生机理的分析方法主要包括两类，即力学方法和热物理方法，如表 4-1 所示。

表 4-1　透镜体产生判定方法分类

类别	典型准则	基本介绍
力学方法	Gilpin（1980）[1]，Nixon（1991）[2]，O'Neil 和 Miller（1985）[3]，Konrad 和 Duquennoi（1993）[4]，李洪升等（1998，2001）[5,6]，曹宏章等（2007）[7]	从受力、变形的角度判断土层间联系是否被破坏，破坏则表明新透镜体产生
热物理方法	Konrad 和 Morgenstern（1980）[8]，Konrad 和 Duquennoi（1993）[4]，苗天德等（1999）[9]	从热量、水阻的角度判断是否有能量积累导致透镜体形成

4.1.1　力学方法

力学方法在冻胀模型中应用较多，下面对一些比较典型的判断透镜体形成的力学准则作简要介绍。

Gilpin[1]在冻胀模型中采用冰压力大小来判断是否形成透镜体，当冻结缘内冰压力大于外荷载与临界分离压力之和时，新透镜体产生，同时旧透镜体生长停止。Nixon[2]在对 Gilpin 模型进行改进时也应用这一方法判断冰透镜体形成。

O'Neil 和 Miller[3]在刚性冰模型中采用了中性压力来判断冻结缘内是否产生新透镜体，当中性压力大于外荷载时，土体有效应力降为 0，此时新透镜体产生，同时旧透镜体生长停止。中性压力被定义为孔隙水压力与冰压力的加权平均值，Nixon 指出其实质与冰压力方法完全类似，且应用不如冰压力方法简洁。国内学者李洪升等的模型中也应用了这一中性压力判定方法。

Konrad 和 Duquennoi[4]模型中对冰透镜体形成的分析混合应用了力学方法及热物理

方法，其模型中新透镜体的形成与旧透镜体的停止生长并非同时发生，需要分别进行判定，其中新透镜体的形成应用力学方法进行判定，旧透镜体停止生长应用热物理方法判断。Konrad 和 Duquennoi 认为，活动透镜体的生长需要吸水，而吸水需要有能量提供，能量的来源就是冻结缘内的相变潜热，当冻结缘内相变放热不足以提供活动透镜体下方水分流动所需的功时，旧透镜体的生长停止；此时冻结缘内并非立即出现透镜体，而是吸引水流在冻结缘内产生水分积累，直至某一时刻新透镜体出现，其位置位于由于开放系统转变为封闭系统的未冻水含量差别而造成的冻结缘内变形大于土体瞬时抗拉应变处。该判定方法较为新颖，但确定新透镜体形成位置的迭代方法存在一些逻辑谬误。

曹宏章等[7]在刚性冰模型的框架上进行了一些改进，将孔隙中的冰相考虑为如土颗粒一般的固体骨架，而透镜体产生所需的土层联系破坏力由未冻水膜在冰、水相界面上的水压力产生，而该压力通过修正克拉佩龙方程进行计算，当该压力超过外荷载时，新透镜体产生，该未冻水膜方法相较冰压力方法要更为合理。

4.1.2　热物理方法

热物理方法从能量、水阻的角度分析透镜体的形成，下面对几种典型的方法作简要介绍。

Konrad[8]在最初建立分凝势理论时，提出过一个较简单的判断透镜体形成的双临界温度法，当活动透镜体分凝温度降低到某个临界值 T_{sm} 时，冻结缘内水阻力较大，透镜体生长停止，新透镜体在冻结缘内温度为 T_{sf} 处出现。该方法相对较为简洁，但两个临界温度没有理论化方法获得。

苗天德等[9]在建立冻土混合物理论模型时，从能量积累的角度提出了判断准则，在冻结锋面处，取一单位厚土层进行考虑，当满足式（4-1）时，新透镜体产生，否则冻结锋面将迅速迁移，不能形成层冰。

$$Q_F \leqslant Q_U \tag{4-1}$$

式中，Q_F 为冻结锋面从已冻区抽取的热量；Q_U 为未冻土区迁移来的水分冻结所释放的潜热及传导的热流。这一准则对透镜体位置及机理的认识还不够深入。

4.2　冰透镜体形成机理分析

4.2.1　固体表面水膜热力学理论

Gilpin 对固体表面的吸附水膜进行了热力学分析[1,10,11]，下面作简要介绍，以便突出应用重点。如图 4-1 所示，在固体表面（土颗粒壁面）的液态水膜将受到固体的吸引力作用，这种力包括双电层力、分子间的范德瓦耳斯力等，与溶液中的水分子相似，固体表面水膜由于这种吸引力造成其单位吉布斯自由能的降低。

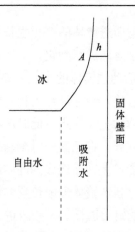

图 4-1　固体表面水膜

于是距离壁面 y 处吸附水的自由能可以表示为

$$G_L = G_{L0} + v_L P_{Ly} - s_L T_L - g(y) \tag{4-2}$$

式中，$g(y)$ 为固体壁面对该处自由能的影响；G_{L0} 为参考态的自由能；v_L, s_L 分别为吸附水及参考态水的比容及比熵（忽略其差别）；P_{Ly}, T_L 分别为吸附水压力及温度相对值。

仅考虑非高胶质性土壤，即存在自由孔隙水的情形，并以自由水作为未冻结区的参考态，利用吸附水膜与自由水自由能相等，并忽略越过水膜时相对温度 T_L 的变化，简单推导得到：

$$P_{Ly} = g(y) / v_L \tag{4-3}$$

在冻结区，不考虑壁面对固态冰的作用，则固态冰中的单位吉布斯自由能为

$$G_S = G_{S0} + v_S P_S - s_S T_S \tag{4-4}$$

式中，G_{S0} 为参考态自由能；v_S, s_S 分别为冰的比容及比熵；P_S, T_S 分别为冰压力及温度相对值。

为了推导方便，冻结区中未冻水膜及冰的参考态均选择为标准态，该状态下有

$$G_{S0} = G_{L0} \tag{4-5}$$

在冰、水相界面处，有 Laplace 方程：

$$P_S - P_{Lh} = \sigma_{SL} \overline{K} \tag{4-6}$$

式中，P_{Lh} 为相界面上水膜相对压力；σ_{SL} 为相界面表面张力；$\overline{K}$ 为相界面曲率。

于是在冰、水界面处利用相平衡条件，同样忽略相对温度 T_S 与 T_L 的差异，并利用式（4-5）和式（4-6）整理后得到：

$$g(h) = -\Delta v P_{Lh} - v_S \sigma_{SL} \overline{K} - LT / T_a \tag{4-7}$$

式中，h 为局部未冻水膜厚度；$\Delta v = v_S - v_L$；T_a 为 273.15K。

利用未冻水膜内部与相界面处自由能相等，得到类似式（4-3）的关系：

$$P_{Lh} - g(h)/v_L = P_{Ly} - g(y)/v_L \qquad (4-8)$$

以上所给出的是相平衡所要满足的条件，在冻结区沿着固体壁面方向，还将发生未冻水膜的流动，假设该流动形式为压差作用下的哈根-泊肃叶流，则流量由 $\mathrm{d}P_{Ly}/\mathrm{d}x$ 决定，再利用关系式（4-8）得到：

$$q = -k_f \mathrm{d}[P_{Lh} - g(h)/v_L]/\mathrm{d}x \qquad (4-9)$$

式中，q 为流量；k_f 为导湿系数。该式表明未冻水膜的流动由相界面水压及水膜厚度决定。

4.2.2　等效水压力

定义等效水压力（相对标准大气压）为

$$P = P_0 + P_{Lh} - g(h)/v_L - P_{atm} \qquad (4-10)$$

式中，P_0 是 4.2.1 节中的参考态压力，未冻土区中为当地孔隙水压力，冻土区中为标准大气压；P_{atm} 为标准大气压。

等效水压力的物理意义是与之处于相平衡状态的等温自由水压力，在未冻土区中，容易看出等效水压力即孔隙水压力；而在冻土区中，等效水压力由冰水相界面处 P_{Lh} 及局部未冻水膜厚度 h 决定。结合式（4-9）可知，活动透镜体生长过程中主动区内的水分流动可以视为等效水压力作用下的达西流，后续水分流动的计算可以在此规律基础上建立。

4.2.3　冰透镜体形成判断准则

从 4.1 节介绍可知，从力学及破坏的角度建立透镜体形成判定准则是相对成熟的，然而将孔隙冰压力或其等效的形式作为产生冰透镜体的破坏力是不合理的，孔隙冰作为固体颗粒，其存在形式与土颗粒并无实质差别，而曹宏章采用的未冻水膜水压力作为产生土层破坏的力则是较为合理的，但其给出的定量计算方法却无较好的理论基础，在冻土体系统中，固态冰与未冻水通过相界面分隔开，4.2.1 节中介绍的未冻水膜的热力学理论也可以用于定量计算未冻水膜相界面上的压力。

图 4-2 所示为冻结缘中土颗粒周围未冻水膜及孔隙冰示意图，图中曲线 AB 为相界面。

对于相界面上未冻水膜一侧的水压力，已经应用热力学方法进行了分析，满足式（4-11）：

$$-\Delta v P_{Lh} - v_S \sigma_{SL} \overline{K} - LT/T_a = g(h) \qquad (4-11)$$

式中，P_{Lh} 为所要计算的界面上的（如图 4-2 中 AB）水膜相对压力；h 为局部未冻水膜厚度；$g(\cdot)$ 为固体颗粒表面的影响函数；$\overline{K}$ 为相界面曲率；$\Delta v = v_S - v_L$；T_a 为 273.15K。

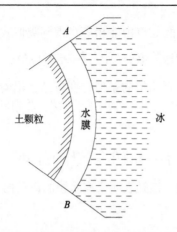

图 4-2　冻结缘中土颗粒周围未冻水膜及孔隙冰示意图

4.2.2 节定义的描述主动区未冻水宏观流动的等效水压力 P 在冻结缘内为

$$P = P_{Lh} - g(h)/v_L \qquad (4\text{-}12)$$

而等效水压力可以通过冻结缘内的宏观水热耦合过程获得，这一点在下一章中将介绍。

于是利用式（4-11）与式（4-12）得到：

$$P_{Lh} = (v_L P - v_S \sigma_{SL} \overline{K} - LT/T_a)/v_S \qquad (4\text{-}13)$$

式中，P，T 均可以通过主动区内的水热耦合得到；而相界面上的曲率 $\overline{K}$ 接近土颗粒表面曲率，可以应用概率统计的方法获得其平均值，即数学期望，假设土颗粒为球形颗粒，则 $\overline{K}$ 的数学期望可以表示为

$$\overline{K} = -\int_0^\infty m(r)\,\mathrm{d}r/r \qquad (4\text{-}14)$$

式中，$m(r)$ 为分布在（r, $r+\mathrm{d}r$）的土颗粒质量分数。式（4-14）可以通过颗粒分布转变为级数和计算，也可以通过式（4-15）简单计算：

$$\overline{K} = -(m_{cl}/r_{cl} + m_{si}/r_{si} + m_{sa}/r_{sa}) \qquad (4\text{-}15)$$

式中，r_{cl}、r_{si}、r_{sa} 分别为土颗粒中黏土、粉土、砂土的平均半径，而 m_{cl}、m_{si}、m_{sa} 分别为黏土、粉土、砂土的质量分数。

在宏观上主动区内的水热输运过程被视为理想一维，而在细观上，图 4-3 为土颗粒系统及其周围未冻水膜、孔隙冰示意图，图中阴影部分为土颗粒，箭头所指的外层圆为未冻水膜相界面。A-B 水平上 P、T 由主动区水热耦合过程求解后，通过式（4-13）可以得到 P_{Lh}，因为土颗粒较小，宏观上被视为一个点，可以认为土颗粒在水平线 A-B 上方未冻水膜相界面上的任意角度处压力 P_{Lh} 均相同。其上半球面相界面上 P_{Lh} 起到抬升上部土层的作用，类似于在重力场中的浮力，在上半球面将未冻水膜相界面上分离压力 P_{Lh} 沿相界面作积分并投影后，便可以得到垂直方向的平均分离压力。也可以采用比较简单的方法获得，如图 4-4 所示为任意外形土颗粒上方未冻水膜，内层圆为土颗粒外表面，

m-s-n 界面为相界面，该界面上水膜压力均为 P_{Lh}，假想 *m-o-n* 界面为封闭边，该边上压力也为 P_{Lh}，则假想外壳 *o-m-s-n* 处于静力平衡状态，于是可知曲边 *m-s-n* 上的水膜压力投影到垂直方向的平均分离压力为 P_{Lh}。

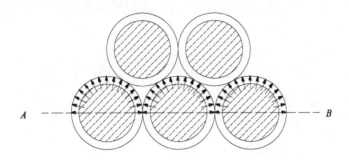

图 4-3　土颗粒系统及其周围未冻水膜、孔隙冰示意图

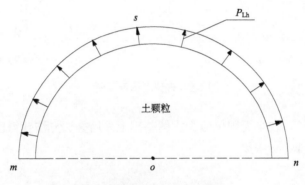

图 4-4　平均分离压力计算图

本书仅考虑无外荷载的情形，当平均分离压力大于破坏土层的临界压力时，透镜体产生，即式（4-16）为冻结缘内产生新透镜体的条件：

$$P_{Lh} \geqslant P_c \tag{4-16}$$

式中，临界压力 P_c 与绪论中 Gilpin 冰压力判定准则中的临界压力实际为同一参数，可以按照 Nixon 的建议取为 25～100kPa，Nixon 也指出在此参数范围内 P_c 对冻胀的发展影响很小，仅对总体冰层间距有一些影响。

4.3　高温冻土抗拉性能径向压裂试验研究

冻结缘温度变化范围内的冻土抗拉强度是分凝冰形成准则中的重要参数，对于土体冻胀过程中的分凝冰形成判定具有重要意义。本节选取徐州地区典型粉质黏土、黄黏土进行径向压裂试验研究，获取冻结缘温度变化范围内高温冻土的抗拉强度，使土体冻胀数学模型体系封闭，并为数值计算对比验证提供重要参数。

4.3.1 径向压裂试验的理论基础

径向压裂试验又名巴西劈裂试验，是用于测定混凝土和岩石试件抗拉强度的一种间接方法，现也应用到土体抗拉强度测试中[12-14]。抗拉强度基于弹性假设求得，图 4-5 为理论求解示意图。

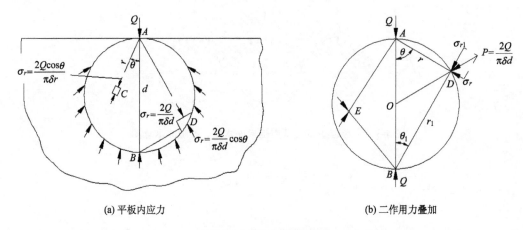

(a) 平板内应力　　　　　　　　　　　　　(b) 二作用力叠加

图 4-5　理论求解示意图

基于线弹性理论，在半无限体应力求解基础上采用叠加办法获得巴西劈裂试验的拉应力公式，具体步骤如下所述。

1. 叠加部分 1

如图 4-5（a）所示，集中力 Q 作用于 A 点。根据布西内斯克解求得距离 A 点 r 处 C 点指向 A 点的压应力为

$$\sigma_r = \frac{2Q}{\pi\delta}\frac{\cos\theta}{r} \tag{4-17}$$

以 d 为直径的圆周上任一点 D 处指向 A 点的压应力按式（4-17）应为

$$\sigma_r = \frac{2Q}{\pi\delta}\frac{\cos\theta}{d\cos\theta} = \frac{2Q}{\pi\delta d} \tag{4-18}$$

于 D 点取三角形单元，根据力平衡得到圆周上指向 A 点的压应力为

$$\sigma_r = \frac{2Q}{\pi\delta d}\cos\theta \tag{4-19}$$

由式（4-17）～式（4-19）的推导可知，若在圆形区域直径两端 A、B 同时施加集中力 Q，如图 4-5（b）所示，按式（4-19）可求得圆周上任一点 D 两个作用力，即

指向 A 的力：　　　　　　　　$$\sigma_r = \frac{2Q}{\pi\delta d}\frac{r}{d} \tag{4-20}$$

指向 B 的力：
$$\sigma_{r1} = \frac{2Q}{\pi\delta d}\frac{r_1}{d} \tag{4-21}$$

指向点 A 及 B 的合力为一常数 $2Q/(\pi\delta d)$，通过圆心 O。这说明两个集中力叠加，相当于圆周布满指向圆心 O 的径向压力 $2Q/(\pi\delta d)$。

2. 叠加部分 2

实际试验中，巴西劈裂法试样的圆周是自由的，不会受到均匀的指向圆心的压应力。这就需要将叠加部分 1 中的圆周均匀压应力抵消。

设围绕圆周作用均匀拉力 $P = -2Q/(\pi\delta d)$，在圆周以及圆盘内任意单元的任意方向上就产生均匀双向拉应力：
$$P = -2Q/(\pi\delta d) \tag{4-22}$$

3. 合并叠加部分 1 与 2

将叠加部分 1 与 2 合并，那么沿圆周上的力抵消，圆周便是自由的，符合实际试件受力状态。圆形区域内部应力按式（4-17）、式（4-22）计算，沿直径 AB 上任一点，$\theta = \theta_1 = 0$，即 $\cos\theta = \cos\theta_1 = 1$，得

AB 上任意点垂直应力分量为压应力：
$$\sigma_c = \sigma_r = \frac{2Q}{\pi\delta}\frac{1}{r} + \frac{2Q}{\pi\delta}\frac{1}{d-r} - \frac{2Q}{\pi\delta d}\left(\frac{d}{r} + \frac{d}{d-r} - 1\right) \tag{4-23}$$

AB 上任意点水平应力分量为拉应力：
$$\sigma_t^* = \sigma_\theta = -\frac{2Q}{\pi\delta d} \tag{4-24}$$

径向压裂试验采用最大拉应力准则，那么式（4-24）计算结果就被用来计算材料抗拉强度。

4.3.2　试验材料及设备

选取徐州地区典型粉质黏土、黄黏土，制成重塑土后进行试验，试验设备应满足试样对温度、径向压裂速率的要求。

1. 试验材料

表 4-2、表 4-3 分别为粉质黏土、黄黏土的颗粒组成百分比，表 4-4 为重塑土基本物性参数。

表 4-2　粉质黏土颗粒组成百分比

项目	粗粒组			细粒组				
	砂粒			粉粒			黏粒	
	粗	中	细	粗		细		
粒径/mm	2~0.5	0.5~0.25	0.25~0.075	0.075~0.05	0.05~0.01	0.01~0.005	0.005~0.002	<0.002
百分比/%	0	0	10.0	7.4	50.5	3.1	16.7	12.3

表 4-3　黄黏土颗粒组成百分比

项目	粗粒组			细粒组				
	砂粒			粉粒			黏粒	
	粗	中	细	粗		细		
粒径/mm	2~0.5	0.5~0.25	0.25~0.075	0.075~0.05	0.05~0.01	0.01~0.005	0.005~0.002	<0.002
百分比/%	0	0	10.0	3.9	29.8	19.7	16.6	20.0

表 4-4　重塑土基本物性参数

土样编号	比重	液限/%	塑限/%	塑性指数 I_p
粉质黏土	2.72	27.0	14.2	12.8
黄黏土	2.74	43.0	23.1	19.9

2. 试验设备

试样制备所需的主要仪器为压样器、环刀，如图 4-6 所示。压样器、环刀由钢材料制成，环刀内径 50mm、高 25mm。试样饱和所需的主要仪器为叠式饱和器、真空饱和装置，如图 4-7 所示。为了避免水分迁移造成冻土内含冰量不均匀，饱和试样需在液氮生物容器中迅速冻结，然后放入精密恒温试验箱，制备温度恒定、均匀的高温冻土试样所需主要仪器设备如图 4-8 所示。XT5402 高低温精密恒温试验箱采用集成压缩机制冷系统，温度变化范围为–60.0~+50.0℃；具备高精度动态恒温控制技术，最佳恒温波动度为±0.1℃。

图 4-6　试样制备所需仪器

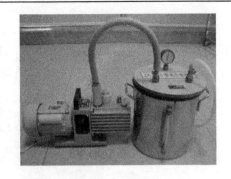

(a) 叠式饱和器   (b) 真空饱和装置

图 4-7 试样饱和所需仪器

(a) 液氮生物容器   (b) XT5402 高低温精密恒温试验箱

图 4-8 高温冻土试样制备仪器

为了避免高温冻土在试验过程中融化，径向压裂试验在冻土实验室内进行。冻土实验室具有良好的保温效果，内壁喷涂 150mm 厚的聚氨酯保温层，外壁由绝热材料构成，消除环境温度的波动对径向压裂试验结果的影响，最大限度地保证试验结果的可靠性。冻土实验室内部有效空间为长×宽×高=2.5m×2.5m×2.5m，能容纳 1 台万能材料试验机及其伺服控制系统，可以进行不同负温水平下的冻土径向压裂试验。图 4-9 为冻土实验室的制冷与温度控制系统。制冷系统可实现最低温度–15.0℃，温度控制系统精度为±0.5℃。

(a) 制冷系统   (b) 温度控制系统

图 4-9 制冷与温度控制系统

　　试样尺寸为高度×直径=25mm×50mm，试验模具如图 4-10 所示。径向压裂试验在 TY8000 伺服控制万能材料试验机上进行，该试验机具有操作简便、控制精确的特点，TY8000 伺服控制万能材料试验机如图 4-11 所示。

图 4-10　径向压裂试验模具

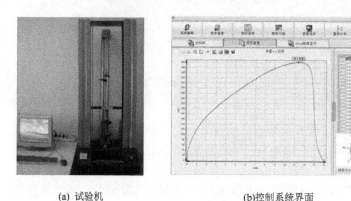

(a) 试验机　　　　　　　　　　　(b)控制系统界面

图 4-11　TY8000 伺服控制万能材料试验机

3. 试样高径比的确定

　　径向压裂法试样的受力状态接近平面应力状态。沈忠言等[12,13]在论证了径向压裂法测定冻土抗拉强度具有良好规律的基础上，进一步探讨了试样高径比对测定结果的影响。直径为 61.8mm，高径比分别为 0.40、0.52、0.75、1.00、1.25、1.62、2.10 的试样在不同温度下的试验结果表明，试样高径比对径向压裂法的测定结果无实质影响。在通常范围内，试样的高径比问题可以不予考虑。

　　综合考虑试样的制备、冻结时间、现有仪器设备、试验条件等因素，本试验试样尺寸为高度×直径=25mm×50mm，试样高径比为 0.50。

4. 压裂速率的选择

　　对两种典型黏性土分别进行了–1.6℃条件下，压缩速率分别为 1mm/min、2mm/min、4mm/min 的径向压裂试验，粉质黏土径向压裂试验曲线如图 4-12 所示，黄黏土径向压裂试验曲线如图 4-13 所示。

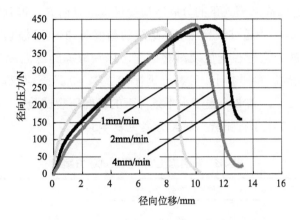

图 4-12　-1.6℃粉质黏土径向压裂试验曲线

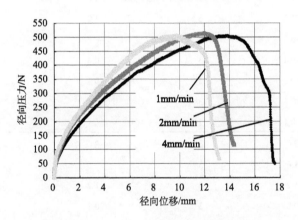

图 4-13　-1.6℃黄黏土径向压裂试验曲线

由图 4-12 可知，粉质黏土在-1.6℃条件下，压裂速率分别为 1mm/min、2mm/min、4mm/min 时的峰值压力分别为 419.5N、427.6N、422.0N，峰值压力对应的位移随压裂速率的增大而增大。由图 4-13 可知，黄黏土在-1.6℃条件下，压裂速率分别为 1mm/min、2mm/min、4mm/min 的峰值压力分别为 497.7N、502.9N、495.7N，峰值压力对应的位移同样随压裂速率的增大而增大。

粉质黏土、黄黏土在不同压裂速率下的试验结果表明，压裂速率增大，则试样破坏时对应的位移增大，但压裂速率对试样破坏时的峰值压力影响不大。综合考虑径向压裂试验所需时间、试样温度稳定性等因素，选取 2mm/min 的压裂速率进行试验。

4.3.3　试验方案及步骤

1. 试验方案

Watanable 等[15]通过试验对冻结缘的微结构特征进行研究时发现，最暖分凝温度为

–0.06℃，在土体中温度更高的位置没有发现大于 1μm 的冰出现。张琦[16]使用 TTM 红外热扫描测温系统对连续冻结模式下的分凝冰演变过程进行研究，得到的最低分凝温度为–1.18℃。Akagawa 等[17,18]通过试验发现冻结缘的温度在–2～0℃波动。综上所述，本书对–2℃以内的高温冻土进行径向压裂试验研究，以获取冻结缘温度变化范围内的冻土抗拉强度。选取徐州地区粉质黏土、黄黏土进行+0.1℃、–0.1℃、–0.2℃、–0.4℃、–0.8℃、–1.2℃、–1.6℃、–2.0℃，共 8 个温度水平条件下的径向压裂试验，压裂速率 2mm/min，每个温度水平下进行 3 组平行试验，试验方案见表 4-5。

表 4-5　高温冻土径向压裂试验方案

土质	试验编号	同水平试验个数	温度/℃	压裂速率/（mm/min）
粉质黏土	SC–2.0	3	–2.0	2
	SC–1.6	3	–1.6	
	SC–1.2	3	–1.2	
	SC–0.8	3	–0.8	
	SC–0.4	3	–0.4	
	SC–0.2	3	–0.2	
	SC–0.1	3	–0.1	
	SC+0.1	3	+0.1	
黄黏土	C–2.0	3	–2.0	2
	C–1.6	3	–1.6	
	C–1.2	3	–1.2	
	C–0.8	3	–0.8	
	C–0.4	3	–0.4	
	C–0.2	3	–0.2	
	C–0.1	3	–0.1	
	C+0.1	3	+0.1	

注：SC 为粉质黏土；C 为黄黏土；–2.0，–1.6，–1.2，–0.8，–0.4，–0.2，–0.1，+0.1 为温度水平。

2. 试验步骤

1）试样制备

土样经风干、碾散、过筛后，用蒸馏水充分拌匀制成含水量为 20%的湿土并润湿一昼夜。将湿土装入压样器内，以静压力通过活塞将土样压制成干密度为 1.65g/cm³ 的试样。环刀内壁均匀涂抹一层凡士林，通过活塞将试样从压样器推入环刀内。

2）试样饱和

在叠式饱和器下夹板的正中，依次放置透水石、滤纸、带试样的环刀、滤纸、透水石，如此顺序重复，由下向上重叠到拉杆高度，将饱和器上夹板盖好后，拧紧拉杆上端的螺母，将各个环刀在上、下夹板间夹紧。

将装有试样的饱和器放入真空缸内，真空缸和盖之间涂一薄层凡士林，盖紧。将真空缸与抽气泵接通，启动抽气泵，当真空压力表读数接近当地一个大气压力值时（抽气时间不少于 1h），打开管夹，使清水注入真空缸，在注水过程中，真空压力表读数宜保持不变。待水淹没饱和器后停止抽气，打开管夹使空气进入真空缸，静置 10h。

3）试样冻结

饱和试样在缓慢冻结过程中会由于水分迁移导致含冰量不均匀，为了避免这种现象的发生，应将试样在短时间内迅速冻结。

打开真空缸，从饱和器内取出带环刀的试样，放入液氮生物容器中浸泡 1min，取出后放入–30℃的 XT5402 高低温精密恒温试验箱内，静置 2h。

4）试样恒温

将 XT5402 高低温精密恒温试验箱的温度调整至试验设计温度并维持 24h，使试样温度场均匀分布并达到试验要求。

5）试验模具预冷

在对高温冻土进行径向压裂试验时，试验模具与之直接接触，为了避免模具对试样温度的影响，应将冻土实验室温度调整至试验设计温度并维持 4h，使径向压裂试验模具充分冷却后方可进行试验。

6）试样安装

将预冷后的压缩模具平置于万能材料试验机的下压头之上，将试样从 XT5402 高低温精密恒温试验箱内取出，通过活塞将试样从环刀内推出，对称放置于压缩模具中间部位，调整万能材料试验机上压头，使其与压缩模具上端面刚好接触。

7）径向压裂

将 TY8000 伺服控制万能材料试验机设置为应变控制式加载方式，压缩速率为 2mm/min。启动试验机，软件自动记录压力、位移，并绘制试样压裂曲线，直至曲线出现峰值，应将试样继续压缩 2mm 后，停机。

8）试样拆卸

万能材料试验机上压头抬升，破坏后的试样从压缩模具中取出，将压缩模具擦拭干净以备下组试验使用。

9）数据处理

整理试验数据，按式（4-25）计算试样的抗拉强度。

$$\sigma_t^* = 1000 \times \frac{2P}{\pi Dh} \tag{4-25}$$

式中，σ_t^* 为冻土抗拉强度，kPa；P 为试样破坏荷载，N；D 为试样直径，mm；h 为试样高度，mm。

4.3.4　试验结果及分析

通过径向压裂试验得出粉质黏土和黄黏土在不同温度水平下的抗拉强度，对数据分析拟合得到高温冻土抗拉强度拟合函数。

1. 试验现象描述

在压裂试验过程中，随着位移的增加，压力增大的幅度逐渐减小，达到破坏荷载后，随着位移的增加，压力迅速减小并趋近于零。试样在破坏后沿直径方向产生一条裂缝，将整个试样沿直径方向分为基本对称的两半。裂纹通常在试样的中部产生并迅速向上下加荷部位贯通。试样破坏后产生的裂缝如图 4-14 所示。

(a) 加载过程中　　　　　　　　　　　　　(b) 加载完成后

图 4-14　试样破坏后产生的裂缝

2. 粉质黏土试验结果

粉质黏土在不同温度水平下的径向压裂试验曲线如图 4-15～图 4-22 所示。

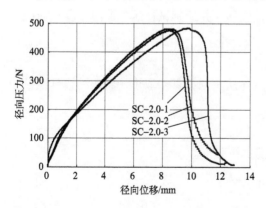

图 4-15　-2.0℃粉质黏土径向压裂试验曲线

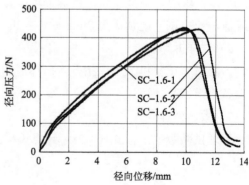

图 4-16　-1.6℃粉质黏土径向压裂试验曲线

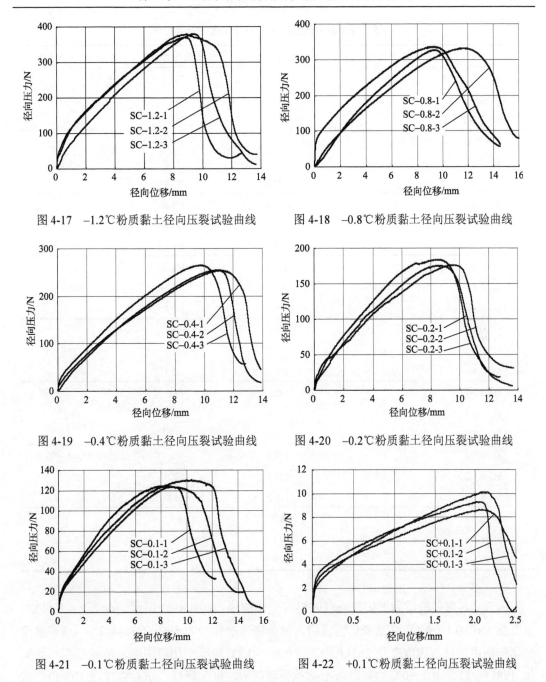

图 4-17　−1.2℃粉质黏土径向压裂试验曲线　　　图 4-18　−0.8℃粉质黏土径向压裂试验曲线

图 4-19　−0.4℃粉质黏土径向压裂试验曲线　　　图 4-20　−0.2℃粉质黏土径向压裂试验曲线

图 4-21　−0.1℃粉质黏土径向压裂试验曲线　　　图 4-22　+0.1℃粉质黏土径向压裂试验曲线

　　由图 4-15～图 4-22 可知，粉质黏土在不同温度水平下的径向压裂试验曲线变化基本
相同，均呈抛物状变化趋势。不同温度水平下的试验结果表明，试样破坏荷载随温度的
升高而减小。不同温度条件下，粉质黏土峰值压力、抗拉强度见表 4-6。

表 4-6　粉质黏土峰值压力、抗拉强度随温度变化

试样编号	温度/℃	破坏荷载/N	抗拉强度/kPa	强度平均值/kPa
SC–2.0-1		466.8	237.7	
SC–2.0-2	–2.0	472.0	240.4	239.9
SC–2.0-3		474.6	241.7	
SC–1.6-1		421.8	214.8	
SC–1.6-2	–1.6	423.4	215.6	216.1
SC–1.6-3		427.6	217.8	
SC–1.2-1		363.2	185.0	
SC–1.2-2	–1.2	372.3	189.6	188.2
SC–1.2-3		373.0	190.0	
SC–0.8-1		320.4	163.2	
SC–0.8-2	–0.8	325.0	165.5	165.5
SC–0.8-3		329.2	167.7	
SC–0.4-1		249.2	126.9	
SC–0.4-2	–0.4	249.7	127.2	128.8
SC–0.4-3		260.0	132.4	
SC–0.2-1		172.1	87.6	
SC–0.2-2	–0.2	172.8	88.0	89.2
SC–0.2-3		180.5	91.9	
SC–0.1-1		121.5	61.9	
SC–0.1-2	–0.1	122.1	62.2	63.1
SC–0.1-3		128.2	65.3	
SC+0.1-1		8.5	4.3	
SC+0.1-2	+0.1	9.1	4.6	4.6
SC+0.1-3		9.9	5.0	

　　由表 4-6 可得粉质黏土抗拉强度随温度变化曲线，如图 4-23 所示。结合表 4-6 可知，粉质黏土在–0.1～0.1℃温度变化范围内，抗拉强度变化 292.5kPa/℃；–0.2～–0.1℃温度变化范围内，抗拉强度变化 261kPa/℃；–0.4～–0.2℃温度变化范围内，抗拉强度平均变化 198kPa/℃。–0.4～0℃的高温冻土抗拉强度随着温度的降低，抗拉强度增大的趋势减小，对该温度变化范围内的冻土抗拉强度进行多项式拟合，得到拟合函数为

$$\sigma_t^* = -658.64t^2 - 566.26t + 6.9073, \quad R^2 = 0.992 \tag{4-26}$$

式中，σ_t^* 为土体抗拉强度，kPa；t 为土体温度，℃。

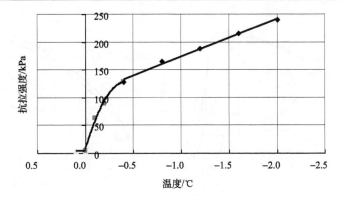

图 4-23　粉质黏土抗拉强度随温度变化曲线

粉质黏土在 –2.0～–0.4℃温度变化范围内，抗拉强度随温度降低呈线性增大，对该温度变化范围内的冻土抗拉强度进行多项式拟合，得到拟合函数为

$$\sigma_t^* = -68.275t + 105.77, \quad R^2 = 0.9933 \tag{4-27}$$

粉质黏土抗拉强度分段拟合函数如下所示：

$$\sigma_t^* = \begin{cases} 4.6, & t \geqslant 0 \\ -658.64t^2 - 566.26t + 6.9073, & -0.4 \leqslant t < 0 \\ -68.275t + 105.77, & -2.0 \leqslant t < -0.4 \end{cases} \tag{4-28}$$

3. 黄黏土试验结果

黄黏土在不同温度水平下的径向压裂试验曲线如图 4-24～图 4-31 所示。

由图 4-24～图 4-31 可知，黄黏土在不同温度水平下的径向压裂试验曲线变化规律与粉质黏土的变化规律基本相同，均呈抛物状变化趋势。不同温度水平下的试验结果表明，试样峰值压力随温度的升高而减小。不同温度条件下，黄黏土峰值压力、抗拉强度见表 4-7。

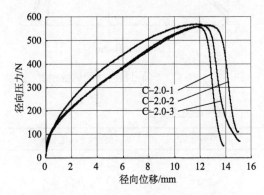

图 4-24　–2.0℃黄黏土径向压裂试验曲线

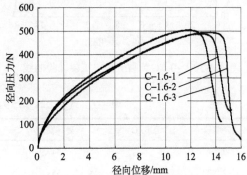

图 4-25　–1.6℃黄黏土径向压裂试验曲线

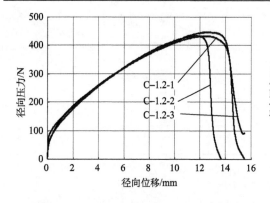

图 4-26 −1.2℃黄黏土径向压裂试验曲线　　图 4-27 −0.8℃黄黏土径向压裂试验曲线

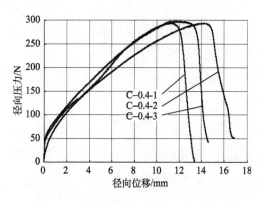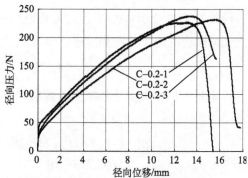

图 4-28 −0.4℃黄黏土径向压裂试验曲线　　图 4-29 −0.2℃黄黏土径向压裂试验曲线

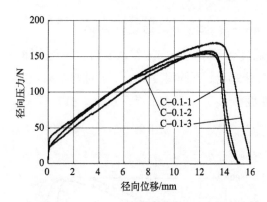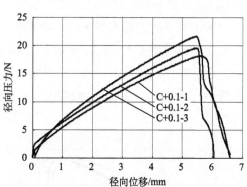

图 4-30 −0.1℃黄黏土径向压裂试验曲线　　图 4-31 +0.1℃黄黏土径向压裂试验曲线

表 4-7 黄黏土峰值压力、抗拉强度随温度变化

试样编号	温度/℃	破坏荷载/N	抗拉强度/kPa	强度平均值/kPa
C−2.0-1		547.9	279.0	
C−2.0-2	−2.0	553.8	282.0	281.8
C−2.0-3		558.4	284.4	

试样编号	温度/℃	破坏荷载/N	抗拉强度/kPa	强度平均值/kPa
C-1.6-1		486.8	247.9	
C-1.6-2	-1.6	494.6	251.9	252.0
C-1.6-3		502.9	256.1	
C-1.2-1		425.1	216.5	
C-1.2-2	-1.2	426.0	217.0	219.0
C-1.2-3		438.8	223.5	
C-0.8-1		365.5	186.1	
C-0.8-2	-0.8	371.3	189.1	189.5
C-0.8-3		379.8	193.4	
C-0.4-1		293.8	149.6	
C-0.4-2	-0.4	293.9	149.7	150.1
C-0.4-3		296.7	151.1	
C-0.2-1		223.0	113.6	
C-0.2-2	-0.2	227.6	115.9	116.1
C-0.2-3		233.5	118.9	
C-0.1-1		151.4	77.1	
C-0.1-2	-0.1	154.6	78.7	80.1
C-0.1-3		165.8	84.4	
C+0.1-1		17.9	9.1	
C+0.1-2	+0.1	19.2	9.8	9.9
C+0.1-3		21.3	10.8	

由表 4-7 可得黄黏土抗拉强度随温度变化曲线，如图 4-32 所示。结合表 4-7 可知，黄黏土在-0.1～0.1℃温度变化范围内，抗拉强度变化 351kPa/℃；-0.2～-0.1℃温度变化

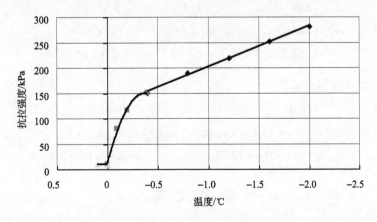

图 4-32　黄黏土抗拉强度随温度变化曲线

范围内，抗拉强度变化 360kPa/℃；–0.4～–0.2℃温度变化范围内，抗拉强度平均变化 170kPa/℃。–0.4～0℃的高温冻土抗拉强度随着温度的降低，抗拉强度增大的趋势减小，对该温度变化范围内的冻土抗拉强度进行多项式拟合，得到拟合函数为

$$\sigma_t^* = -975.91t^2 - 734.99t + 11.662, \quad R^2 = 0.9965 \tag{4-29}$$

黄黏土在–2.0～–0.4℃温度变化范围内，抗拉强度随温度降低呈线性增大，对该温度变化范围内的冻土抗拉强度进行多项式拟合，得到拟合函数为

$$\sigma_t^* = -81.45t + 120.76, \quad R^2 = 0.9973 \tag{4-30}$$

黄黏土抗拉强度分段拟合函数如式（4-31）所示：

$$\sigma_t^* = \begin{cases} 9.9, & t \geqslant 0 \\ -975.91t^2 - 734.99t + 11.662, & -0.4 \leqslant t < 0 \\ -81.45t + 120.76, & -2.0 \leqslant t < -0.4 \end{cases} \tag{4-31}$$

4.4　本章小结

土壤冻结过程中，透镜体的发展控制着冻胀变形及冻胀力的发展，因此弄清楚透镜体的形成机理对于后期冻胀模型的建立是必需的。本章在总结以往透镜体形成判定准则基础上，提出一个新的判定准则，该判定准则指出当冰水界面的分离压力超过上部荷载并且破坏土体间联系时，冰透镜体就产生了，而冻土中的联系，可以以冻土的抗拉强度来表征。

材料的抗拉强度，可以通过径向压裂试验获得。选取徐州地区粉质黏土、黄黏土进行了高温冻土的径向压裂试验，获得了温度变化（–2.0～0.1℃）范围内高温冻土抗拉强度的变化规律，为土体冻胀理论模型的验证及应用提供了重要参数。

粉质黏土抗拉强度拟合函数为

$$\sigma_t^* = \begin{cases} 4.6, & t \geqslant 0 \\ -658.64t^2 - 566.26t + 6.9073, & -0.4 \leqslant t < 0 \\ -68.275t + 105.77, & -2.0 \leqslant t < -0.4 \end{cases}$$

黄黏土抗拉强度拟合函数为

$$\sigma_t^* = \begin{cases} 9.9, & t \geqslant 0 \\ -975.91t^2 - 734.99t + 11.662, & -0.4 \leqslant t < 0 \\ -81.45t + 120.76, & -2.0 \leqslant t < -0.4 \end{cases}$$

参 考 文 献

[1]　GILPIN R R. A model for the prediction of ice lensing and frost heave in soils[J]. Water Resources

Research, 1980, 16(5): 918-930.

[2]　NIXON J F. Discrete ice lens theory for frost heave in soils[J]. Canadian Geotechnical Journal, 1991, 28(6): 843-859.

[3]　O'NEIL K, MILLER R D. Exploration of a rigid ice model of frost heave[J]. Water Resources Research, 1985, 21(3): 281-296.

[4]　KONRAD J M, DUQUENNOI C. A model for water transport and ice lensing in freezing soils [J]. Water Resources Research, 1993, 29(9): 3109-3123.

[5]　李洪升, 刘增利, 李南生. 基于冻土水分温度和外荷载相互作用的冻胀模式[J]. 大连理工大学学报, 1998, 38(1): 29-33.

[6]　李洪升, 刘增利, 梁承姬. 冻土水热力耦合作用的数学模型及数值模拟[J]. 力学学报, 2001, 33(5): 621-629.

[7]　曹宏章, 刘石, 姜凡, 等. 饱和颗粒土一维冰分凝模型及数值模拟[J]. 力学学报, 2007, 39(6): 848-857.

[8]　KONRAD J M, MORGENSTERN N R. A mechanistic theory of ice lens formation in fine-grained soils[J]. Canadian Geotechnical Journal, 1980, 17(4): 473-486.

[9]　苗天德, 郭力, 牛永红, 等. 正冻土中水热迁移问题的混合物理论模型[J]. 中国科学(D 辑), 1999, 29(s1): 8-14.

[10]　GILPIN R R. A model of the "liquid-like" layer between ice and a substrate with applications to wire regelation and particle migration[J]. Journal of Colloid and Interface Science, 1979, 68(2): 235-251.

[11]　GILPIN R R. Theoretical studies of particle engulfment[J]. Journal of Colloid and Interface Science, 1980, 74(1): 44-63.

[12]　沈忠言, 刘永智, 彭万巍, 等. 径向压裂法在冻土抗拉强度测定中的应用[J]. 冰川冻土, 1994, 16(3): 224-231.

[13]　沈忠言, 彭万巍, 刘永智. 径压法冻土抗拉强度测定中试样长度的影响[J]. 冰川冻土, 1994, 16(4): 327-332.

[14]　马芹勇. 人工冻土单轴抗拉、抗压强度的试验研究[J]. 岩土力学, 1996, 17(3): 76-81.

[15]　WATANABLE K, MIZOGUCHI M, ISHIZAKI T, et al. Experimental study on Microstructure near freezing front during soil freezing[C]. International Symposium on Ground Freezing, Netherlands, 1997: 187-192.

[16]　张琦. 人工冻土分凝冰演化规律试验研究[D]. 徐州: 中国矿业大学, 2005.

[17]　AKAGAWA S. Experimental study of frozen fringe characteristics[J]. Cold Regions Science and Technology, 1988, 15(3): 209-223.

[18]　AKAGAWA S, NISHISATO K. Tensile strength of frozen soil in the temperature range of the frozen fringe[J]. Cold Regions Science and Technology, 2009, 57(1): 13-22.

第5章 水热耦合分离冰冻胀模型

5.1 概 述

大多数工程条件所遇到的土壤冻结过程有较好的水流条件，此时会产生显著的透镜体的形成及生长，从而产生较为明显的冻胀，冻胀产生的根源是透镜体的生长，这一点在第 2 章水热耦合模型中是不考虑的，但却是关系到冻胀本质的问题，是本章所要讨论的内容。本章首先讨论如何描述单一活动透镜体的生长过程，从最初的分凝势理论出发，由特殊到一般依次建立描述活动透镜体生长稳态、准稳态过程及一般瞬态过程的数学模型，然后结合第 4 章中透镜体形成的判断准则，最终建立描述透镜体不断形成及生长过程的水热耦合分离冰冻胀模型。

5.2 透镜体生长过程的理论模型

5.2.1 分凝温度类比法

1. 分凝势理论的建立

图 5-1 所示为土壤自上而下一维冻结过程中，活动透镜体出现后的土柱结构图，图中阴影部分为活动透镜体，其暖端与冻结锋面之间为冻结缘，这一区域由 Miller[1] 首先发现并提出。文献[2]中试验表明，活动透镜体以上区域内水分迁移较弱，对总体冻胀影响较小，这一区域称为被动区，而活动透镜体底端至暖端区域称为主动区。

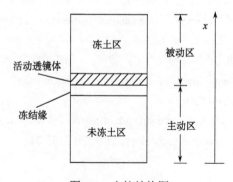

图 5-1 土柱结构图

分凝势理论是目前唯一单纯描述透镜体生长的理论，绪论中已有简要介绍，这里详细给出其建立过程，以便理论推广。该理论的基本假设主要为：①达到末透镜体形成后的稳态时，末透镜体的分凝温度相同，均为 T_{so}，冻结缘内的平均导湿系数均为固定常数 $\overline{K}_{fo}$，这两个参数与透镜体以下主动区的长度无关；②考虑到该状态时，末透镜体的分凝温度较接近于 0℃，因而可以忽略冻结缘内的导热系数与未冻土段的差别，于是末透镜体以下的温度分布为一直线，在这两个假设下可以得到如下的一个重要结果。

图 5-2 所示为两个不同长度的相同土样在一维冻结达到稳态后的情形，两组试验的暖端温度相同，冷端温度及长度不同，满足分凝势理论的假设条件①和②。

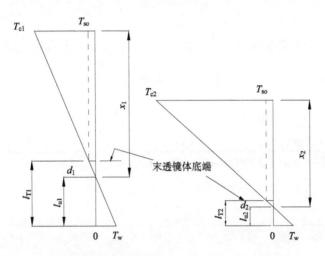

图 5-2　满足分凝势理论假设下的两组土样稳态情形

在冰透镜体暖端所产生的抽吸力由克拉佩龙方程得到：

$$P_w = (L / v_w T_0^*)T_s = MT_s \tag{5-1}$$

式中，L 为相变潜热；v_w 为水比容；T_0^* 为纯水的冰点（K）；$T_s = T_s^* - T_0^*$ 为分凝温度（℃）；参数 $M = L / v_w T_0^*$。

忽略位置水头后，冰透镜体暖端的水头为

$$H_w = (P_w / \gamma_w) = (M / \gamma_w)T_s \tag{5-2}$$

式中，γ_w 为水比重。冰透镜体暖端的吸水速率可以表示如下：

$$V = \frac{H_w}{\dfrac{l_u}{K_u} + \dfrac{d}{\overline{K}_f}} \tag{5-3}$$

式中，l_u，K_u，d 分别为未冻土段长度、未冻土导湿系数、冻结缘厚度；$\overline{K}_f$ 为冻结缘内的平均导湿系数，定义如下：

$$\overline{K}_f = \frac{d}{\displaystyle\int_0^d \frac{1}{K_f(z)}\mathrm{d}z} \tag{5-4}$$

式（5-1）～式（5-4）对图 5-2 中的两组试验均成立。

由式（5-2），结合假设条件①可知在末透镜体暖端所产生的水头是相等的：

$$H_{w1} = H_{w2} \tag{5-5}$$

而两组试验在末透镜体底端的吸水速率分别为

$$V_1 = \frac{|H_{w1}|}{\dfrac{l_{u1}}{K_u} + \dfrac{d_1}{\overline{K}_{f1}}}, \qquad V_2 = \frac{|H_{w2}|}{\dfrac{l_{u2}}{K_u} + \dfrac{d_2}{\overline{K}_{f2}}} \tag{5-6}$$

因为假设条件②，在末透镜体以下的温度分布为一条直线，其温度梯度分别为

$$\operatorname{grad} T_1 = \frac{T_w}{l_{u1}}, \qquad \operatorname{grad} T_2 = \frac{T_w}{l_{u2}} \tag{5-7}$$

由式（5-6）、式（5-7）可知：

$$\frac{(V_1 / \operatorname{grad} T_1)}{(V_2 / \operatorname{grad} T_2)} = \frac{l_{u1}}{(l_{u1} / K_u) + (d_1 / \overline{K}_{f1})} \frac{(l_{u2} / K_u) + (d_2 / \overline{K}_{f2})}{l_{u2}} \tag{5-8}$$

式中等号右端第一项为

$$\frac{l_{u1}}{(l_{u1} / K_u) + (d_1 / \overline{K}_{f1})} = \frac{1}{(1 / K_u) + (d_1 / l_{u1})(1 / \overline{K}_{f1})} = \frac{1}{(1 / K_u) + (T_{so} / T_w)(1 / \overline{K}_{f1})} \tag{5-9}$$

第二项变化为

$$\frac{(l_{u2} / K_u) + (d_2 / \overline{K}_{f2})}{l_{u2}} = (1 / K_u) + (d_2 / l_{u2})(1 / \overline{K}_{f2}) = (1 / K_u) + (T_{so} / T_w)(1 / \overline{K}_{f2}) \tag{5-10}$$

再利用假设条件①可知：

$$\overline{K}_{f1} = \overline{K}_{f2} = \overline{K}_{fo} \tag{5-11}$$

于是，利用式（5-8）～式（5-11）可以得到：

$$V_1 / \operatorname{grad} T_1 = V_2 / \operatorname{grad} T_2 = \text{const} \tag{5-12}$$

式（5-12）中的常数被定义为分凝势 SP。

Konrad 和 Morgenstern 对 Devon 粉土所进行的大量试验结果表明[3-6]，在相同的暖端温度作用下，不同的土样长度或冷端温度变化并不会对末透镜体形成后稳态时的分凝温度产生较大影响，同样对冻结缘内的平均导湿系数的影响也较小，由此表明了前面的假设①是成立的，而其 Devon 粉土试验结果中末透镜体的稳态分凝温度接近于 0℃，因而假设②也成立。

综合以上推导 Konrad 和 Morgenstern 指出，对于土体一维冻结过程，在达到末透镜体形成后的稳态时，末透镜体底端的吸水速度与主动区（活动透镜体以下）的温度梯度之比为一常数，该常数称为分凝势 SP，数学公式为

$$V = \mathrm{SP} \cdot \mathrm{grad}\, T \tag{5-13}$$

2. 分凝温度的类比作用

Konrad 和 Morgenstern 在建立分凝势理论时，是出于这样一种思考：土体在冻结状态下的导湿系数测量是相当困难的，即使以现在的水平也不能解决这一难题，因而若能避开这一参数对冻胀进行预测则更有工程实用价值。通过对 Devon 粉土的大量试验，Konrad 和 Morgenstern 发现无外荷载、无补水压力条件下，在达到末透镜体生长的稳态时，任意两组试验，只要其暖端温度相同，则它们末透镜体分凝温度相同，且接近于 0℃，于是在此基础上利用任意两组试验的类比关系，如前面简单推导后就可以得到形式简单的分凝势理论式（5-13），通过室内试验获得 SP 参数，不需要负温下的导湿系数便可以对冻胀进行预测，之所以达到了这种以简代繁的目的，是由于充分利用了分凝温度的类比作用，这里的分凝温度就相当于一个广义的相似准则。

分凝势理论的一些问题在绪论中已有述及，其根本的问题在于将 Devon 粉土试验得到的一些合理假设进行了不合理的延伸，但是其建立的思想却是可以应用的，考察两组试验达到末透镜体形成以后的稳态，仅分凝温度相同，为 T_{so}，其余参数均不相同，以下标 "1" "2" 表示，如图 5-3 所示，图中 P_{ob}，P_{ow} 分别为外界荷载及补水压力，l，a，L（$L=l+a$）分别为未冻土、冻结缘、主动区长度，T_{w} 为暖端温度，T_{f} 为冻结温度（分凝势理论假设中冻结温度为 0）。

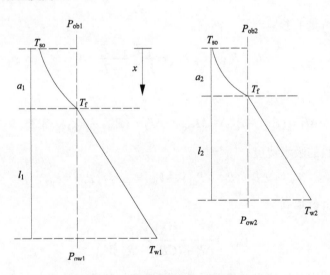

图 5-3　稳态分凝温度相同的两组试验

同样两组试验透镜体底部水压力为

$$\begin{cases} P_{\mathrm{w}1} = MT_{\mathrm{so}} + P_{\mathrm{ob}1} \\ P_{\mathrm{w}2} = MT_{\mathrm{so}} + P_{\mathrm{ob}2} \end{cases} \tag{5-14}$$

设冻土的导湿系数为温度的未知确定函数 $K_f(T)$，未冻土的导湿系数为 K_u，则未冻土段水阻力分别为

$$R_{u1} = l_1 / K_u \; ; \quad R_{u2} = l_2 / K_u \tag{5-15}$$

冻结缘内的水阻力分别为

$$R_{f1} = \int_0^{a_1} \mathrm{d}x / K_f(x) \; , \quad R_{f2} = \int_0^{a_2} \mathrm{d}x / K_f(x) \tag{5-16}$$

以式（5-16）左边一个式子为例进行变形，因为达到了稳态，因而冻结缘内的温度场分布满足：

$$\lambda(T)\mathrm{d}T / \mathrm{d}x = C_1 = \lambda_{uf}(T_{w1} - T_f) / l_1 \tag{5-17}$$

式中，$\lambda(\cdot)$ 为冻土导热系数；λ_{uf} 为未冻土导热系数，因而有

$$\mathrm{d}x = \lambda(T)\mathrm{d}T / C_1 \tag{5-18}$$

将式（5-16）中第一个式子变化为以 T 为积分变量，并利用式（5-18）得到：

$$R_{f1} = \left[\int_{T_{so}}^{T_f} \frac{\lambda(T)\mathrm{d}T}{K_f(T)} \right] \bigg/ C_1 \tag{5-19}$$

类似的也可以得到：

$$R_{f2} = \left[\int_{T_{so}}^{T_f} \frac{\lambda(T)\mathrm{d}T}{K_f(T)} \right] \bigg/ C_2 \; , \quad C_2 = \lambda_{uf}(T_{w2} - T_f) / l_2 \tag{5-20}$$

于是可以将难以测量的参数消除，得到：

$$R_{f1} / R_{f2} = C_2 / C_1 = \frac{l_1}{l_2} \frac{T_{w2} - T_f}{T_{w1} - T_f} = C \tag{5-21}$$

两组试验流动的动力，即压差分别为

$$\Delta P_1 = (P_{ow1} - P_{ob1}) - M T_{so} \; , \quad \Delta P_2 = (P_{ow2} - P_{ob2}) - M T_{so} \tag{5-22}$$

由此得到两组试验的吸水速度：

$$V_{w1} = \Delta P_1 / (R_{f1} + R_{u1}) \; , \quad V_{w2} = \Delta P_2 / (R_{f2} + R_{u2}) \tag{5-23}$$

经过简单变形后可以得到：

$$V_{w2} = \frac{C \Delta P_2 V_{w1}}{\Delta P_1 + (C R_{u2} - R_{u1}) V_{w1}} \tag{5-24}$$

该式表明两组达到末透镜体生长稳态时且分凝温度相同的试验存在一定的类比关系，可以应用其中一组的冻胀结果以及一些容易测试的土性参数来预测另一组冻胀结果。

对土体进行基本参数测试，获得较易测量的负温导热系数、饱和未冻土导湿系数、冻结温度等参数，并对土体进行室内冻胀试验，获得土体在一系列分凝温度下的稳态生长速度，这一系列试验就是对该土样进行现场冻胀预测的参照试验，试验中可以采用增

加外荷载的方式来扩大在主动区内不产生新透镜体条件下活动透镜体稳态分凝温度的变化范围，这一室内试验过程类似于利用分凝势理论预测冻胀时通过室内试验获得分凝势参数 SP，区别在于分凝势理论仅针对具备活动透镜体稳态分凝温度唯一且接近于 0℃ 这一条件的土体（例如，Konrad 和 Morgenstern 试验中的 Devon 粉土），因而其只需要一组室内试验获得参数 SP 即可，而扩展后的分凝温度类比方法针对较为任意的情形，按照稳态分凝温度进行分类，因而需要获得一系列不同稳态分凝温度下的室内试验结果作为参照试验，才能对一般工程条件下的冻胀发展进行预测。

　　利用分凝温度类比的方法预测冻胀其实质是以一系列分凝温度下的透镜体稳态生长速度试验来取代对冻土导湿参数的测试，实际上也可以利用这一系列的试验结果对冻土在不同负温下的导湿系数进行反演，通过这一逆问题间接获得冻土导湿系数，当然这一方面的问题不是本书要讨论的内容。

　　Konrad 和 Morgenstern 在最初建立分凝势理论时是很有创造性的，但他们随后的工作尤其是推广到考虑冻结缘冷却速率后的非稳态的情形却受到了许多学者的异议，5.2.2节将 Konrad 和 Morgenstern 最初的思想推广，得到了更为一般预测稳态冻胀的分凝温度类比法，容易看出分凝势理论仅是这一方法的一个推论，要沿用类比的思想将这一方法推广到透镜体生长的非稳态却较为困难，因为没有有效的类比方案，这就表明合理地建立不需要冻土导湿系数参数的透镜体非稳态生长模型基本不可能，下面从其他角度建立描述分凝温度变化过程中，活动透镜体非稳态生长过程的模型。

5.2.2　透镜体生长的准稳态过程模型

1. 准稳态过程的概念

　　热力学中的准稳态过程概念是建立准稳态热力学的基础，考虑外力作用下推动活塞的过程，如图 5-4 所示。

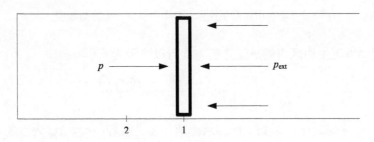

图 5-4　外力作用下推动活塞

　　在外力 p_{ext} 的作用下，左方封闭空间中的气体发生压缩，这个过程中，随着活塞向左推进，封闭空间中的气体压力最先发生变化的是紧靠活塞处的，然后逐渐扩散到全封闭空间，这就是说，当活塞从 1 到 2 时，封闭空间中的气体经历的每一个状态都不是平衡态，因而这个过程无法在状态图中表示。为了克服这一困难，忽略活塞向左推进过程中每一步建立平衡态所需要的时间，以一系列的平衡态取代这一过程，这就是准稳态过程的基本概念，当然这一取代的严格正确需要过程进行得无限缓慢，即外力 p_{ext} 与初始状态压力 p 之间的压差为无限小，在较为缓慢的过程中，可以认为这一取代近似成立。

前面 Konrad 和 Morgenstern 所建立的分凝势理论针对的是末透镜体形成以后的稳态，这相当于是透镜体生长的一个广义热力学状态（热力学状态是平衡态，这里是非平衡定态），本节将建立透镜体生长的广义准稳态过程的数学描述。这里的广义准稳态指由一系列非平衡定态组成的热力学过程，即忽略了每一个定态建立所需要的时间。

2. 透镜体生长准稳态过程的数学描述

如图 5-5 所示为考虑土体两端控温、自上而下的一维冻结过程，随着冻结锋面的推移，土体中水热工况变化逐渐缓慢，对于这一阶段，由于活动透镜体分凝温度变化缓慢，主动区建立稳态的速度相对较快，这里假设活动透镜体以下的主动区所经历的是一个准稳态过程。

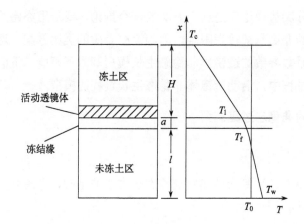

图 5-5　考虑土体两端控温、自上而下的一维冻结过程

活动透镜体以下主动区内的热量守恒方程可以表示为

$$\frac{\partial}{\partial x}\left(\lambda\frac{\partial T}{\partial x}\right) - c_w\rho_w\frac{\partial(v_x T)}{\partial x} = \frac{\partial(\overline{c_\rho}T)}{\partial t} \tag{5-25}$$

式中，λ、v_x、$\overline{c_\rho}$ 分别为导热系数、局部水流速、名义热容；c_w、ρ_w 为水的质量热容及密度。

如前面绪论中所提及，式（5-25）中第二项对流项的影响很小，可以忽略，同时利用准稳态过程的前提假设，活动透镜体底端温度稍有变化，主动区将瞬间建立新的稳态，这就是说式（5-25）中右边的非稳态部分被忽略，于是简化为

$$\frac{\partial}{\partial x}\left(\lambda \frac{\partial T}{\partial x}\right) = 0 \tag{5-26}$$

主动区土体的边界条件为

$$\begin{cases} x = 0: T = T_{\mathrm{w}} \\ x = l + a: T = T_{\mathrm{l}}(t) \end{cases} \tag{5-27}$$

式（5-26）中土体导热系数决定于土体的组分含量，这里由未冻水含量决定，未冻水含量与温度之间有经验公式，在绪论中已述及，如下：

$$w_{\mathrm{u}} = A(T_0 - T)^B \tag{5-28}$$

式中，A、B 为与土性有关的参数；T_0 为纯水的冰点；于是式（5-26）中土体导热系数可视为温度的函数。由此可知透镜体位置确定后，在 T_{w} 温度恒定的情况下，主动区内的温度场分布将完全由活动透镜体分凝温度 T_{l} 的变化决定。由于给定土体的冻结温度 T_{f} 可视为定值，于是冻结缘的厚度 a 及未冻土段的长度 l 均将决定于分凝温度 T_{l} 的变化。

以上分析表明，在准稳态过程的假设下，随着活动透镜体底端温度随时间的变化关系 $T_{\mathrm{l}} - t$ 确定，主动区的温度场变化完全确定，由式（5-26）和式（5-27）决定。

在水流方面，忽略冻结缘内水分积累的影响，对于这个假设，需要说明的是，由于过程进行相对缓慢，冻结缘内的相变不剧烈，于是完全忽略其区间内相变的作用。

在冰透镜体底端，如 5.2.1 节所述，所产生的水压为

$$u_{\mathrm{w}} = \rho_{\mathrm{w}} L (T_{\mathrm{l}} - T_0) / T_0 \tag{5-29}$$

因为忽略了水分积累的影响，与分凝势模型相同，外界水源流动到透镜体底面需要克服两段水阻力，未冻土段的导湿系数 K_{u} 可以视为常数，未冻土段水阻力为

$$R_{\mathrm{u}} = \frac{l}{K_{\mathrm{u}}} \tag{5-30}$$

冻结缘内水阻力及平均导湿系数可以表示为

$$R_{\mathrm{f}} = \int_0^a \frac{1}{K_{\mathrm{f}}(z)}\, \mathrm{d}z, \quad \overline{K}_{\mathrm{f}} = \frac{a}{R_{\mathrm{f}}} \tag{5-31}$$

不考虑静水压力的条件下，活动透镜体底端的吸水速率为

$$V = \frac{-u_{\mathrm{w}} / (\rho_{\mathrm{w}} g)}{R_{\mathrm{u}} + R_{\mathrm{f}}} \tag{5-32}$$

式（5-26）～式（5-32）构成了土中冻结锋面趋于稳定，分凝温度变化逐渐缓慢，活动透镜体生长准稳态过程的完整数学描述。

3. 模型退化为稳态时的情形

若考虑末透镜体形成后稳态时的情形，如 5.2 节所述，利用分凝势模型的基本假设①，

则从冰透镜体底端到土样底面之间温度场为线性分布,其梯度为

$$\mathrm{grad}\, T = \frac{T_\mathrm{l} - T_\mathrm{w}}{l + a} \tag{5-33}$$

于是有

$$\frac{V}{\mathrm{grad}\, T} = \frac{-u_\mathrm{w}}{\rho_\mathrm{w} g} \frac{l + a}{R_\mathrm{u} + R_\mathrm{f}} \frac{1}{T_\mathrm{l} - T_\mathrm{w}} \tag{5-34}$$

式(5-34)中等号右端的首末两项均仅取决于末透镜体的分凝温度 T_l,中间一项为

$$\frac{l + a}{R_\mathrm{u} + R_\mathrm{f}} = \frac{1}{\dfrac{l/(l+a)}{K_\mathrm{u}} + \dfrac{a/(l+a)}{\overline{K}_\mathrm{f}}} \tag{5-35}$$

由于主动区内的温度呈线性分布,有

$$l/(l+a) = (T_\mathrm{w} - T_\mathrm{f})/(T_\mathrm{w} - T_\mathrm{l}) \tag{5-36}$$

因此,式(5-35)实际仅决定于 T_l、$\overline{K}_\mathrm{f}$,再利用分凝势模型的基本假设②可知,式(5-34)为一常数,该常数便为分凝势。

如前面所述,分凝势理论考虑的是末透镜体形成并达到稳态时的吸水速率,此时分凝温度恒定,本节所建立的是活动透镜体分凝温度作相对缓慢变化时的情形。可以认为分凝势理论所建立的是透镜体生长的一个广义热力学状态,而本节所建立的模型实质是透镜体生长的准稳态过程的一个描述。

5.2.3　透镜体生长的新水热耦合模型

1. 水热耦合的思路及存在的问题

活动透镜体的生长本质可以视为分凝温度变化过程中主动区内的水热输运过程,这一过程产生了向透镜体底端的排水,从而导致了透镜体的生长,本节从水热耦合这一角度建立更为一般的描述透镜体生长的模型。

第 2 章中所讨论的 Harlan 模型是最早建立的非饱和土冻结的水热耦合模型,下面指出这类模型[7-10]建立过程中的一些问题,其基本控制方程为

$$C_\mathrm{v} \frac{\partial T}{\partial t} = \frac{\partial}{\partial x}\left(\lambda \frac{\partial T}{\partial x}\right) + L\rho_\mathrm{i} \frac{\partial \theta_\mathrm{i}}{\partial t} \tag{5-37}$$

$$\frac{\partial}{\partial x}\left(K \frac{\partial \psi}{\partial x}\right) = \frac{\partial \theta_\mathrm{u}}{\partial t} + \frac{\rho_\mathrm{i}}{\rho_\mathrm{w}} \frac{\partial \theta_\mathrm{i}}{\partial t} \tag{5-38}$$

式(5-37)、式(5-38)未考虑重力影响,同时热对流项被忽略。式中,C_v 为土壤体积热容,J/($\mathrm{m}^3 \cdot \mathrm{K}$);$\lambda$ 为导热系数,W/($\mathrm{m} \cdot \mathrm{K}$);$L$ 为相变潜热,J/kg;K 为导湿系数,m/s;ψ 为土壤压力势,Pa;θ_u 为体积含水量;θ_i 为体积含冰量;$\rho_\mathrm{w}, \rho_\mathrm{i}$ 分别为水、冰密度,

kg/m^3；T 为温度，℃；x 为空间坐标（向上为正），m；t 为时间，s。

在冻土区中，θ_u 与 T 之间的关系由冻结特性曲线确定：

$$\theta_u = \theta_u(T) \tag{5-39}$$

式（5-37）～式（5-39）中变量较多，方程系统未封闭，引入水分扩散系数 D：

$$D = K \partial \psi / \partial \theta_u \tag{5-40}$$

于是方程（5-38）可以变化为

$$\frac{\partial}{\partial x}\left(D \frac{\partial \theta_u}{\partial x}\right) = \frac{\partial \theta_u}{\partial t} + \frac{\rho_i}{\rho_w}\frac{\partial \theta_i}{\partial t} \tag{5-41}$$

式（5-37）、式（5-39）、式（5-41）构成 Harlan 模型的封闭求解系统，在该系统建立过程中，需要引入水分扩散系数 D，这一概念在冻土区中应用存在两点问题：①式（5-40）说明在冻土区中存在函数关系 $\psi = \psi(\theta_u, T)$ 或 $\psi = \psi(\theta_u)$，显然这两个关系与冻结特性曲线式（5-39）不能同时存在；②冻土区中 D 的取值较困难，最初 Harlan 在提出该模型时冻土中 D 与未冻土中的函数形式没有区别，Taylor 和 Luthin 计算发现这样会导致冻土区中水分积累过高，于是引入了冰阻抗因子 I，并给出建议值 $10^{10\theta_i}$，这些取值较为经验且随意，而理论上分析给出 D 的合理取值也是较为困难的。另外，Harlan 水热耦合模型较注重宏观计算，而不考虑微观机理，因而用于描述活动透镜体生长过程中主动区内的水热耦合过程是不合适的。

当冰、水、气三相共存时，由于相界面数较多，从理论上分析透镜体的生长及主动区内的水热耦合过程存在相当的困难，因而本书研究对象与许多冻胀机理模型如刚性冰模型[8]相同，为刚性孔隙饱和土，刚性孔隙表明不考虑冻结缘内的原位冻胀。下面首先引入固体表面吸附水膜的热力学理论分析吸附水膜厚度及其流动，然后建立描述刚性孔隙饱和土中透镜体生长过程的新水热耦合体系。

2. 新水热耦合体系

4.2.1 节和 4.2.2 节确定了水分流动的描述方式，由主动区内的水分守恒得到（未考虑重力）：

$$\frac{\partial}{\partial x}\left(k \frac{\partial P}{\partial x}\right) = \frac{\partial \theta_u}{\partial t} + \frac{\rho_i}{\rho_w}\frac{\partial \theta_i}{\partial t} \tag{5-42}$$

式中，k 为统一单位后的导湿系数，$k = K/(\rho_w g)$；P 为等效水压力，Pa。

能量守恒方程仍然为式（5-37），由刚性孔隙饱和土可以得到：

$$\theta_u + \theta_i = n \tag{5-43}$$

式中，n 为孔隙率。

冻土区中由 4.2 节的 Gilpin 理论可以得到：

$$-\Delta vP - v_\mathrm{S}\sigma_\mathrm{SL}\overline{K} - LT/T_\mathrm{a} = v_\mathrm{S}g(h)/v_\mathrm{L} \tag{5-44}$$

式（5-44）表明未冻水膜厚度取决于温度 T、等效水压力 P 以及相界面曲率 $\overline{K}$。其中 $\overline{K}$ 主要受土颗粒外形影响，变化较小，且式（5-44）表明 h 对 $\overline{K}$ 的变化不敏感，于是可以忽略在冻结过程中 $\overline{K}$ 的变化对 h 的影响。式（5-44）中系数表明 T 升高 1℃ 与 P 增加 $L/(T_\mathrm{a}\Delta v)$ Pa 对 h 的影响是等价的，在宏观上表现为对未冻水含量 θ_u 的影响等价，于是常压下的冻结特性曲线式（5-39）在考虑压力影响后的变化为

$$\theta_\mathrm{u} = \theta_\mathrm{u}\left(T + \frac{\Delta vT_\mathrm{a}}{L}P\right) \tag{5-45}$$

式（5-37）、式（5-42）、式（5-43）、式（5-45）构成了活动透镜体生长过程中主动区内的水热耦合方程体系，主动区温度为第一类边界条件，土柱暖端一般为无压补水条件，此时 P 为 0，下面推导透镜体底端 P 所满足的条件。

图 5-6 为活动透镜体暖端附近示意图，当该处土体为冻结状态时，在底端相界面 ABC 上，将式（5-38）代入 P 的定义式（5-41）得到：

$$P = \frac{v_\mathrm{S}}{v_\mathrm{L}}(P_\mathrm{Lh} + \sigma_\mathrm{SL}\overline{K}) + \frac{LT}{T_\mathrm{a}v_\mathrm{L}} = \frac{v_\mathrm{S}}{v_\mathrm{L}}P_\mathrm{S} + \frac{LT}{T_\mathrm{a}v_\mathrm{L}} \tag{5-46}$$

式中后一个等号是将透镜体向上的运动过程视为准稳态过程而应用了 Laplace 方程式。

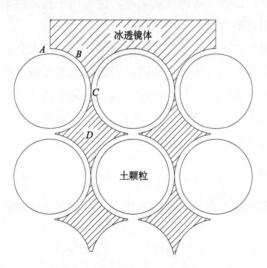

图 5-6　活动透镜体暖端附近示意图

无外荷载条件下透镜体底端 $P_\mathrm{S} = 0$，此时有

$$P = \frac{LT}{T_\mathrm{a}v_\mathrm{L}} \tag{5-47}$$

式（5-46）和式（5-47）表明在考虑土颗粒吸引力作用时，克拉佩龙方程的形式仍然是适用的，此时的水压力为等效压力 P，同时也表明，以上建立的体系与 5.2.1 节和

5.2.2 节提到的描述透镜体生长的分凝势模型、准稳态模型是兼容的。

3. 透镜体的生长过程

活动透镜体的生长过程可以看成主动区内水热耦合而向透镜体底端的排水。在透镜体底端产生了抬升作用及吸水作用，抬升作用由相界面上的压力 P_{Lh} 产生，该压力在有些文献中称为分离压力[11]，是两个物体表面相互接近时，由于表面区域流体相的重叠所产生的对两个物体的分离作用，类似于重力场中物体向水中下沉时所受到的浮力；吸水作用由等效压力 P 产生，式（5-47）表明，透镜体暖端处于冻结状态时，将会产生负的等效压力，在此负压作用下水分从主动区向透镜体暖端迁移，这种流动类似于重力场中水分从高处流往低处，而 P 起到了流动势的作用，迁移到透镜体暖端多余的水分由于相平衡作用又凝固成冰，从而造成了透镜体的生长，其生长速度由式（5-48）确定：

$$V_H = -k \frac{\rho_w}{\rho_i} \frac{\partial P}{\partial x} \bigg|_{x=x_b} \tag{5-48}$$

式中，V_H 为透镜体生长速度；x_b 为透镜体底端坐标。

本书所描述的透镜体生长过程不同于刚性冰模型，区别在于图 5-6 中 D 处孔隙冰行为。刚性冰模型认为 D 处孔隙冰与其上活动透镜体形成一刚性整体，以相同的速度向上移动，而孔隙冰移动机理是复冰机制，这也是刚性冰概念的由来；而本书并未考虑这种复冰机制，因而 D 处的孔隙冰被视为静止，它与透镜体的连接处 C 被视为断裂，仅活动透镜体向上生长，文献中分凝势模型、离散透镜体模型等由于未考虑复冰机制，其透镜体均是以这种分离冰方式生长的。

当分凝温度变化，透镜体底端退化为非冻结状态时，冻结缘消失，冻胀类型由第二类转变为第一类。由于式（5-47）用到了冻结区相界面条件式（5-38），因而不适用于此时的非冻结状态，由 P 的定义，此时的等效压力为孔隙水压力；另外，由于透镜体底端与孔隙水相连，此时相界面上的分离压力也为孔隙水压力。透镜体生长的必要条件为在其底端产生抬升作用及吸水作用，前者需要有正压，后者需要有负压（仅考虑无压补水），仅孔隙水压力无法同时满足这两个条件，因而此时透镜体的生长停止。无压补水条件下，冻结缘的存在是产生透镜体生长的重要前提。

在无压补水条件下，冻结缘的存在对于透镜体生长的必要性作用也可以通过传统的薄膜理论得到，薄膜理论是关于冻土中未冻水流动的理论。

长期以来，人们对冻土中未冻水迁移的机理进行过分析，提出过毛细理论、薄膜理论、结晶力理论、渗透压力理论、电渗力理论、真空抽吸理论等 14 种理论。其中的薄膜理论已经得到了大多数学者的认可，该理论认为，在冻土区一定的温度梯度作用下，土颗粒外围的未冻水膜是不对称的，其中暖的一端未冻水膜较厚，冷的一端未冻水膜较薄，这样形成的不对称水膜将会导致一个不平衡的渗透压力，在这一压力作用下冻土中产生了未冻水的流动。固体表面的吸附水膜理论与薄膜理论是一致的，可以看成薄膜理论这一定性理论的量化。

图 5-7 所示为活动透镜体以下紧接相邻区域内土颗粒及其周围未冻水膜示意图，当该区域处于冻结状态时，其周围的未冻水膜如图 5-7（a）所示，此时在不对称水膜的作用下，水分将会由水膜较厚的一侧向较薄的一侧迁移，水分由此流动到透镜体底端，透镜体便能够生长；当冻结锋面退化，冻结缘消失时，该处退化为未冻土，其土颗粒周围的未冻水膜如图 5-7（b）所示，该情况下不再存在水膜厚度梯度，因而若无额外的补水压力，则透镜体底端将无法产生吸水，此时透镜体生长停止。

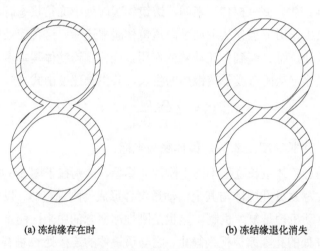

　　　　　　(a) 冻结缘存在时　　　　　　　　　　　　　　　(b) 冻结缘退化消失

图 5-7　活动透镜体以下紧接相邻区域内土颗粒及其周围未冻水膜示意图

5.3　水热耦合分离冰冻胀模型体系

5.3.1　模型的方程体系

第 4 章中给出了冻结缘中出现新透镜体时的判定准则，下面应用这一准则与 5.2 节中主动区内的新水热耦合模型组合，构建完整的冻胀模型，所针对的土体仍然是刚性孔隙饱和土。

图 5-8（a）为土样自上而下冻结，在冻结初始阶段，冰透镜体尚未出现之前的土柱结构图，此时整个土柱均可视为主动区，可以用 5.2 节中的新水热耦合模型描述如下：

$$C_v \frac{\partial T}{\partial t} = \frac{\partial}{\partial x}\left(\lambda \frac{\partial T}{\partial x}\right) + L\rho_i \frac{\partial \theta_i}{\partial t} \tag{5-49}$$

$$\frac{\partial}{\partial x}\left(k \frac{\partial P}{\partial x}\right) = \frac{\partial \theta_u}{\partial t} + \frac{\rho_i}{\rho_w} \frac{\partial \theta_i}{\partial t} \tag{5-50}$$

$$\theta_u = \theta_u\left(T + \frac{\Delta v T_a}{L} P\right), \quad \theta_u + \theta_i = n \tag{5-51}$$

式中，P 为等效水压力，其余参数意义也均在 5.2 节中述及。

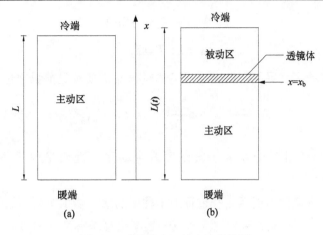

图 5-8　两种情形下的土柱结构图

土柱下部为暖端，一般为无压补水边界，上部为冷端，可以视为封闭边界条件，于是冻结初始段边界条件为

$$x=0: T=T_{\mathrm{w}}, \quad P=0 \tag{5-52}$$

$$x=L: T=T_{\mathrm{c}}, \quad \partial P / \partial x=0 \tag{5-53}$$

通过基本方程式（5-49）～式（5-51）及上述边界条件计算得到 P、T 随时间变化，利用式（5-44）计算 P_{Lh} 并由第 4 章公式判断是否有冰透镜体形成。

图 5-8（b）为透镜体出现后的土柱结构图，土柱以活动透镜体底端为分界划分为主动区及被动区，已有文献试验表明被动区内的水分迁移较弱，基本可以忽略，在这一区域内实际上经历的是一个移动边界导热问题，其移动的速度为冻胀速度 V_{H}，其控制方程为

$$C_{\mathrm{v}}\left(\frac{\partial T}{\partial \tau}+V_{\mathrm{H}}\frac{\partial T}{\partial x}\right)=\frac{\partial}{\partial x}\left(\lambda\frac{\partial T}{\partial x}\right) \tag{5-54}$$

考虑到冻胀速度很小，式（5-54）近似用普通导热方程代替：

$$C_{\mathrm{v}}\frac{\partial T}{\partial \tau}=\frac{\partial}{\partial x}\left(\lambda\frac{\partial T}{\partial x}\right) \tag{5-55}$$

主动区内经历的是一个水热耦合过程，这正是 5.2 节所研究的内容，其所满足的基本方程为式（5-49）～式（5-51）。

当存在冻结缘时，透镜体底端的等效压力满足式（5-46），且活动透镜体具备生长条件，其生长速度由透镜体底端吸水速度确定：

$$V_{\mathrm{H}}=-k\frac{\rho_{\mathrm{w}}}{\rho_{\mathrm{i}}}\frac{\partial P}{\partial x}\bigg|_{x=x_{\mathrm{b}}} \tag{5-56}$$

式中，x_{b} 为透镜体底端坐标。

温度及压力边界条件如下：

$$x = 0: \quad T = T_\text{w}, \quad P = 0 \tag{5-57}$$

$$x = L: \quad T = T_\text{c} \tag{5-58}$$

在主动区与被动区交界面上即活动透镜体底端 x_b 需要满足能量守恒条件：

$$\lambda_\text{II} \frac{\partial T_\text{II}}{\partial x}\bigg|_{x=x_\text{b}} - \lambda_\text{I} \frac{\partial T_\text{I}}{\partial x}\bigg|_{x=x_\text{b}} = L\rho_\text{w} V_\text{w}\big|_{x=x_\text{b}} \tag{5-59}$$

式中，下标"Ⅰ""Ⅱ"分别表示被动区及主动区；而质量守恒条件实际上就是式（5-56）。

以上便建立了透镜体出现后生长过程中土柱中的水、热工况所满足的数学模型，透镜体的生长速度由式（5-56）确定，通过这一数学模型求解活动透镜体的生长过程，获得冻结缘内 P、T 后计算 P_Lh，判断冻结缘内是否有新的冰透镜体形成，若有则判断其位置，按其底端位置重新划分主动区与被动区，其基本方程形式不变。

5.3.2　模型的历史体系

本节将说明 5.3.1 节中所建立的冻胀模型与以往一些典型冻胀模型的区别及联系。

1. 分离冰的概念

提出分离冰的概念主要是为了说明模型与刚性冰模型在透镜体生长形式上的区别，这一点在第 4 章中已简要提及。

透镜体刚性冰生长形式的典型特点主要包括两点：一是冻结缘内的孔隙冰以复冰机制形式进行移动；二是孔隙冰的移动速度与上部冰透镜体相同，两者形成一个刚性整体。如图 5-9 所示为活动透镜体下方，孔隙冰在 A 处温度低于 B 处，说明 A 处水膜较 B 处薄，在该不对称水膜作用下，B 处未冻水膜将会流向 A 处，由于相平衡条件流入 A 处多余的未冻水相变成冰，而 B 处多余的孔隙冰将会融化，从而继续产生这一过程，这就是复冰

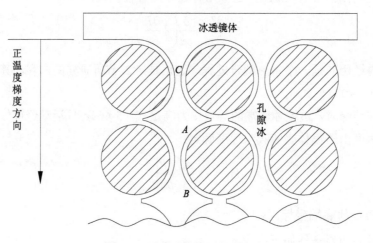

图 5-9　活动透镜体下方孔隙冰

机制，相当于孔隙冰间接从 B 处移动到了 A 处；而在孔隙冰与冰透镜体连接处 C 被视为刚性连接，两者成一整体向上移动，产生冻胀。

透镜体分离冰生长形式的典型特点是认为透镜体与其下方孔隙冰的连接处 C 在透镜体生长过程中是断裂的，两者分离，同时也不考虑冻结缘内孔隙冰的移动，下方的未冻水迁移到透镜体底端产生相变并抬升透镜体形成透镜体的生长过程，基于透镜体分离冰生长形式建立的冻胀模型与刚性冰模型在数学上的差别在于冻结缘内孔隙冰移动所导致的传质过程，前者是完全忽略这一过程，后者则假设孔隙冰移动速度与冰透镜体相同，即冻胀速度。

刚性冰模型是孔隙冰等效移动速度达到最大值时的情形，而分离冰模型是孔隙冰移动速度最小时的情形，这两类模型实际代表着复冰机制导致的孔隙冰移动速度的两个极限。

2. 分离冰模型原型

以往学者建立的包含透镜体演变规律的冻胀模型基本包括两类：刚性冰类模型及分离冰类模型，其中刚性冰类模型较少，后者则较多，尽管许多学者在建立冻胀模型时未对透镜体生长机理作分析，但实际均默认了活动透镜体与孔隙冰分离式的生长方式，同时也完全忽略孔隙冰的移动，将其作为了普通固体骨架，因而均属于分离冰类模型，包括 Gilpin 模型、Nixon 模型等。

在 5.3.1 节中建立的模型实际可以看成由 Gilpin 模型变形及改进得到，该模型在绪论中已经有较详细介绍。

Gilpin 建立的简化模型几个要点假设如下：

（1）土体在已冻土区、冻结缘区、未冻土区导热系数均视为常数，且在三个区域内温度始终呈线性分布，三个区域温度场分别呈稳态响应，即经历准稳态过程。

（2）相变作用仅发生在两个位置处，即活动透镜体底端和冻结锋面位置，在冻结缘内无水分积累，同时也无相变潜热。

Nixon 在 Gilpin 模型的基础上进行了一些改进，其温度场分布形式仍然被假设为线性，但采用总体平均的方式计算了冻结缘内的相变所释放的热量，而对相变所产生的水流积累则采用严格的方式建立微分方程。

分离冰模型其基本结构仍然不变，在 Nixon 模型的基础上主要做了两个方面改进：一是不再采用准稳态的简化假设，而直接从热、质守恒的角度建立三个区内的一般瞬态过程的数学描述；二是对于冰透镜体的判断准则，不再采用冰压力准则，而是采用概念及理论体系较为完备的未冻水膜破坏准则，最终建立的模型被命名为水热耦合分离冰冻胀模型。

图 5-10 为关于土壤冻结过程的一系列典型数学模型之间的关系图，总体上可以为三类：物理场模型、透镜体生长模型、冻胀模型。其中物理场模型以土壤冻结过程中水分场、温度场、应力场的计算为主要目的，而不考虑透镜体的产生及生长；透镜体生长模

型主要分析在新的透镜体出现之前，当前活动透镜体的生长过程，包括主动区内的水热工况变化及单层透镜体生长速度计算；而冻胀模型则是以研究冻胀的本质特征——透镜体的反复产生及生长过程为目的的模型。

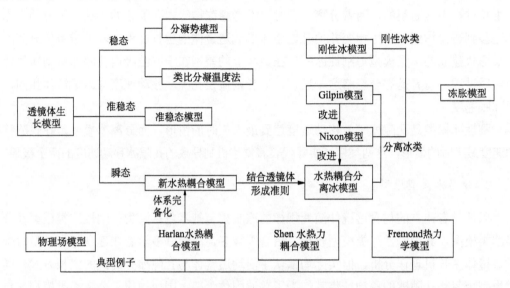

图 5-10　关于土壤冻结过程的一系列典型数学模型之间的关系图

5.4　数值计算

本节主要介绍 5.3 节中提出的水热耦合分离冰冻胀模型的数值分析，所用的数值方法仍然为有限容积法。

5.4.1　数值计算流程图

图 5-11 为数值计算程序流程图，图中表明了计算主要包括两个核心部分，即透镜体出现前的方程离散格式和透镜体出现后的方程离散格式。

5.4.2　有限容积离散

对于一个自上而下的土壤冻结过程，采用等分网格，节点自下而上编号为 $1\sim N$（$N=N_1+N_2$），其中 $1\sim N_1$ 为透镜体底端下方节点，N_1+1 为透镜体底端，$(N_1+2)\sim(N_1+N_2)$ 为冻土区节点（冻土区存在时有这部分节点），将边界节点参数也作为未知变量，则待求向量为

$$\phi = [T_1, P_1, T_2, P_2, \cdots, T_{N_1}, P_{N_1}, T_{N_1+1}, P_{N_1+1}, T_{N_1+2}, \cdots, T_{N_1+N_2}] \tag{5-60}$$

式中，下标为节点编号，开始时刻不存在冻土区时则不存在相应待求变量。

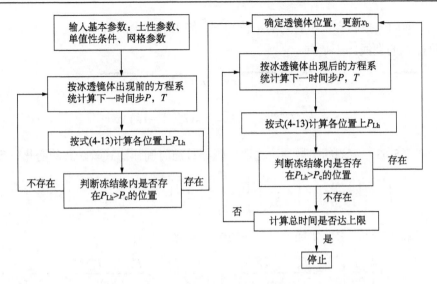

图 5-11　数值计算程序流程图

在出现透镜体之前，土柱整体相当于主动区，将式（5-51）代入式（5-49）、式（5-50）中，并利用式（5-51）将 θ_u 的变化率用 P、T 的变化率表示，整理后得到：

$$\begin{cases} \rho_i\theta_u'\Delta vT_a\dfrac{\partial P}{\partial \tau} + (C_v + L\rho_i\theta_u')\dfrac{\partial T}{\partial \tau} = \dfrac{\partial}{\partial x}\left(\lambda\dfrac{\partial T}{\partial x}\right) \\[3mm] \dfrac{\rho_w - \rho_i}{\rho_w}\theta_u'\dfrac{\Delta vT_a}{L}\dfrac{\partial P}{\partial \tau} + \dfrac{\rho_w - \rho_i}{\rho_w}\theta_u'\dfrac{\partial T}{\partial \tau} = \dfrac{\partial}{\partial x}\left(k\dfrac{\partial P}{\partial x}\right) \end{cases} \tag{5-61}$$

式中，$\theta_u'(\cdot)$ 为 $\theta_u(x)$ 对 x 的导数。定义系数分别为 $a_{11} = \rho_i\Delta vT_a\theta_u'$，$a_{12} = C_v + L\rho_i\theta_u'$，$a_{21} = (\rho_w - \rho_i)\Delta vT_a\theta_u' / (L\rho_w)$，$a_{22} = (\rho_w - \rho_i)\theta_u' / \rho_w$，则式（5-61）变化为

$$\begin{cases} a_{11}\dfrac{\partial P}{\partial \tau} + a_{12}\dfrac{\partial T}{\partial \tau} = \dfrac{\partial}{\partial x}\left(\lambda\dfrac{\partial T}{\partial x}\right) \\[3mm] a_{21}\dfrac{\partial P}{\partial \tau} + a_{22}\dfrac{\partial T}{\partial \tau} = \dfrac{\partial}{\partial x}\left(k\dfrac{\partial P}{\partial x}\right) \end{cases} \tag{5-62}$$

应用有限容积法对模型进行数值分析，采用外节点方式均匀网格划分主动区，自暖端至透镜体底端节点依次为 $1\sim N$，节点参数与第 2 章相同。

下面以有限容积法建立式（5-62）第一个式子的离散格式，将该式对控制容积 P 在 Δt 时间间隔内作积分，得到：

$$a_{11}\int_s^n (P^{t+\Delta t} - P^t)\mathrm{d}x + a_{12}\int_s^n (T^{t+\Delta t} - T^t)\mathrm{d}x = \int_t^{t+\Delta t}\left[\left(\lambda\dfrac{\partial T}{\partial x}\right)_n - \left(\lambda\dfrac{\partial T}{\partial x}\right)_s\right]\mathrm{d}t \tag{5-63}$$

同样为了完成各项积分以获得节点上未知值间的代数方程，还需要对式（5-63）各项中变量的型线作出选择。

首先对于式（5-63）中左侧非稳态项，需要选定 T 随空间 x 而变化的型线，这里取

为阶梯式，即同一控制容积中各处的 T 值相同，等于节点上的值 T_P，对于 P 也选择相同形式即阶梯式的型线，于是有

$$a_{11}\int_s^n (P^{t+\Delta t} - P^t)\mathrm{d}x = a_{11}(P_P^{t+\Delta t} - P_P^t)\Delta x$$

$$a_{12}\int_s^n (T^{t+\Delta t} - T^t)\mathrm{d}x = a_{12}(T_P^{t+\Delta t} - T_P^t)\Delta x \tag{5-64}$$

对于式（5-63）右侧的扩散项，选取一阶导数随时间作隐式阶跃式的变化，得到

$$\int_t^{t+\Delta t}\left[\left(\lambda\frac{\partial T}{\partial x}\right)_n - \left(\lambda\frac{\partial T}{\partial x}\right)_s\right]\mathrm{d}t = \left[\lambda_n\left(\frac{\partial T}{\partial x}\right)_n^{t+\Delta t} - \lambda_s\left(\frac{\partial T}{\partial x}\right)_s^{t+\Delta t}\right]\Delta t \tag{5-65}$$

进一步，在式（5-65）中取 T 随 x 呈分段线性的变化，则有

$$\left(\frac{\partial T}{\partial x}\right)_n^{t+\Delta t} = \frac{T_N^{t+\Delta t} - T_P^{t+\Delta t}}{(\delta x)_n}, \quad \left(\frac{\partial T}{\partial x}\right)_s^{t+\Delta t} = \frac{T_P^{t+\Delta t} - T_S^{t+\Delta t}}{(\delta x)_s} \tag{5-66}$$

对于界面上的 λ_s，λ_n，在第 2 章中指出，对于这类表征界面上传递性质的参数，应取为邻近两节点的几何平均值。

最终得到 P 节点的离散控制方程为

$$a_{11}\frac{P_P^{t+\Delta t} - P_P^t}{\Delta t} + a_{12}\frac{T_P^{t+\Delta t} - T_P^t}{\Delta t} = \frac{\lambda_s T_s^{t+\Delta t} - (\lambda_s + \lambda_n)T_P^{t+\Delta t} + \lambda_n T_N^{t+\Delta t}}{\Delta x^2} \tag{5-67}$$

对于式（5-62）中第二个式子的离散格式也可以类似地建立，最终对于其中任意节点 i 的控制容积，可以得到离散方程：

$$c_{11}T_{i-1}^{n+1} + c_{12}T_i^{n+1} + c_{13}P_i^{n+1} + c_{14}T_{i+1}^{n+1} = c_{15} \tag{5-68}$$

$$c_{21}P_{i-1}^{n+1} + c_{22}T_i^{n+1} + c_{23}P_i^{n+1} + c_{24}P_{i+1}^{n+1} = c_{25} \tag{5-69}$$

式（5-68）和式（5-69）中系数：$c_{11} = -\lambda_s\Delta\tau/\Delta x^2$，$c_{12} = a_{12} + (\lambda_n + \lambda_s)\Delta\tau/\Delta x^2$，$c_{13} = a_{11}$，$c_{14} = -\lambda_n\Delta\tau/\Delta x^2$，$c_{15} = a_{11}P_i^n + a_{12}T_i^n$，$c_{21} = -k_s\Delta\tau/\Delta x^2$，$c_{22} = a_{22}$，$c_{23} = a_{21} + (k_n + k_s)\Delta\tau/\Delta x^2$，$c_{24} = -k_n\Delta\tau/\Delta x^2$，$c_{25} = a_{21}P_i^n + a_{22}T_i^n$。其中 Δx、$\Delta\tau$ 分别为空间及时间步长，下标 "s" "n" 表示在控制容积边界上的物性参数。

在透镜体出现后，土体系统分为主动区与被动区，主动区的方程变形及离散形式即式（5-62）与式（5-68）、式（5-69），而在被动区内经历的是一个简单的导热过程，其离散形式在第 2 章中也已介绍，即式（5-70）：

$$a_i T_{i-1}^{n+1} + b_i T_i^{n+1} + c_i T_{i+1}^{n+1} = d_i \tag{5-70}$$

式中，$a_i = \lambda_s/(\delta x)_s$；$c_i = \lambda_n/(\delta x)_n$；$d_i = -C_v T_i^n \Delta x/\Delta t$；$b_i = -a_i - c_i - C_v\Delta x/\Delta t$。

节点 N_1+1 为活动透镜体底端所在位置，在该位置需要满足能量守恒方程式，将该式离散变形后得到：

$$-\frac{\lambda_s}{\Delta x}T_{N_1}^{n+1}-\frac{L\rho_w k_s}{\Delta x}P_{N_1}^{n+1}+\left[\frac{\lambda_s}{\Delta x}+\frac{\lambda_n}{x(N_1+2)-x(N_1+1)}+C_v\frac{x_n-x_s}{\Delta\tau}\right]T_{N_1+1}^{n+1}$$

$$+\frac{L\rho_w k_s}{\Delta x}P_{N_1+1}^{n+1}-\frac{\lambda_n}{x(N_1+2)-x(N_1+1)}T_{N_1+2}^{n+1}$$

$$=C_v\frac{T_{N_1+1}^n}{\Delta\tau}(x_n-x_s) \tag{5-71}$$

在该节点上要满足克拉佩龙方程：

$$L/(v_L T_a)T_{N_1+1}^{n+1}-P_{N_1+1}^{n+1}=0 \tag{5-72}$$

5.4.3　五对角阵算法

以式（5-60）为安排待求变量的次序，则无论在透镜体出现前还是透镜体出现后，待求方程的系数矩阵均为五对角矩阵，其在存储及计算求解上均存在较为简洁的方法。

采用（$2N_1+N_2+1,5$）阶矩阵 D 存储五对角系数矩阵，其中第三列为对角元素，其第 ii 行即代表方程：

$$D(ii,3)\varphi_{ii}=-D(ii,1)\varphi_{ii-2}-D(ii,2)\varphi_{ii-1}-D(ii,4)\varphi_{ii+1}-D(ii,5)\varphi_{ii+2}+d(ii) \tag{5-73}$$

假设通过一系列变形后式（5-73）变化为如下形式：

$$\varphi_{ii}=A_{ii}\varphi_{ii+2}+B_{ii}\varphi_{ii+1}+C_{ii},\quad ii=1,2,\cdots,M-2 \tag{5-74}$$

$$\varphi_{M-1}=B_{M-1}\varphi_M+C_{M-1},\quad \varphi_M=C_M \tag{5-75}$$

下面确定上面形式中各个系数：

（1）首先求解 A_1，B_1，C_1，因为对于 φ_1 有

$$D(1,3)\varphi_1=-D(1,4)\varphi_2-D(1,5)\varphi_3+d(1) \tag{5-76}$$

于是可以求得 $A_1=-D(1,5)/D(1,3)$；$B_1=-D(1,4)/D(1,3)$；$C_1=-d(1)/D(1,3)$。

（2）再求解 A_2，B_2，C_2，因为有

$$\varphi_1=A_1\varphi_3+B_1\varphi_2+C_1 \tag{5-77}$$

$$D(2,3)\varphi_2=-D(2,2)\varphi_1-D(2,4)\varphi_3-D(2,5)\varphi_4+d(2) \tag{5-78}$$

两式消去 φ_1，整理后得到：

$$[D(2,3)+D(2,2)B_1]\varphi_2=[-D(2,2)A_1-D(2,4)]\varphi_3-D(2,5)\varphi_4-D(2,2)C_1+d(2) \tag{5-79}$$

于是可以得到：

$$A_2=-D(2,5)/[D(2,3)+D(2,2)B_1]$$
$$B_2=[-D(2,2)A_1-D(2,4)]/[D(2,3)+D(2,2)B_1]$$
$$C_2=[-D(2,2)C_1+d(2)]/[D(2,3)+D(2,2)B_1]$$

（3）按照类似的方法求解 A_{ii}，B_{ii}，C_{ii}（$ii=3,4,5,\cdots,M$）的递推关系。

因为对于 $ii\text{–}2$ 节点，有

$$\varphi_{ii-2} = A_{ii-2}\varphi_{ii} + B_{ii-2}\varphi_{ii-1} + C_{ii-2} \tag{5-80}$$

利用式（5-80）与式（5-73）消去 φ_{ii-2} 整理后得到：

$$[D(ii,3) + A_{ii-2}D(ii,1)]\varphi_{ii} = [-D(ii,2) - B_{ii-2}D(ii,1)]\varphi_{ii-1} - D(ii,4)\varphi_{ii+1}$$
$$- D(ii,5)\varphi_{ii+2} + d(ii) - C_{ii-2}D(ii,1) \tag{5-81}$$

又因为有

$$\varphi_{ii-1} = A_{ii-1}\varphi_{ii+1} + B_{ii-1}\varphi_{ii} + C_{ii-1} \tag{5-82}$$

利用式（5-82）与式（5-81）消去 φ_{ii-1} 整理后得到：

$$[D(ii,3) + A_{ii-2}D(ii,1) - \text{SB} \cdot B_{ii-1}]\varphi_{ii} = [-D(ii,4) + \text{SB} \cdot A_{ii-1}]\varphi_{ii+1} - D(ii,5)\varphi_{ii+2}$$
$$+ [d(ii) - C_{ii-2}D(ii,1) + \text{SB} \cdot C_{ii-1}] \tag{5-83}$$

式中，$\text{SB} = [-D(ii,2) - B_{ii-2}D(ii,1)]$。

于是可以得到递推关系：

$$A_{ii} = -D(ii,5) / [D(ii,3) + A_{ii-2}D(ii,1) - \text{SB} \cdot B_{ii-1}] \tag{5-84}$$

$$B_{ii} = [-D(ii,4) + \text{SB} \cdot A_{ii-1}] / [D(ii,3) + A_{ii-2}D(ii,1) - \text{SB} \cdot B_{ii-1}] \tag{5-85}$$

$$C_{ii} = [d(ii) - C_{ii-2} \cdot D(ii,1) + \text{SB} \cdot C_{ii-1}] / [D(ii,3) + A_{ii-2}D(ii,1) - \text{SB} \cdot B_{ii-1}] \tag{5-86}$$

求解五对角方程的基本过程可以分为消元及回代两个部分：消元过程主要是求出 A_1，B_1，C_1 及 A_2，B_2，C_2，再按递推关系依次获得 A_{ii}，B_{ii}，C_{ii}；而回代过程是按照式（5-74）和式（5-75）依次求出 φ_M，φ_{M-1}，$\cdots$，φ_1。

5.5 模型试验验证

5.5.1 徐学祖试验

算例 1 为徐学祖文献[12]中内蒙古黏土的两组试验，试验条件均为无外荷载、无压补水自上而下一维冻结，初始温度均为 1℃，并且暖端温度始终保持不变。试验 1 为恒温冻结试验，冷端温度维持在–2.5℃；试验 2 冷端表面温度首先以 36℃/h 的降温速度由 1℃降至–1℃，然后以 0.1℃/h 的降温速度降低至–8℃。

未冻水含量与温度关系式：

$$w_{\text{u}} = A(T_0 - T)^B \tag{5-87}$$

拟合参数 A，B 为 A=0.0578，B=–0.7039。

冻结缘内的导湿系数同样按刚性冰模型取为

$$K_{\text{f}} = K_{\text{u}} \left(\frac{\theta_{\text{u}}}{\theta_{\text{sat}}} \right)^9 \tag{5-88}$$

式中，K_u 为饱和土的导湿系数，文献[13]给出为 3.072×10^{-11} m/s。

导热系数仍然采用几何平均公式进行计算：

$$\lambda = \lambda_i^{\theta_i} \lambda_u^{\theta_u} \lambda_s^{\theta_s} \qquad (5\text{-}89)$$

式中，λ_i 为冰的导热系数，2.32W/（m·K）；λ_u 为水的导热系数，0.58W/（m·K）；λ_s 为土骨架的导热系数，参考文献[13]取为 0.907W/（m·K）；θ_s 为土骨架体积含量。

土体的热容参数公式：

$$C_v = \left(C_s + w_i C_i + w_u C_u\right)\rho_d \qquad (5\text{-}90)$$

式中，C_s、C_i、C_u 分别为土骨架、冰及水的比热容；w_i、w_u 分别为冰及未冻水质量含量；土骨架比热容为 3300J/（kg·℃）。

对于无外荷载条件下透镜体产生的临界压力按 Nixon 的建议取为 25～100kPa，计算表明在这一范围内对冻胀发展的影响较小，实际取值为 50kPa。

图 5-12 为两组试验中冻胀发展曲线计算值与试验值的对比，从图中可以看出，冻胀发展速度的计算值仅在初始阶段与试验值偏差较大，这应当与该阶段温度变化较快、相变较剧烈、孔隙产生了变形有关，模型计算对冻胀发展的计算与试验结果基本吻合。

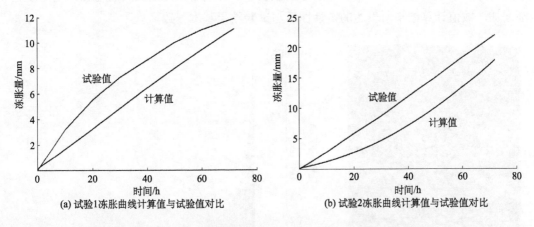

(a) 试验1冻胀曲线计算值与试验值对比   (b) 试验2冻胀曲线计算值与试验值对比

图 5-12   两组试验中冻胀发展曲线计算值与试验值对比

图 5-13（a）为恒温冻结模式下 t=72h 时冻土的冷生构造，从图中可以看出，在这种连续冻结模式下，冻土中形成的冰透镜体较少，大部分区域无明显冰分凝，只在最终冻结锋面位置产生了显著透镜体层，末透镜体对冻胀起到了主导作用。图 5-13（b）为各计算节点上分凝冰层厚度的分布，0 号节点为暖端，从图中可以看出，形成的各点的分凝冰层的分布特性与试验结果基本一致。

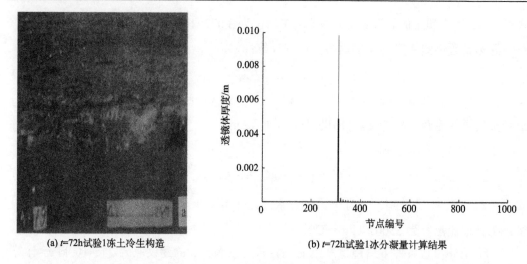

(a) t=72h试验1冻土冷生构造　　　　　　　　(b) t=72h试验1冰分凝量计算结果

图 5-13　试验 1 冻土冷生构造计算值与试验值对比

图 5-14（a）为试验 2 在 t=72h 时冻土的冷生构造，从图中可以看出，在冻土段部分形成的冰层较多，且冰层厚度逐渐增加，图 5-14（b）为试验 2 各计算节点上分凝冰层厚度的分布，该图表明，试验 2 形成冰层数较多，且随着距冷端距离的增加冰层厚度逐渐增加，数值计算结果所表达的定性性质与试验结果基本一致。

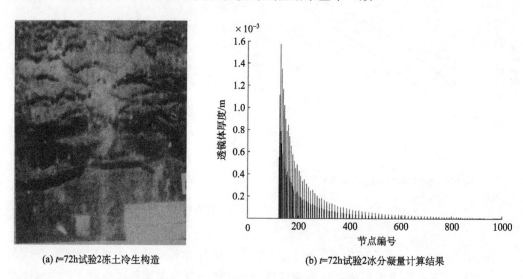

(a) t=72h试验2冻土冷生构造　　　　　　　　(b) t=72h试验2冰分凝量计算结果

图 5-14　试验 2 冻土冷生构造计算值与试验值对比

5.5.2　Konrad 试验

算例 2 为 Konrad 文献[14]中的三组 Devon 粉土的一维冻结试验，试验 1 对应文献[14]中 test1，该组试验是一组斜坡降温冻结试验，即冷端及暖端的温度均以一恒定的速度降低，该组试验为 0.84℃/d；试验 2 对应文献[14]中 test2，也是一组斜坡降温冻结实验，

其降温速度为 0.5℃/d；试验 3 则是文献[14]中的一组恒温连续冻结试验，冷端温度为
−4℃，暖端温度为+2℃。

饱和土导湿系数采用修正 Campbell 公式[15]计算：

$$K_u = 4 \times 10^{-5} \left(\frac{0.5}{1-\theta_{sat}} \right)^{1.3(d_g^{-0.5}+0.2\sigma_g)} \times \exp(-6.88m_{cl} - 3.63m_{si} - 0.025) \quad (\text{m/s}) \quad (5-91)$$

式中，θ_{sat} 为饱和体积含水量；m_{cl}, m_{si} 为黏土及粉土质量分数；d_g, σ_g 分别为土体颗粒几
何平均粒径及标准差。

其余土性参数的基本公式与算例 1 中相同，具体参数由文献[14]给出，其中饱和质
量含水量为 0.22，未冻水参数 A=0.07，B= −0.33；临界分离压力为 25kPa。

图 5-15 为三组试验冻胀量实测值与计算值的对比，从图中可以看出，计算结果与试
验结果吻合得较好。

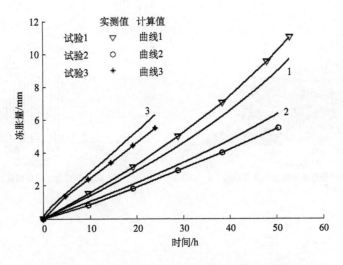

图 5-15　三组试验冻胀量实测值与计算值的对比

图 5-16 为试验 3 中冻深实测值与计算值的对比，图 5-17 为试验 1 和试验 2 中温度
场计算值与实测值的对比，从图中可以看出，计算结果与试验基本一致。

图 5-18 为三组算例中最终冰分凝量的计算结果，从图中可以看出连续冻结模式下的
分凝冰层的分布与算例 1 中性质相同，两组斜坡降温冻结模式下分凝冰层的分布形式较
为一致，由于土柱暖端温度也同时在降低，其分凝冰层分布形式与算例 1 中的试验 2 有
所区别，相对更均匀。

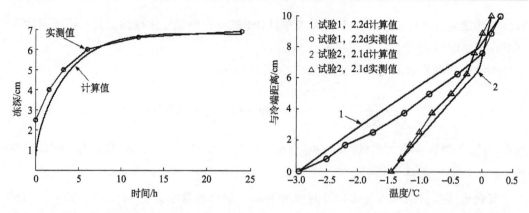

图 5-16　试验 3 中冻深实测值与计算值的对比　　图 5-17　试验 1 和试验 2 中温度场计算值与实测值的
对比

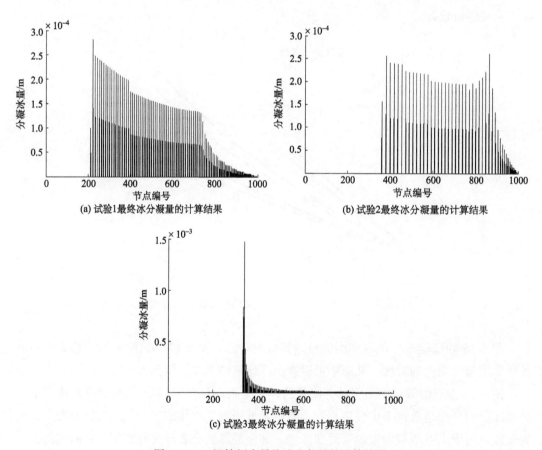

(a) 试验 1 最终冰分凝量的计算结果　　　　　　　　(b) 试验 2 最终冰分凝量的计算结果

(c) 试验 3 最终冰分凝量的计算结果

图 5-18　三组算例中最终冰分凝量的计算结果

5.6　本 章 小 结

本章主要针对饱和土冻结过程中透镜体的演变规律问题进行了系统的研究，从最初的分凝势理论出发，由浅入深建立了描述透镜体生长稳态、准稳态、一般瞬态过程的模型，结合第 4 章中透镜体形成过程的分析，最终建立了水热耦合分离冰冻胀模型，主要可以得出以下几点。

（1）详细介绍了 Konrad 最初建立的分凝势理论，将其所应用的类比思路进一步推广，获得了同样描述活动透镜体生长稳态的分凝温度类比法，该方法针对的情形更为一般，利用一些易于测量的土性参数如导热系数、未冻土导湿系数等及相同分凝温度下的稳态冻胀室内试验数据，可以对工程冻胀进行预测，该方法可以看成分凝势理论的一个横向推广。

（2）将透镜体生长的非稳态过程视为由一系列的稳态组成，建立了描述透镜体准稳态生长的模型，在准稳态过程的假设下，透镜体位置及暖端温度确定后，其生长速度将唯一由分凝温度的变化决定，由此可以得到描述透镜体准稳态生长的模型，进一步分析表明了该模型与分凝势模型是兼容的，可以看成分凝势模型所描述的透镜体生长的稳态向准稳态过程的一个纵向推广，这部分理论将在第 6 章中应用于解释间歇冻结控制冻胀的机理。

（3）在主动区内出现新的透镜体之前，当前活动透镜体的生长过程是伴随着主动区内的水热耦合过程进行的，从这一角度建立了更为一般的描述透镜体非稳态生长过程的模型。对 Harlan 的水热耦合模型中存在的问题进行了探讨，利用固体表面吸附水膜的热力学理论分析了冻土中未冻水的状态，引入等效压力的概念描述主动区内的水分迁移过程，活动透镜体生长过程实际上就是主动区水热耦合过程中产生的对透镜体底端的排水，其生长速度可以通过排水速度确定，从两个角度分析了透镜体生长的必要条件，指出在非高胶质性土壤中，冻结缘的存在是无压补水条件下活动透镜体生长的必要前提，最终建立了描述透镜体生长一般过程的新水热耦合模型，该模型与描述透镜体生长稳态、准稳态过程的模型是兼容的，针对的是透镜体生长的更为一般的情形。

（4）以透镜体生长的新水热耦合模型为基础，结合第 4 章中的冻结缘内透镜体形成的准则，得到了描述土壤一维冻结过程的水热耦合分离冰冻胀模型。对已有的各种冻胀模型之间的相互关系进行了分析，指出了按照活动透镜体与其底部的孔隙冰连接形式可以分为刚性冰模型及分离冰模型两大类，而本章所建立的水热耦合分离冰模型可以视为从 Gilpin、Nixon 的简易分离冰冻胀模型演变而来。采用有限容积法对模型进行了数值分析，计算了徐学祖及 Konrad 的试验，冻胀发展、冰分凝分布、温度场等计算结果与试验值基本吻合，说明建立的分离冰冻胀模型合理正确。

参 考 文 献

[1] MILLER R D. Freezing and heaving of saturated and unsaturated soils[J]. Highway Research Record, 1972, 39(3): 1-11.

[2] MAGEAU D W, MORGENSTERN N R. Observations on moisture migration in frozen soils[J]. Canadian Geotechnical Journal, 1980, 17(1): 54-60.

[3] KONRAD J M, MORGENSTERN N R. The segregation potential of a freezing soil[J]. Canadian Geotechnical Journal, 1981, 18(4): 482-491.

[4] KONRAD J M, MORGENSTERN N R. A mechanistic theory of ice lens formation in fine-grained soils[J]. Canadian Geotechnical Journal, 1980, 17(4): 473-486.

[5] KONRAD J M, MORGENSTERN N R. Effects of applied pressure on freezing soils[J]. Canadian Geotechnical Journal, 1982, 19(4): 494-505.

[6] KONRAD J M, MORGENSTERN N R. Prediction of frost heave in the laboratory during transient freezing[J]. Canadian Geotechnical Journal, 1981, 19(3): 250-259.

[7] HARLAN R L. Analysis of coupled heat-fluid transport in partially frozen soil[J]. Water Resource Research, 1973, 9(5): 1314-1323.

[8] TAYLOR G S, LUTHIN J N. A model for coupled heat and moisture transfer during soil freezing[J]. Canadian Geotechnical Journal, 1978, 15(4): 548-555.

[9] JAME Y W, NORUM D I. Heat and mass transfer in a freezing unsaturated porous medium[J]. Water Resources Research, 1980, 16(5): 918-930.

[10] NEWMAN G P, WILSON G W. Heat and mass transfer in unsaturated soils during freezing[J]. Canadian Geotechnical Journal, 1997, 34(1): 63-70.

[11] DERJACUIN B V, CHURAEV N V. On the question of determining the concept of disjoining pressure and its role in the equilibrium and flow of thin films[J]. Journal of Colloid and Interface Science, 1978, 66(3): 389-398.

[12] 徐学祖, 王家澄, 张立新. 冻土物理学[M]. 北京: 科学出版社, 2001.

[13] 曹宏章, 刘石, 姜凡, 等. 饱和颗粒土一维冰分凝模型及数值模拟[J]. 力学学报, 2007, 39(6): 848-857.

[14] KONRAD J M. Influence of freezing mode on frost heave characteristics[J]. Cold Regions Science and Technology, 1988, 15(2): 161-175.

[15] TARNAWSKI V R, WAGNER B. On the prediction of hydraulic conductivity of frozen soils[J]. Canadian Geotechnical Journal, 1996, 33(1): 176-180.

第6章　水热力耦合分离冰冻胀模型

水热耦合分离冰冻胀模型能够描述分凝冰反复形成及生长特性，但该模型存在假设土体为刚性孔隙、没有考虑外荷载作用、临界分离压力取经验值等问题和不足，水热耦合分离冰冻胀模型尚需进一步发展。本章考虑外荷载及土体孔隙变形对土体冻结过程的影响，改进、完善了饱和颗粒土一维冻结过程中的水热耦合控制方程；考虑临界分离压力修正了分凝冰形成准则；结合书中改进的水热耦合控制方程、修正后的分凝冰形成准则发展了更为完备的冻土水热力耦合分离冰冻胀模型。

6.1　基本假设及控制方程

6.1.1　物理模型

图 6-1 为正冻土结构示意图。最暖分凝冰层、冻结锋面将土体分成三个区域，即已冻区、冻结缘、未冻区。已冻区是冷端边界与最暖分凝冰层底端之间的区域，该区域内孔隙水已冻结。如第 5 章模型所述，已冻区水分迁移量与相变区、未冻区相比很小，在后面的讨论中将不考虑已冻区的水分迁移。冻结缘是最暖分凝冰层底端与冻结锋面之间的区域，该区域内孔隙水部分冻结，发生剧烈的冰水相变，故又称为相变区。未冻区是冻结锋面与暖端边界之间的区域，该区域内孔隙水未冻结。

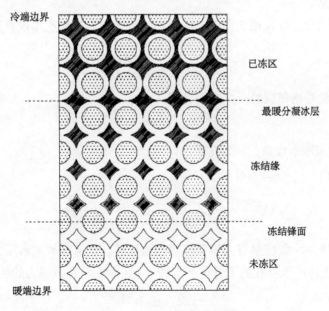

图 6-1　正冻土结构示意图

已冻区不考虑水分迁移，该区域可视为被动区；冻结缘、未冻区内发生较为显著的水分流动，该区域可视为主动区。下面的讨论中，本书将在主动区内考虑水热力耦合过程，而在被动区内仅考虑导热过程。

理论模型都是在特定假设条件下成立的，具体给出基本控制方程假设条件[1,2]如下：

（1）不考虑温度和等效水压力的变化对于土颗粒壁面吸附作用的影响，认为仅土颗粒性质对土颗粒壁面的吸附作用产生影响。

（2）相变区及未冻区内的水分迁移规律满足达西定律，即

$$V_w = -\frac{K}{\rho_w g}\left(\frac{\partial P}{\partial x} - \rho_w g\right) \tag{6-1}$$

式中，V_w 为水分迁移速率，m/s；K 为导湿系数，m/s；ρ_w 为水的密度，kg/m^3；P 为等效水压力，Pa；g 为重力加速度，9.8N/kg。

若不考虑重力作用，则有

$$V_w = -\frac{K}{\rho_w g}\frac{\partial P}{\partial x} \tag{6-2}$$

（3）取任意一个微元体，该微元体中的介质是均质的。

（4）不考虑热应力。

（5）对流换热忽略不计。

6.1.2 控制方程

传热微分方程根据能量守恒定律和傅里叶定律建立，传质微分方程根据质量守恒定律和达西定律建立。

传热过程的微分方程在第 5 章中已经介绍，考虑应力场后基本没有什么改变：

$$C_v\frac{\partial t}{\partial \tau} = \frac{\partial}{\partial x}\left(\lambda\frac{\partial t}{\partial x}\right) + L\rho_i\frac{\partial \theta_i}{\partial \tau} \tag{6-3}$$

由于研究对象是饱和颗粒土，故得到式（6-4）：

$$\theta_u + \theta_i = n \tag{6-4}$$

式中，θ_u 为体积未冻水含量；n 为孔隙率。

联立式（6-3）、式（6-4）可得

$$C_v\frac{\partial t}{\partial \tau} = \frac{\partial}{\partial x}\left(\lambda\frac{\partial t}{\partial x}\right) + L\rho_i\frac{\partial n}{\partial \tau} - L\rho_i\frac{\partial \theta_u}{\partial \tau} \tag{6-5}$$

水热耦合分离冰冻胀模型将土体孔隙视为刚性的，不考虑等效水压力对孔隙率的影响。文献[3]指出土体冻胀导致的土骨架变形较小，孔隙率与有效应力的关系近似呈线性：

$$\frac{\partial n}{\partial \sigma'} = -\alpha \tag{6-6}$$

式中，σ' 为有效应力；α 为土体压缩系数，当有效应力增加时，土体孔隙率减小。

联立式（6-5）、式（6-6）可得

$$C_{\mathrm{v}} \frac{\partial t}{\partial \tau} = \frac{\partial}{\partial x}\left(\lambda \frac{\partial t}{\partial x}\right) - L\alpha\rho_{\mathrm{i}} \frac{\partial \sigma'}{\partial \tau} - L\rho_{\mathrm{i}} \frac{\partial \theta_{\mathrm{u}}}{\partial \tau} \qquad (6\text{-}7)$$

假设土颗粒、孔隙冰为刚性介质，但土体的体积变化由孔隙率的变化体现，由有效应力原理：

$$\sigma = \sigma' + P \qquad (6\text{-}8)$$

式中，σ' 为有效应力；P 为等效水压力（未冻土内等效水压力即孔隙水压力）；σ 为土体内任一截面上的总应力，对于恒定外荷载作用下的土体，为外荷载 P_{ob}。

$$\sigma = P_{\mathrm{ob}} \qquad (6\text{-}9)$$

联立式（6-7）~式（6-9）可得

$$C_{\mathrm{v}} \frac{\partial t}{\partial \tau} = \frac{\partial}{\partial x}\left(\lambda \frac{\partial t}{\partial x}\right) + L\alpha\rho_{\mathrm{i}} \frac{\partial P}{\partial \tau} - L\rho_{\mathrm{i}} \frac{\partial \theta_{\mathrm{u}}}{\partial \tau} \qquad (6\text{-}10)$$

式（6-10）即考虑外荷载及土体孔隙变形后的传热微分方程。

对于伴有冰、水相变的一维渗流过程，其相应的传质微分方程为

$$\frac{\partial}{\partial x}\left(k \frac{\partial P}{\partial x}\right) = \frac{\partial \theta_{\mathrm{u}}}{\partial \tau} + \frac{\rho_{\mathrm{i}}}{\rho_{\mathrm{w}}} \frac{\partial \theta_{\mathrm{i}}}{\partial \tau} \qquad (6\text{-}11)$$

联立式（6-11）、式（6-4）可得

$$\rho_{\mathrm{w}} \frac{\partial}{\partial x}\left(k \frac{\partial P}{\partial x}\right) = (\rho_{\mathrm{w}} - \rho_{\mathrm{i}}) \frac{\partial \theta_{\mathrm{u}}}{\partial \tau} + \rho_{\mathrm{i}} \frac{\partial n}{\partial \tau} \qquad (6\text{-}12)$$

联立式（6-12）、式（6-6）可得

$$\rho_{\mathrm{w}} \frac{\partial}{\partial x}\left(k \frac{\partial P}{\partial x}\right) = (\rho_{\mathrm{w}} - \rho_{\mathrm{i}}) \frac{\partial \theta_{\mathrm{u}}}{\partial \tau} - \alpha\rho_{\mathrm{i}} \frac{\partial \sigma'}{\partial \tau} \qquad (6\text{-}13)$$

联立式（6-13）、式（6-8）、式（6-9）可得

$$\rho_{\mathrm{w}} \frac{\partial}{\partial x}\left(k \frac{\partial P}{\partial x}\right) = (\rho_{\mathrm{w}} - \rho_{\mathrm{i}}) \frac{\partial \theta_{\mathrm{u}}}{\partial \tau} + \alpha\rho_{\mathrm{i}} \frac{\partial P}{\partial \tau} \qquad (6\text{-}14)$$

式（6-14）即考虑外荷载及土体孔隙变形后的传质微分方程。

如第 5 章中所述，考虑压力影响后冻结特性曲线变化为

$$\theta_{\mathrm{u}} = \theta_{\mathrm{u}}\left(t + \frac{\Delta v t_{\mathrm{a}}}{L} P\right) \qquad (6\text{-}15)$$

因此，土体冻结过程中，未冻水含量是温度 t 和等效水压力 P 的函数。于是可以得到未冻水含量的全微分表达式如下：

$$d\theta_u = \left(\frac{\partial \theta_u}{\partial P}\right)_t dP + \left(\frac{\partial \theta_u}{\partial t}\right)_P dt \tag{6-16}$$

未冻水含量对时间求偏导，可得

$$\frac{\partial \theta_u}{\partial \tau} = \left(\frac{\partial \theta_u}{\partial P}\right)_t \frac{\partial P}{\partial \tau} + \left(\frac{\partial \theta_u}{\partial t}\right)_P \frac{\partial t}{\partial \tau} \tag{6-17}$$

由式（6-15）得，未冻水含量对等效水压力、温度分别求偏导，得到：

$$\left(\frac{\partial \theta_u}{\partial P}\right)_t = \theta_u' \frac{\Delta v t_a}{L} \tag{6-18}$$

$$\left(\frac{\partial \theta_u}{\partial t}\right)_P = \theta_u' \tag{6-19}$$

联立式（6-17）～式（6-19）可得

$$\frac{\partial \theta_u}{\partial \tau} = \left(\frac{\partial t}{\partial \tau} + \frac{\Delta v t_a}{L}\frac{\partial P}{\partial \tau}\right)\theta_u'(\cdot) \tag{6-20}$$

式中，$\theta_u'(\cdot)$ 为 $\theta_u(x)$ 对 x 的导数，$x = t + \frac{\Delta v t_a}{L}P$。

式（6-10）、式（6-14）为考虑外荷载及土体孔隙变形后改进的水热耦合控制方程，结合土壤冻结特性曲线式（6-15）可使方程体系封闭，但针对某一特定的冻胀过程还应给出定解条件。

6.2　模型的数值计算

下面对 6.1 节中建立的理论模型进行数值计算。

6.2.1　冻胀模型的方程体系

1. 控制方程

根据 6.1 节的推导，模型的控制方程包含：

传热微分方程　　　$C_v \frac{\partial t}{\partial \tau} = \frac{\partial}{\partial x}\left(\lambda \frac{\partial t}{\partial x}\right) + L\alpha \rho_i \frac{\partial P}{\partial \tau} - L\rho_i \frac{\partial \theta_u}{\partial \tau}$ 　　(6-21)

传质微分方程　　　$\rho_w \frac{\partial}{\partial x}\left(k\frac{\partial P}{\partial x}\right) = (\rho_w - \rho_i)\frac{\partial \theta_u}{\partial \tau} + \alpha \rho_i \frac{\partial P}{\partial \tau}$ 　　(6-22)

土体冻结特性曲线　　　$\theta_u = \theta_u\left(t + \frac{\Delta v t_a}{L}P\right)$ 　　(6-23)

高温冻土抗拉强度曲线　　　$\sigma_t^* = \sigma_t^*(t)$ 　　(6-24)

分凝冰形成准则　　　$P_{Lh} \geqslant P_{ob} + \sigma_t^*$ 　　(6-25)

　　土体主动区内发生水热耦合迁移过程，以等效水压力 P、温度 t 的变化率代替未冻水含量 θ_u 的变化率，将式（6-23）代入式（6-21）、式（6-22）中可得

$$\begin{cases} (\rho_i \theta_u' \Delta v t_a - L\rho_i \alpha)\dfrac{\partial P}{\partial \tau} + (C_v + L\rho_i \theta_u')\dfrac{\partial t}{\partial \tau} = \dfrac{\partial}{\partial x}\left(\lambda \dfrac{\partial t}{\partial x}\right) \\[3mm] \left(\dfrac{\rho_w - \rho_i}{\rho_w}\theta_u'\dfrac{\Delta v t_a}{L} + \dfrac{\alpha \rho_i}{\rho_w}\right)\dfrac{\partial P}{\partial \tau} + \dfrac{\rho_w - \rho_i}{\rho_w}\theta_u'\dfrac{\partial t}{\partial \tau} = \dfrac{\partial}{\partial x}\left(k\dfrac{\partial P}{\partial x}\right) \end{cases} \tag{6-26}$$

式中，$\theta_u'(\cdot)$ 为 $\theta_u(x)$ 对 x 的导数，$x = t + \dfrac{\Delta v t_a}{L}P$。将式（6-26）变形为如下方程形式：

$$\begin{cases} a_{11}\dfrac{\partial P}{\partial \tau} + a_{12}\dfrac{\partial t}{\partial \tau} = \dfrac{\partial}{\partial x}\left(\lambda \dfrac{\partial t}{\partial x}\right) \\[3mm] a_{21}\dfrac{\partial P}{\partial \tau} + a_{22}\dfrac{\partial t}{\partial \tau} = \dfrac{\partial}{\partial x}\left(k\dfrac{\partial P}{\partial x}\right) \end{cases} \tag{6-27}$$

式中，$a_{11} = \rho_i \Delta v t_a \theta_u' - L\rho_i \alpha$；$a_{12} = C_v + L\rho_i \theta_u'$；$a_{21} = (\rho_w - \rho_i)\Delta v t_a \theta_u'/(L\rho_w) + \rho_i \alpha/\rho_w$；$a_{22} = (\rho_w - \rho_i)\theta_u'/\rho_w$。

　　分凝冰形成后，被动区不考虑水分迁移[4,5]，仅考虑纯导热过程，其传热微分方程为

$$C_v \frac{\partial t}{\partial \tau} = \frac{\partial}{\partial x}\left(\lambda \frac{\partial t}{\partial x}\right) \tag{6-28}$$

2. 定解条件

　　土体下部为恒定正温、无压补水；上部为恒定负温、封闭体系。土体冻结初期的边界条件为

$$x = 0: \quad t = t_w, \quad P = 0 \tag{6-29}$$

$$x = L: \quad t = t_c, \quad \frac{\partial P}{\partial x} = 0 \tag{6-30}$$

　　由上述边界条件，控制微分方程（6-21）～式（6-23）及土壤冻结特性曲线可计算得到等效水压力 P、温度 t 随时间变化。

　　由于被动区（即已冻区）忽略水分迁移，仅在主动区（包括冻结缘及未冻区）讨论水热耦合过程，因此需要给出最暖分凝冰暖端处的温度和等效水压力条件。当新的分凝冰产生后，随着温度的进一步降低，分凝冰开始其生长过程，也就是说在分凝冰持续生长过程中，最暖分凝冰暖端处的温度（即分凝温度）持续发生变化，最暖分凝冰暖端是冻结缘的冷端边界，此处的温度应满足能量守恒方程，即

$$\lambda_+ \frac{\partial t_+}{\partial x}\bigg|_{x=x_b} - \lambda_- \frac{\partial t_-}{\partial x}\bigg|_{x=x_b} = L\rho_w V_w\big|_{x=x_b} \tag{6-31}$$

　　由第 5 章分析可知，分凝冰暖端土体处于冻结状态时，在底端冰水交界面上应满足：

$$P = \frac{v_i}{v_w}P_s + \frac{Lt}{t_a v_w} \tag{6-32}$$

恒定外荷载 P_{ob} 作用条件下，透镜体底端 $P_s = P_{ob}$，此时有

$$P = \frac{v_i}{v_w}P_{ob} + \frac{Lt}{t_a v_w} \tag{6-33}$$

6.2.2　模型的数值格式

1. 控制方程的有限体积离散

采用点中心法布置网格[6,7]，沿土体高度自下而上布置 N 个节点，假设分凝冰暖端节点为 N_1+1，则未冻土中的节点为 $1 \sim N_1$，冻土区中的节点为（N_1+1）$\sim N$。假设沿土柱冷端（上部）为 x 轴正方向，以 P 点表示所研究的节点；N、S 分别表示节点 P 上、下相邻的两个节点；n、s 分别表示节点 P 上、下相邻的两个界面；以 δx、Δx 分别表示相邻两个节点、界面之间的距离；对于均分网格系统，$\delta x = \Delta x$。

对于主动区内任意节点 i 的控制体积，其离散格式如下：

$$c_{11}t_{i-1}^{n+1} + c_{12}t_i^{n+1} + c_{13}P_i^{n+1} + c_{14}t_{i+1}^{n+1} = c_{15} \tag{6-34}$$

$$c_{21}P_{i-1}^{n+1} + c_{22}t_i^{n+1} + c_{23}P_i^{n+1} + c_{24}P_{i+1}^{n+1} = c_{25} \tag{6-35}$$

式中，$c_{11} = -\lambda_s^{n+1}\Delta\tau/\Delta x^2$；$c_{12} = a_{12} + (\lambda_n^{n+1} + \lambda_s^{n+1})\Delta\tau/\Delta x^2$；$c_{13} = a_{11}$；$c_{14} = -\lambda_n^{n+1}\Delta\tau/\Delta x^2$；$c_{15} = a_{11}P_i^n + a_{12}t_i^n$；$c_{21} = -k_s^{n+1}\Delta\tau/\Delta x^2$；$c_{22} = a_{22}$；$c_{23} = a_{21} + (k_n^{n+1} + k_s^{n+1})\Delta\tau/\Delta x^2$；$c_{24} = -k_n^{n+1}\Delta\tau/\Delta x^2$；$c_{25} = a_{21}P_i^n + a_{22}t_i^n$。其中，下标"$s$""$n$"表示在控制体积边界上的物性参数；$\Delta x$ 为控制体积界面之间的距离；$\Delta\tau$ 为计算时间步长。

对于主动区的任意节点 i 的控制体积，其离散格式可以写为

$$a_i t_{i-1}^{n+1} + b_i t_i^{n+1} + c_i t_{i+1}^{n+1} = d_i \tag{6-36}$$

式中，$a_i = \lambda_s/(\delta x)_s$；$c_i = \lambda_n/(\delta x)_n$；$d_i = -C_v t_i^n \Delta x/\Delta t$；$b_i = -a_i - c_i - C_v\Delta x/\Delta t$。

2. 定解条件的有限体积离散

分凝冰暖端节点为 N_1+1，该位置有热传导及相变潜热释放，应满足能量守恒方程，离散格式为

$$-\frac{\lambda_s}{\Delta x}t_{N_1}^{n+1} - \frac{L\rho_w k_s}{\Delta x}P_{N_1}^{n+1} + \left[\frac{\lambda_s}{\Delta x} + \frac{\lambda_n}{x(N_1+2) - x(N_1+1)} + C_v\frac{x_n - x_s}{\Delta\tau}\right]t_{N_1+1}^{n+1}$$

$$+ \frac{L\rho_w k_s}{\Delta x}P_{N_1+1}^{n+1} - \frac{\lambda_n}{x(N_1+2) - x(N_1+1)}t_{N_1+2}^{n+1}$$

$$= C_v\frac{t_{N_1+1}^n}{\Delta\tau}(x_n - x_s) \tag{6-37}$$

分凝冰底端节点 N_1+1 应满足局部力平衡式，其离散形式为

$$P_{N_1+1}^{n+1} = P_{ob}v_i/v_w + Lt_{N_1+1}^{n+1}/(v_w t_a) \tag{6-38}$$

6.2.3　数值计算步骤

方程离散完成后，输入土性参数、定解条件，反复迭代求解控制方程直到计算时间达到要求。对计算结果进行分析，可以得到土体补水量、冻胀量、温度场、分凝冰厚度等重要信息。

1. 数值计算流程图

数值计算流程如图 6-2 所示，计算可以分为 3 个步骤：

（1）将整个计算域视为主动区，输入土性参数、初始条件、边界条件，通过求解离散方程得到各节点的等效水压力 P、温度 t，进而得到冻结缘内各节点的冰水交界面水膜压力 P_{Lh}，当满足分凝冰形成准则（$P_{Lh} \geq P_{ob} + \sigma_t$）时，计算域划分为被动区和主动区。

（2）被动区不考虑水分迁移，只考虑土体导热过程，由式（6-36）计算得到该区域内各节点的温度。主动区内经历的是一个水热耦合过程，计算方法同步骤（1）。

（3）按分凝冰形成位置重新划分为主动区及被动区，如此往复，直到计算总时间达到要求。

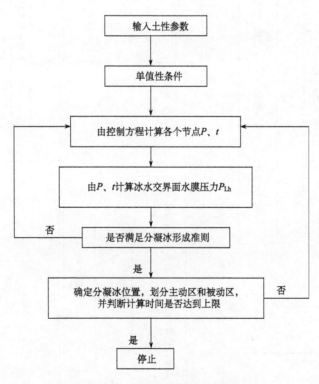

图 6-2　土体冻胀模型数值计算流程

2. 各物理量求解

各物理量的确定方法如图 6-3 所示。具体步骤如下。

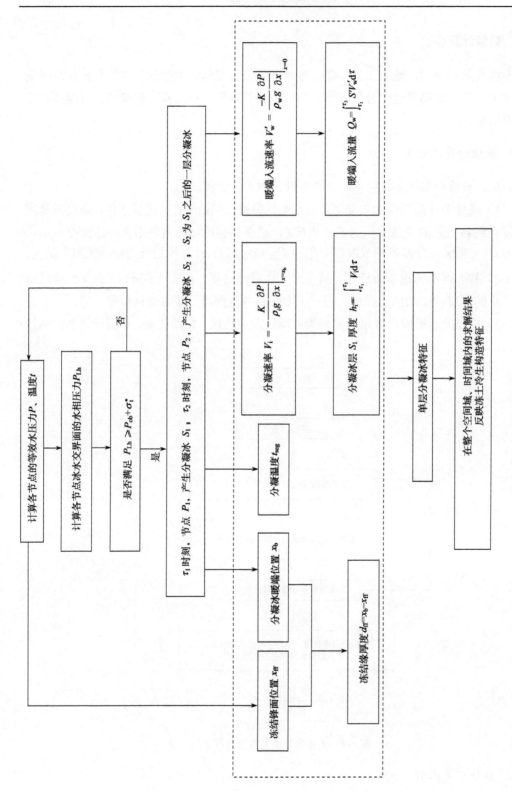

图 6-3　各物理量的确定方法

假设 τ_1 时刻，节点 P_1，产生分凝冰 S_1；τ_2 时刻，节点 P_2，产生分凝冰 S_2；S_2 为 S_1 之后的一层分凝冰。

1）冻结锋面位置 x_{ff}

所有小于结冰温度的节点中，序号最小的节点所在的位置即土体冻结锋面所在位置。

2）分凝冰暖端位置 x_b

对所有节点进行分凝冰产生判断，若有新的分凝冰产生，则该节点位置即分凝冰暖端所在位置；若无新的分凝冰产生，则产生上一层分凝冰的节点所在位置即分凝冰暖端位置。

3）冻结缘厚度 d_{ff}

冻结锋面所在节点与分凝冰暖端所在节点之间的距离即冻结缘厚度，计算公式如下：

$$d_{ff} = x_b - x_{ff} \tag{6-39}$$

式中，x_b 为分凝冰暖端所在节点位置；x_{ff} 为冻结锋面所在节点位置。

4）分凝温度 t_{seg}

分凝冰暖端位置对应的节点温度即分凝温度。

5）分凝速率 V_i

分凝冰底端满足质量守恒定律，可得

$$V_i = \frac{\rho_w}{\rho_i} V_w = -\frac{K}{\rho_i g} \frac{\partial P}{\partial x}\bigg|_{x=x_b} \tag{6-40}$$

6）分凝冰层 S_1 厚度

对分凝速率在时间段 $\tau_2 - \tau_1$ 内积分，可得该时间段内的分凝冰层厚度：

$$h_i = \int_{\tau_1}^{\tau_2} V_i \mathrm{d}\tau \tag{6-41}$$

7）暖端入流速率 V_w'

土体暖端满足达西定律，可得

$$V_w' = \frac{-K}{\rho_w g} \frac{\partial P}{\partial x}\bigg|_{x=0} \tag{6-42}$$

8）暖端入流量 Q_w

时间段 $\tau_2 - \tau_1$ 内的暖端入流量为暖端入流速率的积分乘以土体横截面积，计算公式如下：

$$Q_w = \int_{\tau_1}^{\tau_2} S' V_w' \mathrm{d}\tau \tag{6-43}$$

式中，S' 为土体横截面积。

6.3　模型的试验验证

利用中国矿业大学深部岩土力学与地下工程国家重点实验室的冻胀仪器设备，对前面试验中选用的粉质黏土和黄黏土进行不同外荷载条件下的冻胀试验。分别选取饱和粉质黏土、饱和黄黏土在开放系统、25kPa 恒定外荷载条件下的冻胀试验结果与本章数值计算结果对比分析，以验证本书所建立的冻胀模型的适用性。

6.3.1　算例 1

饱和粉质黏土，干密度为 1.65g/cm³，矩形试样尺寸为长×宽×高＝0.1m×0.1m×0.15m；初始温度+12℃，自上而下一维冻结，冷端温度-20℃、暖端温度+12℃，边界温度在试验期间保持不变；试样底端为无压补水，顶端为 25kPa 恒定外荷载。

1. 计算参数

土骨架导热系数采用几何平均公式进行计算[8]

$$\lambda = \lambda_i^{\theta_i} \lambda_u^{\theta_u} \lambda_s^{\theta_s} \tag{6-44}$$

式中，λ_s 为土骨架的导热系数，取 1.95W/（m·K）；λ_u 为水的导热系数，取 0.58W/（m·K）；λ_i 为冰的导热系数，取 2.32W/（m·K）；θ_s 为土骨架体积含量。

土骨架比热容计算公式为[8]

$$C_v = (C_s + w_i C_i + w_u C_u)\rho_d \tag{6-45}$$

式中，C_s 为土颗粒的比热，取 2.2×10^3 J/（kg·℃）；C_i 为冰的比热，取 2.09×10^3 J/（kg·℃）；C_u 为水的比热，取 4.18×10^3 J/（kg·℃）；w_i 为冰的质量含量；w_u 为水的质量含量；ρ_d 为土的干密度。

通过室内压缩试验测定，饱和粉质黏土的压缩系数为 $\alpha = 10 \times 10^{-8}$ Pa^{-1}，为中压缩性土。

未冻水含量与温度关系式为[9]

$$\theta_u = A(-t)^B \tag{6-46}$$

拟合参数 A，B 为[10]A=0.066，B=-0.41。

饱和土导湿系数采用修正 Campbell 公式[11]计算：

$$K_u = 4 \times 10^{-5} \left(\frac{0.5}{1-\theta_{sat}} \right)^{1.3(d_g^{-0.5}+0.2\sigma_g)} \times \exp(-6.88m_{cl} - 3.63m_{si} - 0.025) \quad \text{（m/s）} \tag{6-47}$$

式中，d_g 为土颗粒几何平均粒径；m_{cl} 为黏土质量分数；m_{si} 为粉土质量分数；θ_{sat} 为饱和体积含水量；σ_g 为标准差。本例中粉质黏土的黏粒、粉粒、砂粒质量含量分别为 0.29、0.61、0.10。

冻结缘内的导湿系数按刚性冰模型取为[1]

$$K_{\mathrm{f}} = K_{\mathrm{u}}\left(\frac{\theta_{\mathrm{u}}}{\theta_{\mathrm{sat}}}\right)^9 \tag{6-48}$$

式中，K_{u} 为饱和土的导湿系数。

由第 4 章试验结果可知，饱和粉质黏土在冻结缘温度变化范围内的抗拉强度拟合函数为

$$\sigma_{\mathrm{t}}^* = \begin{cases} 4.6, & t \geqslant 0 \\ -658.64t^2 - 566.26t + 6.9073, & -0.4 \leqslant t < 0 \\ -68.275t + 105.77, & -2.0 \leqslant t < -0.4 \end{cases} \tag{6-49}$$

分凝冰形成准则为

$$P_{\mathrm{Lh}} \geqslant P_{\mathrm{ob}} + \sigma_{\mathrm{t}}^* \tag{6-50}$$

2. 计算结果

图 6-4 为算例 1 饱和粉质黏土在 25kPa 外荷载作用下冻胀量计算值与实测值对比，冻胀量实测值、计算值 1（本书模型）、计算值 2（刚性孔隙模型）分别为 16.5mm、15.6mm、13.6mm。从图中可以看出，与刚性孔隙模型相比，本书模型计算值更接近实测值，而刚性孔隙模型计算值与实测值相差 17.6%，分析原因是刚性孔隙模型没有考虑土体原位冻胀量以及由此引起的计算域尺度变化，只是将不同位置处的分凝冰简单叠加获得最终冻胀量，其结果必然偏小，对于冻胀敏感饱和土体而言，原位冻胀量较大，不可忽略。

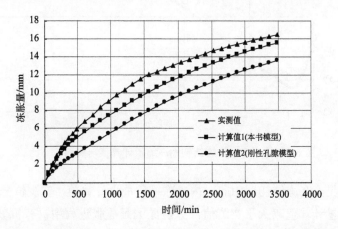

图 6-4　算例 1 饱和粉质黏土在 25kPa 外荷载作用下冻胀量计算值与实测值对比

图 6-5 为算例 1 补水量计算值与实测值对比，补水量计算值与实测值分别为 138.1mL、167.0mL，计算值略小于实测值，但总体变化趋势是一致的。

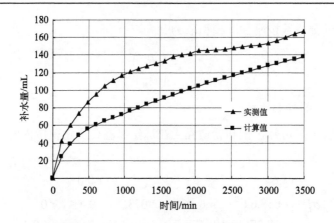

图 6-5　算例 1 补水量计算值与实测值对比

图 6-6 为算例 1 土体冻结初期冻缩量计算值与实测值对比，假设土颗粒、孔隙冰为刚性介质，但土骨架考虑体积变化，将有效应力原理应用于土体孔隙变化计算，并在数值计算过程中考虑由孔隙变化造成的计算域尺度变化，通过数值计算手段得到冻胀试验中经常遇到的土体冻结初期冻缩现象。

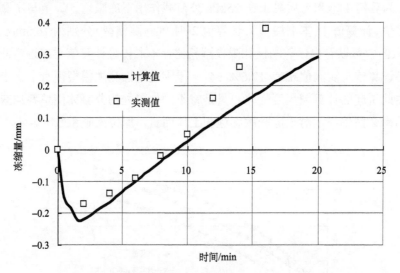

图 6-6　算例 1 土体冻结初期冻缩量计算值与实测值对比

由图 6-6 可见，在冻结初期 10min 内，冻缩量最大计算值、实测值分别为–0.23mm、–0.17mm，冻缩量计算值略大于实测值，分析原因是冻胀过程中，有机玻璃筒壁摩擦力对土体冻缩有一定的制约，导致实测冻缩量偏小。冻结初期，整个土体可视为主动区，随着温度场的降低，主动区形成温度梯度，若将温度场传递的瞬态过程视为若干个准稳态过程进行分析，则由局部相平衡及力平衡可知，距离冻结锋面越近，等效水压力越小。依据有效应力原理，当外荷载保持恒定时，距离冻结锋面越近，有效应力越大，土体压缩。由于本试验中使用饱和粉质黏土，原位冻胀较大，试验进行至 10min 以后，土体由冻缩转变成冻胀。采用刚性孔隙假设的冻胀模型均不能计算出土体冻缩现象，因为刚性孔隙假设土体孔隙在整个冻胀过程中不发生变化，只有产生的分凝冰才计入冻胀量，故其冻胀量计算值不可能小于零。

图 6-7（a）为恒温冻结模式下 τ =3480min 时粉质黏土的冷生构造，由上至下分别为已冻区、最暖分凝冰、未冻区。已冻区大部分区域无明显冰分凝，只在最终冻结锋面位置产生了显著分凝冰层。图 6-7（b）为各计算节点上分凝冰厚度的分布，0 号节点为暖端，1001 号节点为冷端，0～313 号节点为未冻区，314 号节点为最暖分凝冰所在位置，315～1001 号节点为已冻区。与图 6-7（a）相对应的，未冻区节点内分凝冰厚度为零，最暖分凝冰厚度达到 8.0mm，已冻区内有不连续分凝冰产生，但厚度小，可以认为无明显冰分凝现象。分凝冰分布计算结果与实测结果吻合度较高。

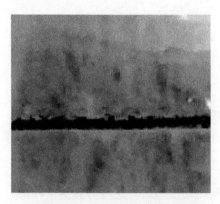

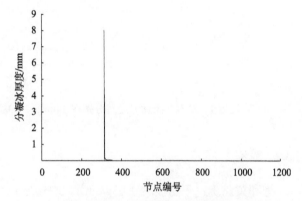

(a) τ =3480min时粉质黏土的冷生构造　　　　　　(b) τ =3480min时各计算节点上分凝冰厚度的分布

图 6-7　算例 1 冷生构造计算值与实测值对比

图 6-8 为算例 1 冻深计算值与实测值对比，从图中可以看出，实测值略小于计算值。这是由于冻胀试验中，要对试样冻结过程中的温度场、分凝冰发展变化进行采集和观测，

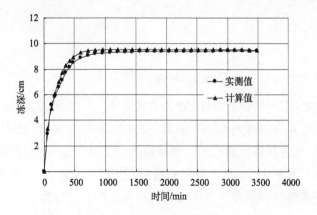

图 6-8　算例 1 冻深计算值与实测值对比

导致试样边界温度场没能做到完全绝热，与计算值相比存在热量损失，所以冻深曲线要小于计算值。

图 6-9 为算例 1 土体温度场分别在 240min、1080min 时的计算值与实测值对比。由图可知，240min 时土体温度场计算值小于实测值，其形成原因与冻深曲线分析相同，都是由于热损失所致；1080min 时，土体温度场已经达到稳定状态，温度场计算值与实测值的差值减小，这是由于土体温度场趋于稳定，土体热量损失逐渐减小。

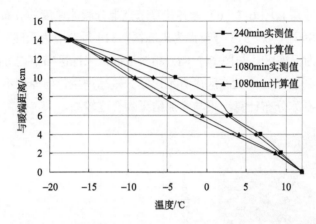

图 6-9　算例 1 土体温度场分别在 240min、1080min 时的计算值与实测值对比

6.3.2　算例 2

饱和黄黏土，干密度为 1.65g/cm³，试样尺寸、初始温度、边界温度与算例 1 相同。试样底端为无压补水、顶端为 25kPa 恒定外荷载，试验时间同样为 3480min。

1. 计算参数

未冻水含量与温度关系式为

$$\theta_u = A(-t)^B \tag{6-51}$$

参数 A，B 为

$$A = 0.013S^{0.551} \tag{6-52}$$

$$B = -1.449S^{-0.263} \tag{6-53}$$

S 为比表面积，由文献[11]拟合参数 A，B 为 $A=0.099$，$B=-0.523$。

饱和黄黏土的质量含水量为 0.24；黏粒、粉粒、砂粒质量含量分别为 0.37、0.53、0.1；室内压缩试验测定饱和黄黏土的压缩系数为 $17 \times 10^{-8}\ \text{Pa}^{-1}$，为中压缩性土；土骨架导热系数、比热容同算例 1；饱和土导湿系数仍采用修正 Campbell 公式计算。

饱和黄黏土在冻结缘温度变化范围内的抗拉强度拟合函数为

$$\sigma_t^* = \begin{cases} 9.9, & t \geqslant 0 \\ -975.91t^2 - 734.99t + 11.662, & -0.4 \leqslant t < 0 \\ -81.45t + 120.76, & -2.0 \leqslant t < -0.4 \end{cases} \tag{6-54}$$

2. 计算结果

图 6-10 为算例 2 饱和黄黏土在 25kPa 外荷载作用下冻胀量计算值与实测值对比,从图中可以看出,计算冻胀量曲线斜率与实测冻胀量曲线斜率在冻结后期逐渐趋于一致,最终冻胀量计算值与实测值分别为 11.1mm、12.5mm,模型计算结果与实测值基本吻合。

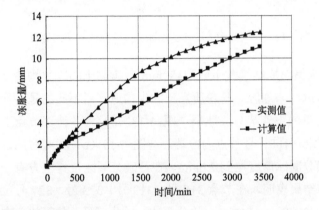

图 6-10　算例 2 饱和黄黏土在 25kPa 外荷载作用下冻胀量计算值与实测值对比

图 6-11 为算例 2 补水量计算值与实测值对比,试验进行至 3120min 时,补水量计算值与实测值分别为 115.3mL、121.2mL,结果基本吻合。

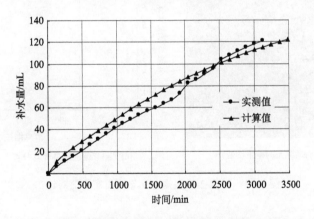

图 6-11　算例 2 补水量计算值与实测值对比

由图 6-12 可见,在冻结初期 30min 内,冻缩量最大计算值、实测值分别为–0.57mm、–0.50mm,基本吻合。饱和黄黏土冻缩量计算值、实测值均大于饱和粉质黏土的冻缩量计算值、实测值,分析原因是饱和黄黏土的压缩系数大于饱和粉质黏土。

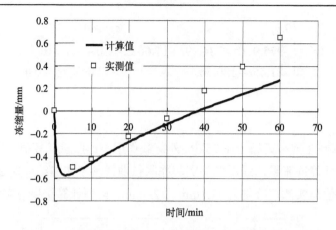

图 6-12 算例 2 土体冻结初期冻缩量计算值与实测值对比

图 6-13（a）为恒温冻结模式下 τ =3480min 时黄黏土的冷生构造，由上至下分别为已冻区、最暖分凝冰、未冻区。与粉质黏土冷生构造有所不同的是，在最暖分凝冰位置上方产生了肉眼可见的不连续分凝冰层。图 6-13（b）为各计算节点上分凝冰厚度的分布，0 号节点为暖端，1001 号节点为冷端。与图 6-13（a）相对应的，未冻区节点没有产生分凝冰，最暖分凝冰厚度达到 7.6mm，在最暖分凝冰位置上方有一定数量的不连续分凝冰，数值计算结果表明，在节点 315 号、319 号、323 号、327 号位置处分别产生了0.45mm、0.25mm、0.18mm、0.15mm 的分凝冰。由此可见，分凝冰分布计算结果与实测结果能够较好地吻合。

(a) τ =3480min时黄黏土的冷生构造

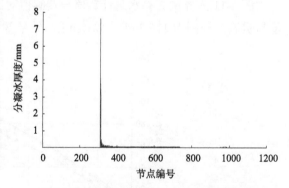

(b) τ =3480min时各计算节点上分凝冰厚度的分布

图 6-13 算例 2 冷生构造计算值与实测值对比

图 6-14 为算例 2 冻深计算值与实测值对比，由图可知，饱和黄黏土在 25kPa 恒定外荷载作用下冻深计算值与实测值分别为 9.65cm、9.23cm，温度场计算结果与实测结果基本吻合。

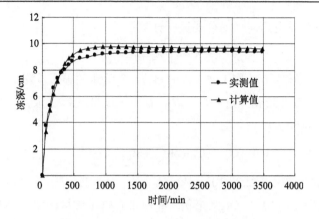

图 6-14　算例 2 冻深计算值与实测值对比

图 6-15 为算例 2 温度场计算值与实测值对比，从图中可以看出，沿土体高度不同位置处的温度场呈线性分布，温度计算值小于实测值，但最大差值仅为 0.64℃，冻胀试验中土体边界不能做到完全绝热是造成温度场计算值与实测值存在差异的原因。

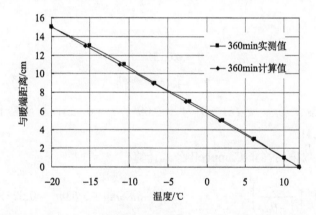

图 6-15　算例 2 土体温度场在 360min 时的计算值与实测值对比

6.4　模型数值计算研究

为了进一步认识冰分凝过程，利用模型对粉质黏土、黄黏土在不同外荷载条件下的最暖分凝冰厚度进行计算分析，深入研究最暖分凝冰厚度随外荷载变化的动态平衡关系。

6.4.1　计算参数

试样尺寸为长 × 宽 × 高 = 0.1m × 0.1m × 0.15m；干密度 1.65g/cm^3；初始温度 +12℃，自上而下一维冻结，冷端温度 -20℃、暖端温度 +12℃，边界温度在试验期间保持不变；试样底端为无压补水，顶端为 25kPa 恒定外荷载。

土骨架导热系数采用几何平均公式进行计算：

$$\lambda = \lambda_i^{\theta_i} \lambda_u^{\theta_u} \lambda_s^{\theta_s} \tag{6-55}$$

式中，λ_s 为土骨架的导热系数，取 1.95W/（m·K）；λ_u 为水的导热系数，取 0.58W/（m·K）；λ_i 为冰的导热系数，取 2.32W/（m·K）；θ_i、θ_u、θ_s 分别为冰、水、土颗粒的体积含量。

土骨架比热容计算公式为

$$C_v = \left(C_s + w_i C_i + w_u C_u \right) \rho_d \tag{6-56}$$

式中，C_s 为土颗粒的比热，取 2.2×10^3 J/（kg·℃）；C_i 为冰的比热，取 2.09×10^3 J/（kg·℃）；C_u 为水的比热，取 4.18×10^3 J/（kg·℃）；w_i 为冰的质量含量；w_u 为水的质量含量；ρ_d 为土的干密度。

通过室内压缩试验测定，饱和粉质黏土的压缩系数为 $\alpha = 10 \times 10^{-8}$ Pa^{-1}，为中压缩性土；饱和黄黏土的压缩系数为 17×10^{-8} Pa^{-1}，为中压缩性土。

未冻水含量与温度关系式为

$$\theta_u = A(-t)^B \tag{6-57}$$

参数 A，B 为

$$A = 0.013S^{0.551} \tag{6-58}$$

$$B = -1.449S^{-0.263} \tag{6-59}$$

S 为比表面积，黄黏土拟合参数 A，B 为 $A=0.099$，$B=-0.523$；粉质黏土拟合参数 A，B 为 $A=0.066$，$B=-0.41$。

饱和土导湿系数采用修正 Campbell 公式计算：

$$K_u = 4 \times 10^{-5} \left(\frac{0.5}{1 - \theta_{sat}} \right)^{1.3(d_g^{-0.5} + 0.2\sigma_g)} \times \exp(-6.88 m_{cl} - 3.63 m_{si} - 0.025) \ （\text{m/s}） \tag{6-60}$$

式中，d_g 为土颗粒几何平均粒径；m_{cl} 为黏土质量分数；m_{si} 为粉土质量分数；θ_{sat} 为饱和体积含水量；σ_g 为标准差。经室内试验测定，粉质黏土的黏粒、粉粒、砂粒质量含量分别为 0.29、0.61、0.10；黄黏土的黏粒、粉粒、砂粒质量含量分别为 0.37、0.53、0.10。

冻结缘内的导湿系数按刚性冰模型取为

$$K_f = K_u \left(\frac{\theta_u}{\theta_{sat}} \right)^9 \tag{6-61}$$

式中，K_u 为饱和土的导湿系数。

透镜体形成准则在第 4 章已有介绍，饱和粉质黏土在冻结缘内抗拉强度由式（6-49）描述，饱和黄黏土在冻结缘内抗拉强度由式（6-54）描述。

6.4.2　计算结果及分析

由于外荷载较小，对土体温度场的影响不大，同种土性在不同外荷载条件下的温度场几乎完全相同。饱和粉质黏土、黄黏土在 25kPa 外荷载条件下的温度场计算值与实测值已进行过比较。本节将两种土性的补水量、冻胀量、最暖分凝冰厚度的计算值与实测值进行比较分析。

1. 暖端补水量

图 6-16 为饱和粉质黏土在不同外荷载作用下的土体暖端补水量曲线。

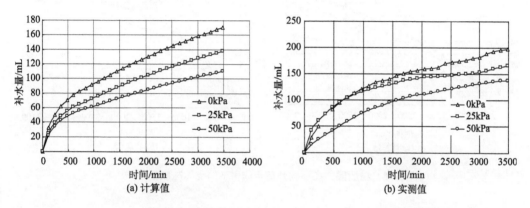

图 6-16　饱和粉质黏土在不同外荷载作用下的土体暖端补水量曲线

由图 6-16 可见，饱和粉质黏土在不同外荷载作用下的补水量随着外荷载的增大而减小，在相同的冻结时间内，SC1、SC2、SC3 的补水量计算值分别为 170.6mL、138.1mL、110.6mL，补水量实测值分别为 197.6mL、167.0mL、138.3mL，补水量实测值与计算值的总体变化趋势一致。

图 6-17 为饱和黄黏土在不同外荷载作用下的土体暖端补水量曲线。由图 6-17 可见，

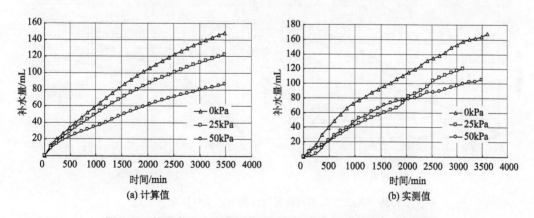

图 6-17　饱和黄黏土在不同外荷载作用下的土体暖端补水量曲线

在 3480min 的冻结时间内，黄黏土试验 C1、C3 的补水量计算值分别为 148.5mL、86.9mL，补水量实测值分别为 168.3mL、108.8mL，补水量实测值大于计算值，实测值与计算值总体变化一致。试验 C2 由于补水系统故障，补水量仅采集至 3120min，为 121.2mL，此时的补水量计算值为 115.3mL。

2. 冻胀量

图 6-18 为粉质黏土在不同外荷载作用下的土体冻胀量曲线。

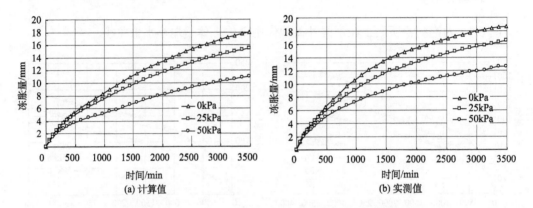

图 6-18　粉质黏土在不同外荷载作用下的土体冻胀量曲线

由图 6-18 可见，试验 SC1、SC2、SC3 的冻胀量计算值分别为 18.1mm、15.6mm、11.0mm，实测值分别为 18.6mm、16.5mm、12.6mm，冻胀量计算值略小于实测值，但总体变化趋势是一致的。

图 6-19 为黄黏土在不同外荷载作用下的土体冻胀量曲线，试验 C1、C2、C3 的冻胀量计算值分别为 12.8mm、11.1mm、8.6mm，实测值分别为 14.3mm、12.5mm、9.9mm，冻胀量变化趋势一致。

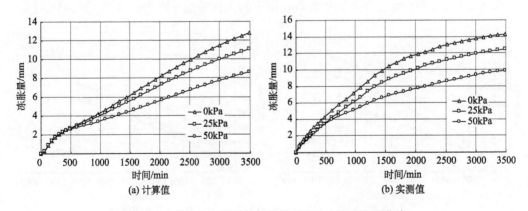

图 6-19　黄黏土在不同外荷载作用下的土体冻胀量曲线

3. 最暖分凝冰层

通过数值计算，得到饱和黄黏土冻胀试验 C1、C2、C3 在不同时刻的分凝冰厚度，如表 6-1 所示。

表 6-1　黄黏土分凝冰厚度计算值随时间变化

时间/min	分凝冰厚度/mm		
	C1 计算值	C2 计算值	C3 计算值
1080	0.79	0.76	0.53
1560	2.80	2.45	1.71
2040	4.61	3.95	2.84
2520	6.24	5.29	3.86
3000	7.72	6.51	4.79
3480	9.07	7.62	5.65

由表 6-1 可知，在不同时刻，饱和黄黏土冻胀试验 C1、C2、C3 的分凝冰厚度计算值随外荷载的增大而减小，与试验结论一致，该现象形成的原因有两点：其一，外荷载增大导致临界分离压力增大，形成分凝冰所需的水膜压力增大；其二，外荷载增大使得分凝速率减小，这一点在前面已有讨论。

图 6-20 为试验 C1、C2、C3 的分凝冰厚度计算值与实测值对比曲线，试验 C1、C2、C3 的最终分凝冰厚度计算值分别为 9.07mm、7.62mm、5.65mm；试验 C1、C2、C3 的最终分凝冰厚度实测值分别为 8.15mm、6.36mm、4.63mm。由图 6-20 可知，分凝冰厚度计算值随时间呈线性增大，而实测值在相同时间内的增量略有减小，最终分凝冰厚度计

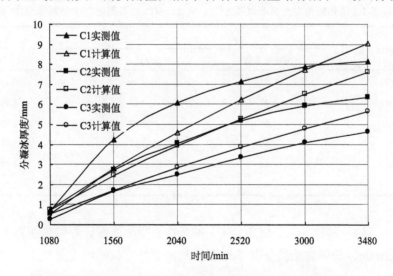

图 6-20　试验 C1、C2、C3 的分凝冰厚度计算值与实测值对比曲线

算值大于实测值，分析原因是实际冻结过程中，有机玻璃筒侧壁与土体存在一定的摩擦力，使得分凝速率小于计算值。

由表 6-1 分析得到试验 C1、C2、C3 的分凝速率计算值分别为 0.0035mm/min、0.0029mm/min、0.0021mm/min；分凝速率实测值分别为 0.0031mm/min、0.0024mm/min、0.0018mm/min；图 6-21 为试验 C1、C2、C3 平均分凝速率计算值与实测值对比曲线。由图 6-21 可见，饱和黄黏土平均分凝速率计算值大于实测值，但变化趋势是一致的，即平均分凝速率随外荷载的增大而线性减小。

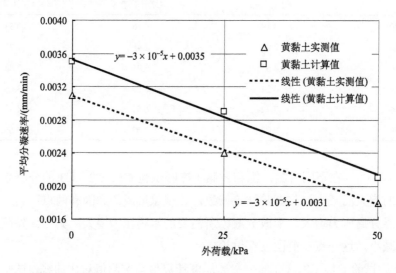

图 6-21　试验 C1、C2、C3 平均分凝速率计算值与实测值对比曲线

饱和粉质黏土冻胀试验 SC1、SC2、SC3 在不同时刻的分凝冰厚度如表 6-2 所示。

表 6-2　饱和粉质黏土冻胀试验 SC1、SC2、SC3 在不同时刻的分凝冰厚度

时间/min	分凝冰厚度/mm		
	SC1 计算值	SC2 计算值	SC3 计算值
1080	0.95	0.39	0.19
1560	3.51	2.45	1.70
2040	5.66	4.20	2.91
2520	7.49	5.68	3.94
3000	9.04	6.94	4.80
3480	10.37	8.01	5.53

由表 6-2 可知，试验 SC1、SC2、SC3 的最终分凝冰厚度计算值分别为 10.37mm、8.01mm、5.53mm，粉质黏土的分凝冰厚度计算值随外荷载的增大而减小，与试验结论一致。

　　试验 SC1、SC2、SC3 的分凝冰厚度计算值与实测值对比曲线如图 6-22 所示，试验
SC1、SC2、SC3 的最终分凝冰厚度实测值分别为 9.92mm、7.27mm、4.64mm，分凝冰
厚度计算值大于实测值。由表 6-2 可知，试验 SC1、SC2、SC3 的最暖分凝冰平均分凝速
率计算值分别为 0.0046mm/min、0.0037mm/min、0.0026mm/min；由前面分析可知，实
测值分别为 0.0043mm/min、0.0033mm/min、0.0023mm/min。图 6-23 为试验 SC1、SC2、
SC3 平均分凝速率计算值与实测值对比曲线。由图 6-23 可知，饱和粉质黏土平均分凝速
率计算值大于实测值，但变化趋势一致，均随外荷载的增大而减小。

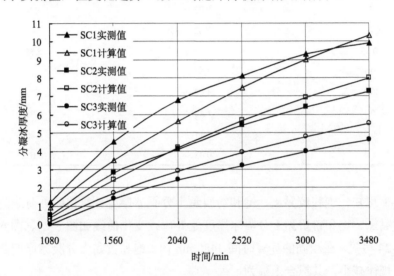

图 6-22　试验 SC1、SC2、SC3 的分凝冰厚度计算值与实测值对比曲线

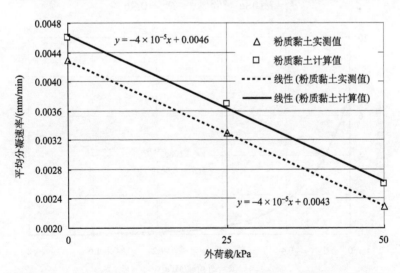

图 6-23　试验 SC1、SC2、SC3 平均分凝速率计算值与实测值对比曲线

　　本书所进行的土体冻胀分凝冰演变规律试验研究仅在 50kPa 外荷载范围内展开，为
了获取更大外荷载条件下的分凝冰演变规律，本章通过数值计算，对饱和黄黏土、饱和

粉质黏土进行 0MPa、0.025MPa、0.05MPa、0.1MPa、0.2MPa、0.4MPa、0.8MPa、1.6MPa
外荷载条件下的分凝冰演变规律研究。不同外荷载条件下，饱和黄黏土、饱和粉质黏土
冻胀过程分凝冰厚度如表 6-3 所示。

表 6-3　饱和黄黏土、饱和粉质黏土冻胀过程分凝冰厚度

外荷载/MPa	分凝冰厚度/mm	
	饱和黄黏土	饱和粉质黏土
0	9.07	10.37
0.025	7.62	8.01
0.05	5.65	5.53
0.1	5.04	5.12
0.2	4.12	4.79
0.4	1.33	1.95
0.8	0.17	0.26
1.6	0.03	0.02

由表 6-3 可知，饱和黄黏土、饱和粉质黏土分凝冰厚度计算值随外荷载的增大而减
小，饱和黄黏土、饱和粉质黏土分凝冰厚度随外荷载变化曲线如图 6-24、图 6-25 所示。

由图 6-24 可见，在相同的计算时间 3480min 内，饱和黄黏土分凝冰厚度随外荷载的
增大呈指数规律减小，其拟合函数为

$$d_{si} = 7.108e^{-3.6795P_{ob}}, \quad R^2 = 0.9679 \tag{6-62}$$

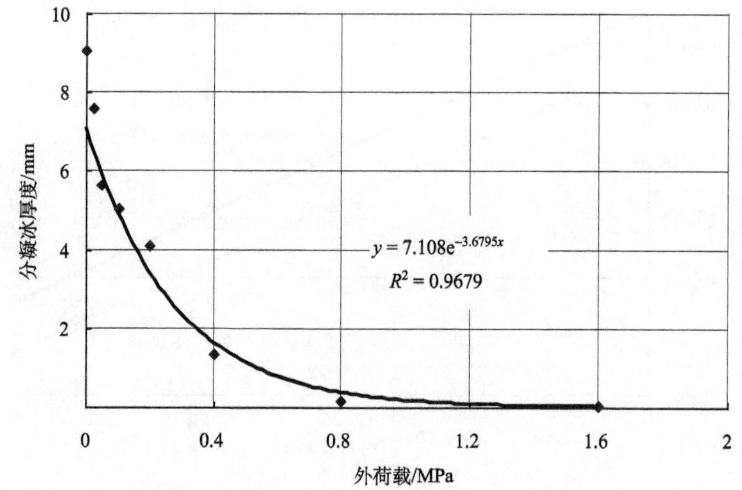

图 6-24　饱和黄黏土分凝冰厚度随外荷载变化曲线

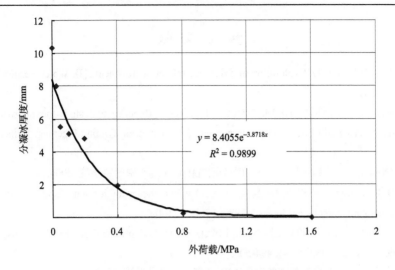

图 6-25　饱和粉质黏土分凝冰厚度随外荷载变化曲线

由图 6-25 可见，在相同的计算时间 3480min 内，饱和粉质黏土分凝冰厚度随外荷载的增大呈指数规律减小，其拟合函数为

$$d_{\mathrm{si}} = 8.4055\mathrm{e}^{-3.8718 P_{\mathrm{ob}}}, \quad R^2 = 0.9899 \tag{6-63}$$

6.5　本　章　小　结

（1）本章考虑外荷载及土体孔隙变形，在此基础上改进了土体冻结过程的水热耦合控制方程，得到了水热力耦合分离冰冻胀模型，基于有限容积法，建立了模型的离散方程，详细介绍了数值计算流程及各物理量的计算方法。利用 MATLAB 编程，对饱和粉质黏土、饱和黄黏土在恒定外荷载条件下的试验进行数值计算并与试验结果进行对比，得到冻胀量、补水量、分凝冰分布、温度场、冻深等计算结果与试验结果基本吻合，验证了本书模型的可靠性。通过数值计算得到了土体冻结初期的冻缩现象，与试验结果基本吻合。

（2）本章利用冻胀模型进行数值计算，得到了饱和颗粒土冻胀过程中最暖分凝冰厚度随外荷载演变规律，计算结果表明，最暖分凝冰厚度随外荷载的增大呈指数规律减小。

饱和黄黏土最暖分凝冰厚度随外荷载变化拟合函数为

$$d_{\mathrm{si}} = 7.108\mathrm{e}^{-3.6795 P_{\mathrm{ob}}}$$

饱和粉质黏土最暖分凝冰厚度随外荷载变化拟合函数为

$$d_{\mathrm{si}} = 8.4055\mathrm{e}^{-3.8718 P_{\mathrm{ob}}}$$

参 考 文 献

[1]　O'NELL K, MILLER R D. Exploration of a rigid ice model of frost heave[J]. Water Resources Research, 1985, 21(3): 281-296.

[2]　WATANABE K, MIZOGUCHI M, ISHIZAKI T, et al. Experimental study on microstructure near freezing front during soil freezing[C]. International Symposium on Ground Freezing, Netherlands, 1997: 187-192.

[3]　曹宏章. 饱和颗粒土冻结过程中的多场耦合研究[D]. 北京: 中国科学院, 2006.

[4]　KONRAD J M, MORGENSTERN N R. A mechanistic theory of ice lens formation in fine-grained soils[J]. Canadian Geotechnical Journal, 1980, 17(4): 473-486.

[5]　KONRAD J M, MORGENSTERN N R. Effects of applied pressure on freezing soils[J]. Canadian Geotechnical Journal, 1982, 19(4): 494-505.

[6]　孔详谦. 有限单元法在传热学中的应用[M]. 北京: 科学出版社, 1998.

[7]　陶文铨. 数值传热学[M]. 西安: 西安交通大学出版社, 2001.

[8]　徐学祖, 王家澄, 张立新. 冻土物理学[M]. 北京: 科学出版社, 2001.

[9]　ANDERSON D M, TICE A C. Predicting unfrozen water contents in frozen soils from surface area measurements [J]. Highway Research Record, 1972, 393: 12-18.

[10]　NIXON J F. Discrete ice lens theory for frost heave in soil[J]. Canadian Geotechnical Journal, 1991, 28(6): 843-859.

[11]　TARNAWSKI V R, WAGNER B. On the prediction of hydraulic conductivity of frozen soils[J]. Canadian Geotechnical Journal, 1996, 33(1): 176-180.

第7章 土体冻胀控制的试验与机理分析

7.1 概　　述

冻结法技术应用过程中遇到的一个重要问题就是土体的冻胀（冻胀力），有效地控制冻胀有着重要的理论及实际意义，是冻胀研究的一个重要目的。在特定冻结工程条件下，土性、荷载等基本参数均已确定，此时冷端温度便成了主要的可控参数，冷端温度的变化影响着冻胀的发展，在这一思想的指导下，本章进行了冻胀敏感性土在无外荷载一维条件下的室内冻结试验，研究了土壤在两种不同冻结模式（即不同冷端温度变化形式）下温度场的时间、空间发展规律，以及更为主要的是考察了其冻胀响应特征的差异，获得了能够较有效控制冻胀的间歇冻结模式，并应用透镜体生长的理论解释其控制冻胀的机理，对进一步的冻胀控制问题提出了一些合理建议。

7.2 试 验 设 计

在文献[1]～[3]的思路指导下，在前期试验工作的基础上，本试验主要进行了连续冻结模式以及控制冻深的间歇冻结模式两组变冷端温度条件下的冻结试验，本章共进行了两组 4 个试验，基本概况见表 7-1。

表 7-1　试验方案

试验组次	单组试验的试验个数	试验描述
第一组	2	开放系统下的连续冻结模式试验
第二组	2	开放系统下控制冻深的间歇冻结模式试验

7.3 试验设备和试验材料

试验设备采用中国科学院冻土工程国家重点实验室引进的三端制冷冻融循环试验箱。该设备将冻融试验所需的三个制冷系统（即冷端、暖端和箱体）集于一体，有良好的温度控制系统和监测系统，能较好地满足本试验所需条件。该试验装置结构示意见图 7-1。

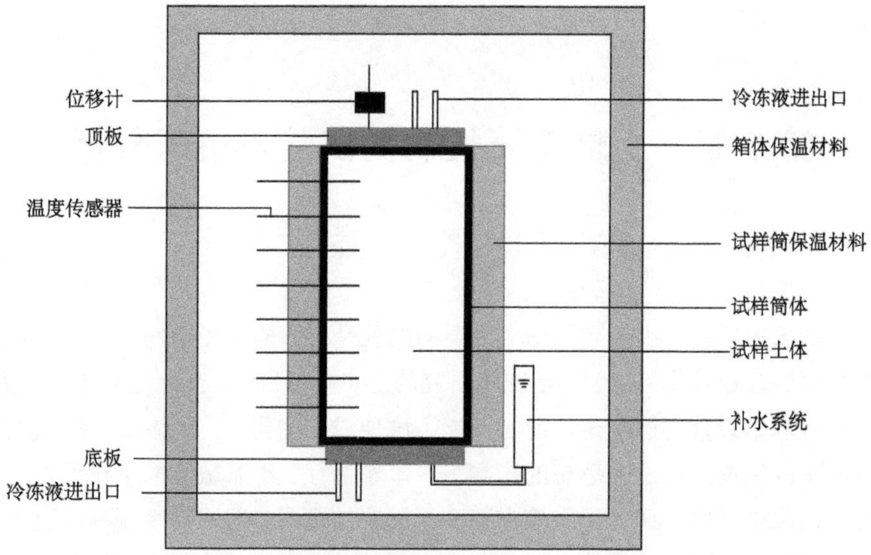
位移计
顶板
温度传感器
底板
冷冻液进出口
冷冻液进出口
箱体保温材料
试样筒保温材料
试样筒体
试样土体
补水系统

图 7-1　三端制冷冻融循环试验箱结构示意图

试验箱有观察窗口，便于随时观察箱内土样变化及制冷系统的循环液输送是否出现异常。三端温度控制面板可以编程设定试验所需的各端变化温度（其实物见图 7-2）。试样筒体采用壁厚为 1cm 的有机玻璃圆筒，其内径为 10.1cm，高为 18.5cm，筒体外测用绝热材料包裹。

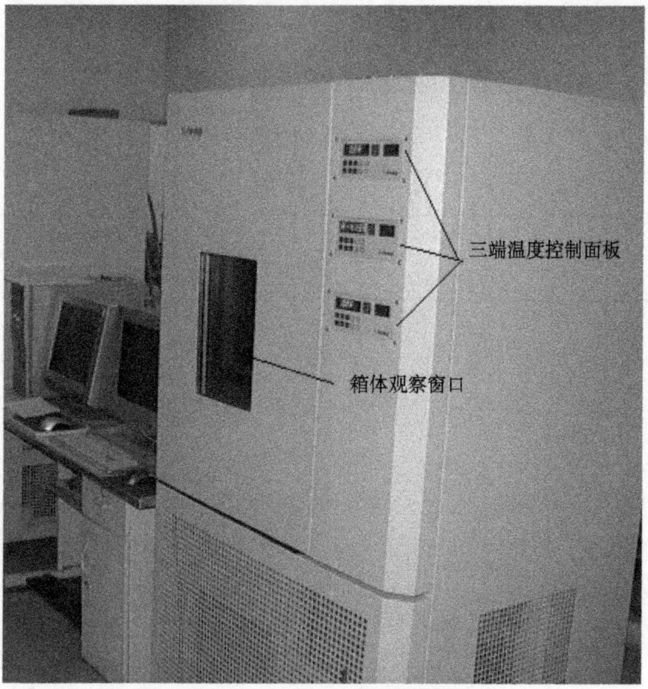
三端温度控制面板
箱体观察窗口

图 7-2　试验箱体实物图

补水装置为马里奥特补水瓶，可以保证外界水与试样下端齐平以模拟开放系统无压补水条件。测试装置采用标准铂电阻温度传感器（精确到 0.001℃）和量程 30mm、精度 0.01mm 的位移计。数据采集装置采用 DataTaker 500。以上部分装置实物见图 7-3。

　　　　(a) 补水装置　　　　　　　　(b) 制冷系统　　　　　　　(c) 数据采集装置

图 7-3　试验部分装置实物图

温度传感器布设于顶板、底板以及土样内每隔 1cm 处，位移计垂直架设于土样上端表面。

试验材料采用青藏铁路沿线红黏土，干密度为 1.48～1.51g/cm³，初始质量含水量为 30%。测定所用土样含盐量较小，可以忽略盐分对土体冻结过程的影响。试样统一采用高 13.0cm、直径为 10.1cm 的圆柱体。液塑限指标和土样的颗粒分析结果见表 7-2 和表 7-3。

表 7-2　液塑限指标

名称	液限 W_L/%	塑限 W_P/%	塑性指数 I_P
青藏线红黏土	27.9	16.4	11.5

表 7-3　土样颗粒分析结果

	细砂			微砂			粗粉砂		细粉砂
粒径/mm	0.2～0.154	0.154～0.125	0.125～0.1	0.1～0.08	0.08～0.063	0.063～0.05	0.05～0.02	0.02～0.01	0.01～0.005
百分比/%	0.1	0.2	0.1	0.4	0.85	34.4	7.9	10.95	12.65

	黏土		粒组含量					定名
粒径/mm	0.005～0.002	0.002～0.001	细砂	微砂	粗粉砂	细粉砂	黏土	
百分比/%	22.55	9.9	0.4	35.65	18.85	12.65	32.45	红黏土

7.4　试验步骤和方法

7.4.1　备样和装样

（1）按照设计的含水量和干密度进行土样、水分的称量拌制，充分拌匀后置于密封的塑料袋中，放置 1～2d，以使土样水分尽量均匀且不失水分；

（2）把土样装入侧面密布透气小孔的有机玻璃圆筒内进行压密排气；

（3）按照设计的高度和尺寸，装样于壁面上涂有凡士林的玻璃圆筒内，并尽量压密整平土样表面。经反算，按照以上步骤制备的试样的干密度能控制在 $1.483～1.5g/cm^3$，比较一致。

7.4.2　试验准备

将试样放入试验箱内，置温度传感器于待测位置上，并将保温材料包裹于试样筒体外，然后把上端冷板置于土样上表面。调节马里奥特补水瓶内水位与土样底端位置齐平，密合试验箱箱门，同时打开数据采集系统和温度及位移监控系统。

打开三端制冷系统并按照设定温度调节控制面板上的温度设置，由于本试验仅考虑土体初始温度为均匀分布的正温：+6℃，因此首先要将顶底板的控制温度设定为土体初始温度。在使土样达到均匀正温的过程中，为了保证土样只在冻结过程中补水，要把供水管卡住。土样达到要求的均匀温度后，迅速将箱门打开，取下上端冷板并置于干燥木板上，同时取隔热材料置于土样上端以避免土样温度场受试验箱内温度的影响，并快速关上箱门。然后调节控制面板上顶板温度到设计温度，当顶板上的温度达到设计冷板温度时，再次迅速打开箱门，取下隔热材料并将冷板置于土样顶端之上，同时在冷板上表面竖直地架设位移计，关上箱门，打开供水装置。

7.4.3　试验

试验过程中每 5min 采集一次位移及土体内各测点温度等数据，每 2h 记录一次补给水位，并按照试验方案随时调节顶板温度至设计温度。

7.5　试验结果与分析

7.5.1　连续冻结模式试验

本组试验有两个，编号为 A1、A2，其设计的土样初始温度均为 6℃，冷端温度为 –12℃，一直维持到试验结束，其中试验 A1 进行 4560min，试验 A2 进行 5520min，图 7-4 为两个试验的初始温度分布和冷端温度随时间的变化情况。

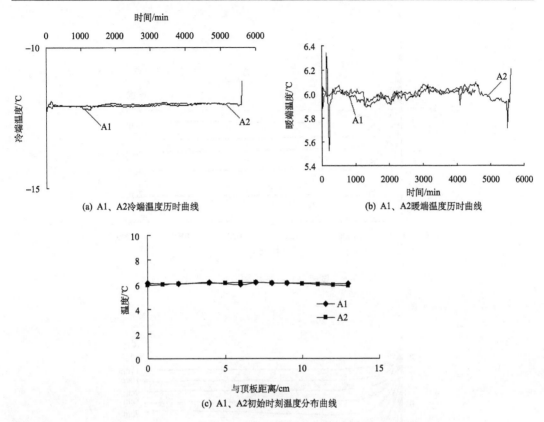

(a) A1、A2冷端温度历时曲线   (b) A1、A2暖端温度历时曲线

(c) A1、A2初始时刻温度分布曲线

图 7-4 两个试验的初始温度分布和冷端温度随时间的变化情况

从图 7-4 中（a）、（b）可以看出，仅个别时刻温度波动相对较大，达到了约 0.5℃，其余较长时间段温度波动较小，在 0.2℃以内，边界温度基本控制在设计值；图 7-4（c）表明了在冻结开始时刻，土柱内的温度基本达到了均匀一致。

图 7-5 为试验 A1 中位于土柱中各位置处的温度传感器所测得的温度场随时间的变化，从图中可以看出，各深度处的温度变化形式较为相似，不同之处在于随着深度的增加，温度变化的幅度减小；各深度处在冷端边界温度的影响下，经历的降温过程主要包括两个阶段，第一个阶段为 0~960min，在该阶段各深度处温度的变化相对较快，这个阶段可以称为降温瞬态阶段；第二个阶段为 960min 以后直至结束，在这个阶段各深度处温度变化基本缓慢，这个阶段为准稳定阶段。

图 7-6 为试验 A2 位于土柱中各位置处的温度传感器所测得的温度场随时间的变化，由于补充了新的温度传感器，测点数较多，图中深度 3cm 处在 1100min 左右的温度波动应当是该处温度传感器本身造成的，因为相邻测点并未产生这种波动，试验 A2 温度场的历时变化曲线与试验 A1 基本一致。

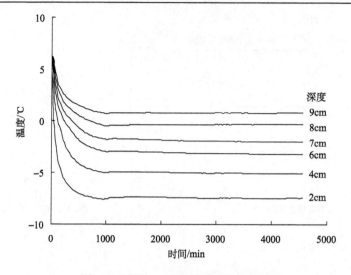

图 7-5　试验 A1 温度场随时间的变化

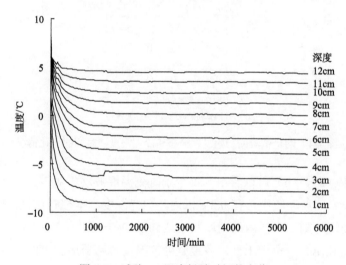

图 7-6　试验 A2 温度场随时间的变化

　　图 7-7（a）为试验 A1 冻深随时间变化曲线，图 7-7（b）为试验 A1 锋面推进速率随时间变化曲线，从图中可以看出在降温瞬态阶段 0～960min 锋面推进速率较大，且逐渐减慢，由开始时刻的 0.25mm/min 逐渐减小到 0，而在准稳定阶段，冻结锋面也基本稳定。图 7-8 中试验 A2 的冻深及锋面推进速率的历时变化曲线与试验 A1 无实质差别。

　　图 7-9（a）为试验 A1 冻胀随时间变化曲线，图 7-9（b）为试验 A1 冻胀速率随时间变化曲线，试验 A1 的冻胀发展曲线也可以分为两个阶段，第一个阶段的范围也在 0～960min，在这一阶段，由于冻结锋面的推进较快，并未产生明显的冻胀，图 7-9（b）中的冻胀速率曲线也表明了在这个阶段的冻胀速率基本为 0；约 960min 以后，冻胀开始发展，其冻胀速率逐渐减小，从刚开始产生冻胀时的 0.005mm/min 逐渐减小到约 0.001mm/min。

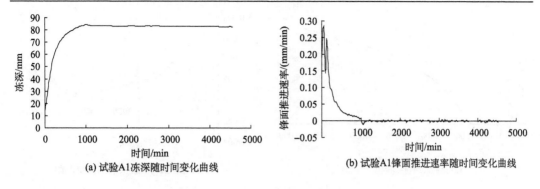

(a) 试验A1冻深随时间变化曲线　　　　　　　　(b) 试验A1锋面推进速率随时间变化曲线

图 7-7　试验 A1 冻深及锋面推进速率的历时变化曲线

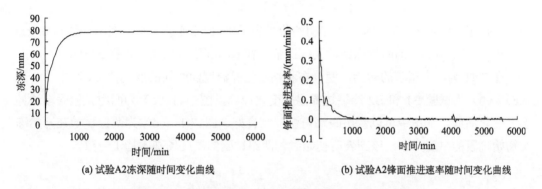

(a) 试验A2冻深随时间变化曲线　　　　　　　　(b) 试验A2锋面推进速率随时间变化曲线

图 7-8　试验 A2 冻深及锋面推进速率的历时变化曲线

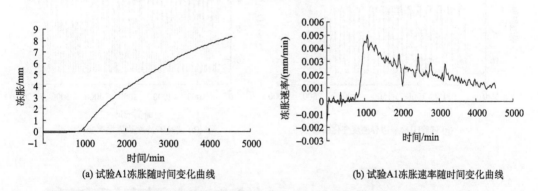

(a) 试验A1冻胀随时间变化曲线　　　　　　　　(b) 试验A1冻胀速率随时间变化曲线

图 7-9　试验 A1 冻胀及冻胀速率随时间变化曲线

图 7-10（a）为试验 A2 冻胀随时间变化曲线，图 7-10（b）为试验 A2 冻胀速率随时间变化曲线，从这两个图可以看出，其基本的定性性质与试验 A1 相似，说明了试验具有较好的重复性。

7.5.2　控制冻深的间歇冻结模式试验

本章进行了两组控制冻深的间歇冻结模式试验，编号为 B1、B2，两组土样初始温度均为 6℃，冷端温度在初始阶段为−12℃，其中试验 B1 在冻深达到 6cm 时，采用−12℃、−0.5℃的间歇冻结，其冻深在 6cm 附近摆动，由于最终冷域出现故障，最终进行时间较

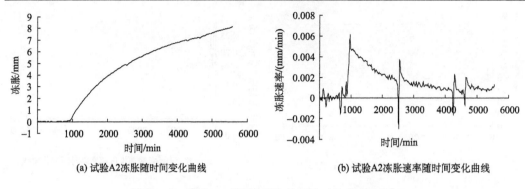

(a) 试验A2冻胀随时间变化曲线　　　　　　　(b) 试验A2冻胀速率随时间变化曲线

图 7-10　试验 A2 冻胀及冻胀速率随时间变化曲线

短，进行了 2470min，而试验 B2 在初始阶段也采用–12℃连续冻结，在冻深达到 6.4cm 时采用–12℃、–0.5℃的间歇冻结，其冻深最终在 6.4cm 附近摆动，进行 5455min。

图 7-11 为两个试验的初始温度分布和端部边界温度随时间的变化情况，其中图 7-11 （a）、（b）为试验 B1 和 B2 冷端边界温度变化曲线，图 7-11（c）为两组试验暖端边界温度变化曲线，从图中可以看出暖端恒温控制良好，图 7-11（d）为两组试验在开始冻结初始阶段的温度分布，该图表明初始时刻两组试验的温度场基本趋于一致。

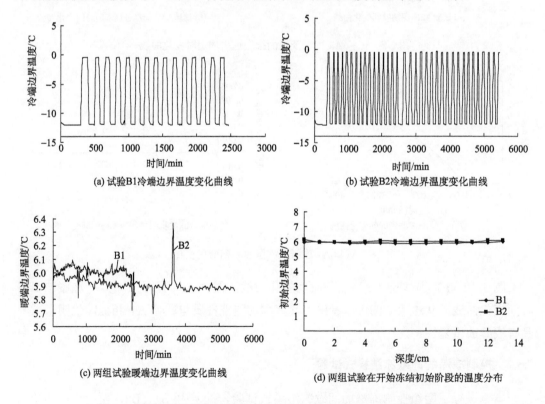

(a) 试验B1冷端边界温度变化曲线　　　　　　(b) 试验B2冷端边界温度变化曲线

(c) 两组试验暖端边界温度变化曲线　　　　　　(d) 两组试验在开始冻结初始阶段的温度分布

图 7-11　两个试验的初始温度分布和端部边界温度随时间的变化情况

图 7-12 为试验 B1 各深度处温度随时间变化的曲线，从图中可以看出，各点的温度历时变化是相似的，均经历两个阶段，第一个阶段对应于连续冻结阶段，该阶段各深度温度变化与 7.5.1 节中的连续冻结模式试验结果一致，第二个阶段对应于(−12℃、−0.5℃)变温周期冻结阶段，在这个阶段随着冷端温度近似周期性的变化，各深度处温度也呈近似周期性变化，在各深度处，温度波动的幅度随时间变化较小，且随着深度的增加，温度波动幅度逐渐减小，在较深处温度基本不发生变化。

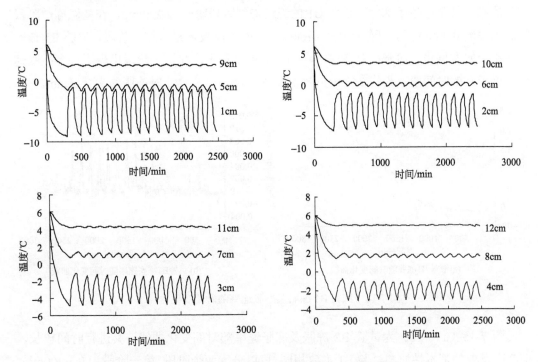

图 7-12 试验 B1 各深度处温度随时间变化的曲线

图 7-13（a）、（b）为试验 B1 中冻深及锋面推进速度随时间变化曲线，冻深的推进同样对应于两个阶段，第一个阶段冻深推进过程与连续冻结模式试验一致，起始时刻的

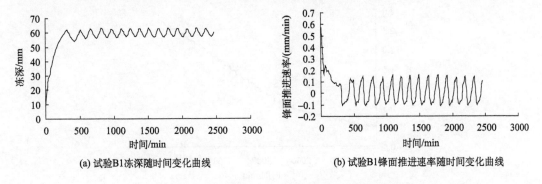

(a) 试验B1冻深随时间变化曲线　　　　(b) 试验B1锋面推进速率随时间变化曲线

图 7-13 试验 B1 冻深及锋面推进速率随时间变化曲线

锋面推进速率约为 0.3mm/min，且逐渐减小，达到预定冻深后，冻深推进进入第二阶段，在该阶段间歇与冻结周期性交替进行，导致了冻结锋面在预定位置附近摆动，图中结果也表明了冻深控制较好。

试验 B2 中温度场变化曲线的基本特征与试验 B1 中的基本结果一致，不再作图说明。

图 7-14（a）、（b）为试验 B1 冻胀及冻胀速率随时间变化曲线，从图中可以看出，试验 B1 的冻胀发展可以分为两个阶段，第一阶段为 0～1100min，在这个阶段，基本未产生冻胀，甚至产生了冻缩，试验 B1 的连续冻结阶段时长为 290min，在变温冻结阶段控制冻深约 820min 后，开始产生明显冻胀，此时冻胀发展进入第二阶段，试验 B1 该阶段下冻胀的发展呈台阶形，从图 7-14（b）也可以看出，在这一阶段出现了许多冻胀速率接近于 0 的时间段，最终 2470min 冷域出现故障，试验停止时冻胀约为 2.25mm。

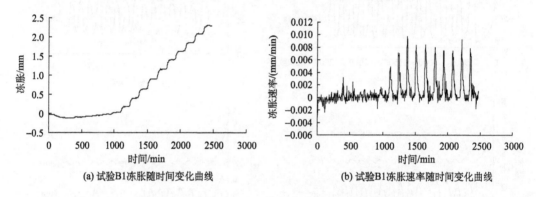

(a) 试验B1冻胀随时间变化曲线　　　　　　　(b) 试验B1冻胀速率随时间变化曲线

图 7-14　试验 B1 冻胀及冻胀速率随时间变化曲线

图 7-15（a）、（b）为试验 B2 冻胀及冻胀速率随时间变化曲线，其进行时间较长，但冻胀发展的基本性质与试验 B1 大致相同，可以分为两个阶段，第一阶段为 0～400min，该阶段基本未产生冻胀，第二个阶段冻胀开始产生，其中 400～2500min 冻胀发展呈现微弱阶梯形，而 2500min 以后冻胀发展呈现较明显的阶梯形，最终 5455min 试验结束时冻胀约为 2.75mm。

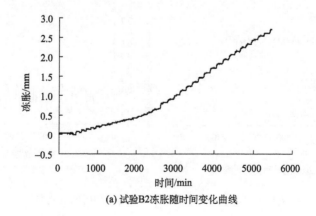

(a) 试验B2冻胀随时间变化曲线

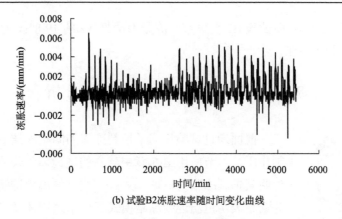

(b) 试验B2冻胀速率随时间变化曲线

图 7-15　试验 B2 冻胀及冻胀速率随时间变化曲线

7.5.3　两种冻结模式下的冻胀对比分析

图 7-16 为本章所进行的两组冻结模式下的 4 个试验冻胀随时间变化曲线,从图中可以看出以下两点。

1) 初始阶段无明显冻胀的产生

Konrad 和 Morgenstern[4]分析指出,当冻结缘内的降温速度大于某一临界值时,将不能从外部吸水,此时不产生冻胀,这一临界降温速度取决于土性、外荷载等条件,例如,对于 Devon 粉土,在无外荷载条件下当冻结缘降温速度达到 2.5℃/h 时,将不产生冻胀。4 个试验在初始阶段均为连续冻结,由于锋面推进速度较快,并无明显冻胀产生,这正是由于所形成的冻结缘降温速度大于临界值时冻胀发展停止。

2) 控制冻深的间歇冻结模式有效地抑制了冻胀的发展

经历初始阶段后,两种冻结模式下冻胀均开始发展,其中连续冻结模式下冻胀发展较稳定,而 2 个间歇冻结模式下,在冻胀开始产生后,其生长曲线呈台阶形,这种定性性质的差异直接导致了最终冻胀量的差异,试验 B1 至 2470min 被迫停止时其冻胀为连

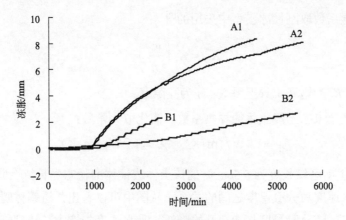

图 7-16　4 个试验冻胀随时间变化曲线

续冻结模式下的 48.8%，而试验 B2 至结束时冻胀为试验 A2 的 19.8%，控制冻深的间歇冻结模式有效抑制了冻胀。

7.6　间歇冻结控制冻胀机理分析

图 7-17　连续冻结模式试验后的典型相片

前面通过试验说明了控制冻深的间歇冻结模式对冻胀的控制作用，本节应用第 3 章中建立的透镜体生长的准稳态模型来说明其抑制冻胀的机理，文献[5]建立的离散透镜体模型数值计算结果表明恒温连续冻结模式下，末透镜体发育状况最佳，其厚度对总体冻胀量影响最大。图 7-17 为前面一组连续冻结模式试验结束后的相片，从图中可以看出，末透镜层对于总体冻胀量起决定性作用。实际上，对于传统的连续冻结模式，初始阶段由于冻结锋面的推进，出现的透镜体发育条件较差，冻胀基本不发展（图 7-16），于是锋面趋于稳定后具有较佳发育条件的末透镜体层成了冻胀控制的关键透镜体层，控制关键透镜体层的发展便成了传统冻结技术应用中冻胀控制的核心问题。

前述章节建立的活动透镜体生长的准稳态模型给出了在透镜体准稳态生长过程中，其生长速度与分凝温度之间的关系，下面给出具体土性参数计算这一关系，并利用其定性特征分析间歇方式控制冻胀的机理。

未冻水含量与温度采用经验公式：

$$w_u = A(T_0 - T)^B \tag{7-1}$$

参数 A，B 为

$$A = 0.013S^{0.551}，\quad B = -1.449S^{-0.263} \tag{7-2}$$

S 为比表面积。

冻土的导湿系数取刚性冰模型中采用的[6]

$$K_{ff} = K_u \left(\frac{w_u}{n} \right)^\gamma \tag{7-3}$$

参数 $\gamma = 7 \sim 9$；K_u 为饱和土导湿系数；n 为孔隙率。

对于冻结缘及未冻土段土体的导热系数，简化取为常数：

$$\lambda_{ff} = 1.4 \mathrm{W}/(\mathrm{m \cdot K})，\quad \lambda_u = 1.2 \mathrm{W}/(\mathrm{m \cdot K}) \tag{7-4}$$

图 7-18 为主动区域长度为 5.5cm 时的该土体透镜体准稳态生长特性曲线，即透镜体暖端无量纲吸水速度与分凝温度之间的关系。从图中可以看出，透镜体暖端吸水速度存在着一个峰值点，随分凝温度从 0℃ 开始降低，吸水速度先增大，达到峰值点后又迅速

减小。实际上，这是分凝温度所影响下的透镜体暖端抽吸力与冻结缘水阻力这两个因素在不同阶段重要性不同而引起的。在 OC 段，分凝温度降低所引起的抽吸力增大占了主导地位，而随着分凝温度的进一步降低，冻结缘内的导湿系数迅速减小，水阻力增大成了主要因素。

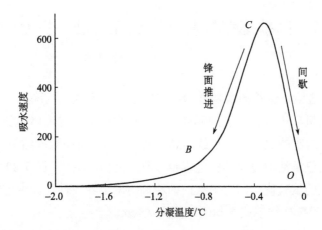

图 7-18　透镜体暖端无量纲吸水速度与分凝温度之间的关系

图 7-19 为间歇冻结模式试验 B1 冻结锋面附近温度传感器温度测值随时间变化曲线，该温度曲线代表了其附近各点包括活动透镜体分凝温度的变化特性。

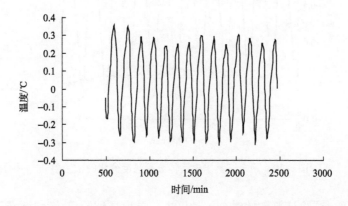

图 7-19　试验 B1 冻结锋面附近温度传感器温度测值随时间变化曲线

冻结锋面趋于稳定后，末透镜体之上已冻土区的水分迁移对冻胀量影响较小，冷端温度的改变其实际是改变了末透镜体暖端的分凝温度。在连续冻结模式下，末透镜体分凝温度稳定在图 7-18 中特性曲线上的某一点，而控制冻深的间歇冻结模式在间歇冻结阶段如图 7-19 所示，分凝温度升高，透镜体生长状态点沿着 CO 线降低，甚至发生了末透镜体的退化，从而有效抑制末透镜体生长，达到控制冻胀的目的。

不同的冻结模式会导致土体冻结过程产生的透镜体结构性不同，由透镜体生长特性曲线的基本特征可以看出，选用冻结模式控制冻胀的基本原则在于：初始阶段促使冻结锋面迅速推进，始终将出现的透镜体生长状态点控制在 CB 线以下，确保末透镜体发展之前无明显的冰分凝；锋面趋于稳定后，在保证冻土体功能条件的前提下，尽量间歇，促使末透镜体生长状态点沿 CO 线下降，抑制末透镜体的发展，从而根本上控制冻胀。

7.7　间歇冻结控制冻胀机理的进一步分析

7.7.1　计算参数

7.6 节中应用透镜体生长的准稳态模型对间歇冻结方式控制冻胀的机理进行了初步分析，本节将对其机理进行进一步的解释，这一过程也是对透镜体生长的水热耦合模型的试验验证，用于对比的试验正是连续冻结模式试验 A1 与间歇冻结模式试验 B1，通过温度传感器温度测值及活动透镜体位置确定分凝温度历时变化，图 7-20 为两个试验末透镜体分凝温度变化的试验值，即主动区内的冷端温度边界条件，其中连续冻结模式主动区长度为 5.7cm，间歇冻结模式主动区长度为 7.4cm。

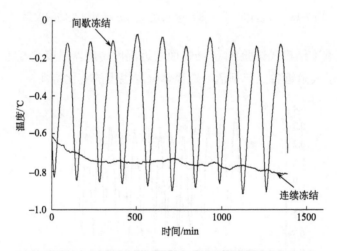

图 7-20　两个试验末透镜体分凝温度变化的试验值

图 7-21 为两个试验计算初始时刻主动区内的温度场试验值，而对于压力初始值，由于较高负压的存在测试较为困难，实际上，理论分析表明，n 时刻压力 1MPa 对 $n+1$ 时刻变量的影响仅相当于温度约 0.09℃，而两个试验计算初始时刻末透镜体暖端负压均不超过 1MPa，这说明初始时刻负压较小，对以后时间步发展的影响不大，因此不妨假设计算初始时刻压力场为稳态。

上面给出了该模型计算的单值性条件，其数值离散格式与第 6 章中透镜体出现前分离冰冻胀模型的离散格式是一致的，不再赘述。

未冻水含量 θ_u 与温度 T 之间试验关系应用：

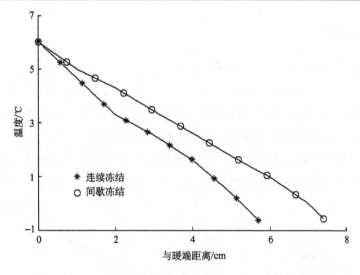

图 7-21　两个试验计算初始时刻主动区内的温度场试验值

$$\theta_{\mathrm{u}} = \frac{\rho_{\mathrm{w}}}{100\rho_{\mathrm{d}}}\exp(0.2618 + 0.5519\ln S + 1.4495 S^{-0.2640}\ln|T|) \tag{7-5}$$

式中，ρ_{d} 为土体干密度；S 为比表面积，计算时按式（4-7）考虑了压力影响。

饱和土导湿系数仍然采用修正 Campbell 公式[7]计算：

$$K_{\mathrm{u}} = 4\times10^{-5}\left(\frac{0.5}{1-\theta_{\mathrm{sat}}}\right)^{1.3(d_{\mathrm{g}}^{-0.5}+0.2\sigma_{\mathrm{g}})}\times\exp(-6.88m_{\mathrm{cl}} - 3.63m_{\mathrm{si}} - 0.025)\ \ (\mathrm{m/s}) \tag{7-6}$$

式中，θ_{sat} 为饱和体积含水量；$m_{\mathrm{cl}}, m_{\mathrm{si}}$ 为黏土及粉土质量分数；$d_{\mathrm{g}}, \sigma_{\mathrm{g}}$ 分别为土体颗粒几何平均粒径及标准差。

冻结缘内的导湿系数按刚性冰模型的建议取为

$$K_{\mathrm{f}} = K_{\mathrm{u}}\left(\frac{\theta_{\mathrm{u}}}{\theta_{\mathrm{sat}}}\right)^{9} \tag{7-7}$$

导热系数采用几何平均公式进行计算[8]：

$$\lambda = \lambda_{\mathrm{i}}^{\theta_{\mathrm{i}}}\lambda_{\mathrm{u}}^{\theta_{\mathrm{u}}}\lambda_{\mathrm{s}}^{\theta_{\mathrm{s}}} \tag{7-8}$$

式中，λ_{i} 为冰的导热系数，取 2.32W/（m·K）；λ_{u} 为水的导热系数，取 0.58W/（m·K）；λ_{s} 为土骨架的导热系数，参考文献[8]取为 0.82W/（m·K）；θ_{s} 为土骨架体积含量。

土体的热容参数公式[8]：

$$C_{\mathrm{v}} = (C_{\mathrm{s}} + w_{\mathrm{i}}C_{\mathrm{i}} + w_{\mathrm{u}}C_{\mathrm{u}})\rho_{\mathrm{d}} \tag{7-9}$$

式中，C_{s}，C_{i}，C_{u} 分别为土骨架、冰及水的比热；w_{i}，w_{u} 分别为冰及未冻水质量含量。

7.7.2　试验对比及讨论

由离散方程式（5-68）和式（5-69）及初、边值条件计算两组试验主动区内的水热耦合过程，其中透镜体暖端压力边界在冻结状态时为式（5-72），此时透镜体生长速度由式（5-56）离散确定；而在非冻结状态时，冻结缘消失，且由于试验条件为无压补水，第6章分析指出此时透镜体生长停止，该处为封闭水流边界。

图 7-22 为两组试验末透镜体生长过程模型计算值与试验值的对比，从图中可以看出，两者吻合较好，模型基本很好地反映了两组试验中末透镜体的生长过程。

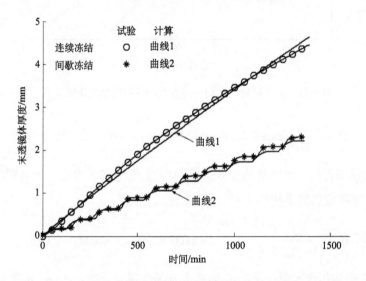

图 7-22　两组试验末透镜体生长过程模型计算值与试验值的对比

数值计算结果也表明，两种冻结模式下末透镜体生长特性存在较大差异，连续冻结模式下末透镜体生长速度基本稳定，其生长曲线呈近似直线形；而间歇冻结模式下，间歇过程导致其末透镜体生长曲线中出现了许多较长持续时间的无退化且无生长的平台，其平均生长速度相对于连续冻结模式显著减小。

为了分析两种冻结模式下末透镜体生长过程的差别，7.6 节利用由准稳态模型得到的透镜体生长特性曲线（图 7-23 中曲线 BACO）进行了说明，初步揭示了间歇冻结抑制冻胀的机理，指出间歇阶段末透镜体分凝温度持续升高，其生长速度沿 AO 线降低，末镜体生长被抑制，从而有效控制了冻胀。这一解释并不能很好地说明间歇冻结模式下末透镜体生长曲线中出现的持续时间较长的无退化且无生长的平台，第 5 章中分析了透镜体的生长过程，指出了无压补水条件下，冻结缘的存在是活动透镜体生长的必要条件，因此考虑到冻结缘存在与否的影响后透镜体生长过程的定性曲线应修正为图 7-23 中的 BACDO，其中 T_{cr} 为冻结缘消失时的临界温度，该温度与土性及冻结缘升温和降温路径有关。模型计算与实测的吻合表明了间歇冻结过程中出现的"平台"正是分凝温度进入

DO 段冻结缘消失导致的透镜体生长停止。

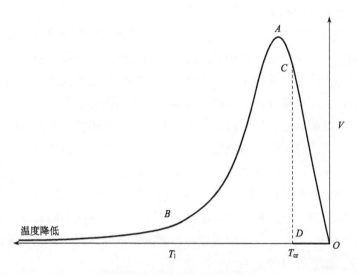

图 7-23　透镜体生长定性曲线

　　前面已经指出，冻胀研究的一个重要目的是有效控制冻胀，锋面推进较快，降温速度大于某临界值时，将不产生冻胀，从透镜体生长特性曲线也可以看出，此时形成的透镜体分凝温度沿 *AB* 线迅速降低，透镜体生长被抑制。控制冻深的间歇冻结模式在冻结施工初始阶段，采用快速推进锋面的方式冻结，因而产生了较小冻胀量；达到预定冻深后，采用间歇的方式促使锋面退化，冻结缘消失，末透镜体生长停止，由于进一步间歇会产生末透镜体退化及相应的融沉，影响冻结壁强度，因而采取了"冻结—间歇"交替的方式控制锋面退化程度，最终末透镜体呈台阶式生长，冻胀发展受到限制。进一步认识到透镜体生长机理后可知，这种间歇冻结模式并非控制冻胀的最佳方式，实际上在达到预定冻深后，监测确定末透镜体位置，适当提高冷端冻结管温度而不采用完全的间歇，使冻结锋面退化至冻结缘恰好消失，则能够在保证冻结壁强度的同时又不产生冻胀，实现无冻胀冻结。

7.8　本　章　小　结

　　本章讲述在中国科学院冻土工程国家重点实验室完成了两组冻结模式的 4 个试验，获得了包括各个时刻土样温度场、冻胀位移在内的有效试验数据，对试验数据进行了处理和分析，得到了能够有效控制冻胀的冻结模式，并对其机理进行了深入分析，主要可以得出如下结论：

　　（1）冻结锋面的推进速率影响着冻胀发展，对本章试验土体而言，冻结初始阶段无明显冻胀产生，在冻结锋面趋于稳定后，冻胀开始产生。

　　（2）控制冻深的间歇冻结模式在冻胀产生后冻胀曲线呈台阶形，冻胀发展受到了抑制，是一种较为有效的控制冻胀的冻结模式。

　　（3）本章指出了末透镜体为传统连续冻结模式中冻胀控制的关键透镜体，通过对透镜体生长曲线的定性分析指出，控制冻深的间歇冻结模式在间歇阶段末透镜体分凝温度升高，其生长状态点沿特性曲线 CO 段降低，有效抑制了末透镜体的生长，从而达到了控制冻胀的目的；采用有限容积法对透镜体生长的水热耦合模型进行了数值分析，利用本章中两组试验末透镜体生长过程验证了模型及计算的正确性，对控制冻深的间歇冻结模式控制冻胀的机理进行了进一步的揭示，指出其台阶形生长曲线中出现的平台正是由于间歇阶段锋面退化，冻结缘消失所导致的活动透镜体生长停止；初步探讨了冻结模式的优化设计以抑制冻胀的问题，指出在初始阶段以快速连续冻结的方式达到预定冻深后，监测确定末透镜体位置，适当提高冷端冻结管温度而不采用完全的间歇，使冻结锋面退化至冻结缘恰好消失，则保证冻结壁强度与控制冻胀将能够同时得以实现，相关的理论计算及试验验证工作正在进行之中。

参 考 文 献

[1] 周国庆. 间歇冻结抑制人工冻土冻胀机理分析[J]. 中国矿业大学学报, 1999, (5): 413-416.

[2] 别小勇. 人工冻土冻胀控制研究[D]. 徐州: 中国矿业大学, 2002.

[3] 周金生, 周国庆, 马巍, 等. 间歇冻结控制人工冻土冻胀的试验研究[J]. 中国矿业大学学报, 2006, (6): 708-712.

[4] KONRAD J M, MORGENSTERN N R. A mechanistic theory of ice lens formation in fine-grained soils[J]. Canadian Geotechnical Journal, 1980, 17(4): 473-486.

[5] NIXON J F. Discrete ice lens theory for frost heave in soils[J]. Canadian Geotechnical Journal, 1991, 28(6): 843-859.

[6] O'NEILL K, MILLER R D. Numerical solutions for a rigid-ice model of secondary frost heave[R]. Hanover: Cold Regions Research and Engineering Laboratory, 1982.

[7] TARNAWSKI V R, WAGNER B. On the prediction of hydraulic conductivity of frozen soils[J]. Canadian Geotechnical Journal, 1996, 33(1): 176-180.

[8] 徐学祖, 王家澄, 张立新. 冻土物理学[M]. 北京: 科学出版社, 2001.

第8章 土体一维冻胀力试验与计算预测

8.1 试验系统研制与调试

冻土的冻胀研究主要有现场实测、室内试验研究、理论分析和数值模拟，现场实测为冻胀研究提供了大量的现场数据，但现场实测的缺点也是明显的，因为在自然条件下，影响因素众多，使分析工作存在很大困难。而理论分析和数值模拟都需要试验提供的参数。所以进行室内试验是必要的，室内试验可以按要求进行试验，只考虑一些必要的因素，分析工作相对简单。

为了通过一维可控边界温度的实验室试样试验，获得冻胀敏感性土体在变阻尼和恒荷载作用下冻胀力、冻胀量、冻吸力、温度场、补水速率、试验后试样不同高度处含水量的变化规律及它们之间的关系，要求试验系统具有以下功能：

（1）变阻尼及恒荷载的施加；

（2）一维温度场边界控制；

（3）冻胀力、冻胀量、冻吸力、补水量及温度的实时监测。

8.1.1 试验系统研制

根据所涉及的因素和内容，自行设计、研制一套考虑不同约束边界条件的一维开放冻胀力试验系统，经过 5 个月的加工、配置、组装和调试，建立起满足试验要求的试验系统。整个试验装置由试验简体、边界温度控制系统、约束及加载装置、测试系统和辅助系统组成，见图 8-1 试验台。

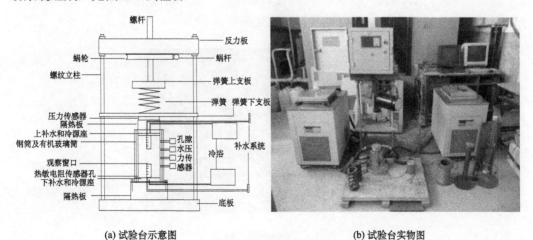

(a) 试验台示意图　　　　　　　　(b) 试验台实物图

图 8-1　试验台

　　试验筒体（图 8-2）主要功能是放置土样，安放传感器，实现一维冻结，是试验的平台。由于试验涉及较低的温度、较大的冻胀力及荷载，为了维持土样的低温环境、保证筒体的强度及减少与冻土的摩擦力，采用双筒筒体。内筒体采用有机玻璃筒，有机玻璃导热性较低，强度较高，比较光滑并且与冻土黏结性小。外筒采用钢材料，加强筒体的强度。试验筒体内有机玻璃筒内径 100mm，壁厚 20mm，高 190mm；外筒用钢筒，内径 140mm，壁厚 15mm，高 190mm。两筒体用强力胶黏结为一整体。筒体开有孔隙水压传感器孔、热敏电阻传感器孔。在筒体顶部加装冷板，底部加装暖板及补水板。

图 8-2　试验筒体

　　为准确控制试样两端的边界温度以形成一维温度场，采用两台恒温控制冷浴装置对试样上下端进行控温，输出温度范围为–50～90℃，温度波动为±0.05 ℃。为了将冷浴输出的冷量均匀地分布到土样的边界截面上，采用导热性能优异的黄铜做成中空冷、暖板来传递冷量。冷浴内的酒精通过管路分别在冷板和暖板中的酒精循环腔中，达到传递能量控制温度的目的。

　　约束装置由反力支架、丝杆升降机、电机驱动器、控制系统、弹簧（图 8-3）及恒荷载组成。其主要是实现土样竖向位移变形、给试样施加不同阻尼的约束条件。设计的约束装置能够承受 15t 的荷载。用不同弹性系数（即 k 值）模拟不同约束刚度，无约束（$k=0$）和刚性约束（$k \to \infty$）是两种极端约束条件。

图 8-3　压缩弹簧实物图

试验共选用了三种不同规格的压缩弹簧，分别命名为 1 号、2 号、3 号弹簧，三种弹簧外直径和高度均为 100mm、200mm，弹性系数标定见图 8-4～图 8-6。

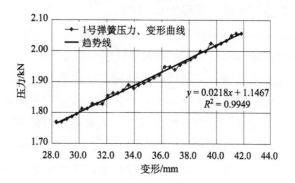

图 8-4　1 号弹簧弹性系数标定曲线

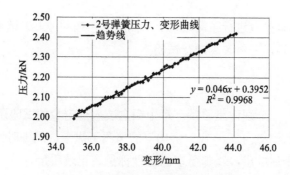

图 8-5　2 号弹簧弹性系数标定曲线

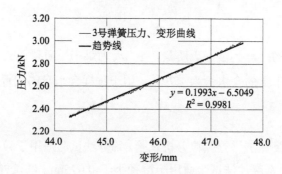

图 8-6　3 号弹簧弹性系数标定曲线

由图 8-4～图 8-6 可以看出，试验所用弹簧可视为理想弹性体，其弹性系数分别为 $k_1=0.0218$kN/mm、$k_2=0.046$kN/m 和 $k_3=0.1993$kN/mm。

测试系统主要由温度、冻胀量、冻胀力、冻吸力测量和数据采集五部分组成。

温度测试采用的是由北京森恩传感技术公司生产的热敏电阻传感器，误差为±0.1%。土样高 12cm，沿试样高度每 2cm 间隔布置一个热敏电阻传感器，同时在试样边界布置热敏电阻传感器实时采集试验过程中的边界温度，并根据监测结果调控测量冷、暖端的温度。

　　冻胀量测量采用量程为 50mm、精度为 0.01mm 的 YHD-50 型位移计。

　　冻胀力测量采用荷重传感器，量程为 0~10T。

　　冻吸力由负压传感器测量，量程为–100~50kPa，精度为 0.01Pa。

　　用 DataTaker 800 和 DataTaker 515 数据采集仪进行数据采集。

　　辅助系统主要包括补水系统、保温隔热系统等。补水系统主要由支架、有机玻璃量筒及橡胶管组成，用于实现试验开放系统的补水。为了能实现无压补水，保证外界水与试样下端齐平以模拟开放系统，消除因重力而带来的对补水的影响，应用虹吸原理，定制了马里奥特补水瓶，直径为 50mm，长度为 600mm，最大补水量为 500mL。保温隔热主要是采用隔热板和保温泡沫板材料对筒体进行包裹，使试样减少热量损失。

8.1.2　试验方案与试验过程

　　试验前对土样基本参数进行了测定，土工试验严格按照《土工试验方法标准》进行。将土晒干、碾碎、过筛，密封装袋进行试验。

　　1. 土的含水量测定

　　（1）取铝盒三个，分别称量质量。每个铝盒装入一定量的试验用土，称量记录。

　　（2）将铝盒放入烘箱内，在 105~110℃ 的恒温下烘干，烘干时间不小于 8h。

　　（3）将铝盒烘干后取出，冷却至室温进行称量，记录质量。

　　（4）按式（8-1）进行含水量计算。

$$w = \frac{m - m_{s}}{m_{s}} \times 100\% \qquad (8\text{-}1)$$

式中，w 为含水量，%；m 为晒干土质量，g；m_{s} 为烘干土质量，g。

　　通过试验测定晒干土的含水量为 1.79%，用于试样含水量的配置。

　　2. 颗粒分析

　　采用筛分法和密度计法进行颗粒分析试验。筛分法试验适用于粒径小于等于 60mm、大于 0.075mm 的土。密度计法试验适用于粒径小于 0.075mm 的试样。由于试验用土是细粒土，没有大于 60mm 粒径的土。采用两种方法分别测定大于 0.075mm 和小于 0.075mm 的土。表 8-1 为土样颗粒分析试验结果，图 8-7 为试验用土颗粒级配曲线。

表 8-1　土样颗粒分析试验结果

项目	中砂粒	细砂粒	极细砂粒	粗粉粒	细粉粒	细黏粒
粒径/mm	0.5~0.25	0.25~0.1	0.1~0.075	0.075~0.01	0.01~0.005	<0.005
百分比/%	0	10.23	5.64	65.21	5.74	13.18

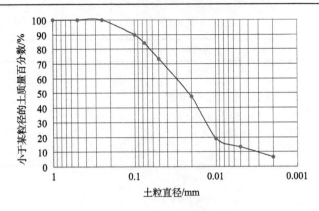

图 8-7　试验用土颗粒级配曲线

　　土体温度、冻胀量、冻胀力及冻吸力分别由热敏电阻传感器、位移计、压力传感器、负压传感器测得，采用 DataTaker 自动采集数据。补水水位变化通过量筒人工读取数据。具体测试内容见表 8-2。

表 8-2　试验测试内容表

序号	测试内容	测试目的	测试仪器	布置位置
1	土体温度	掌握温度扩展情况	热敏电阻传感器	土体内分层布置
2	冻吸力	掌握冻吸力变化规律	负压传感器	筒体壁布置导管
3	冻胀力	获得刚性限制条件下冻胀力	压力传感器	上隔热板与支板之间
4	补水量	获得土体补水情况	量筒	试验筒体外
5	弹簧的压缩量	获得弹簧约束条件下冻胀力及冻胀率	位移计	试验筒体上方
6	土体自由冻胀量	获得土体最大冻胀率	位移计	试验筒体上方

　　试验选用冻胀敏感性土，设计试样干密度为 $1.7 g/cm^3$，含水量为 22%。试样直径为 10cm，高度为 12cm。

　　试验方案的确定围绕冻结温度及约束条件的变化进行。试验设计三组共 14 个试验，三组试验的暖端设计温度均为 12℃。每个试验从试验准备到试验结束需 5d 左右。试验方案见表 8-3。

表 8-3　试验方案

冷端温度	约束条件	试验个数	合计
−20℃	$k_0 = 0.0 kN/mm$	1	
	$k_1 = 0.0218 kN/mm$	1	
	$k_2 = 0.0460 kN/mm$	1	5
	$k_3 = 0.1993 kN/mm$	1	
	$k_\infty = \infty$	1	

续表

冷端温度	约束条件	试验个数	合计
−25℃	k_0=0.0kN/mm	1	5
	k_1=0.0218kN/mm	1	
	k_2=0.0460kN/mm	1	
	k_3=0.1993kN/mm	1	
	k_∞=∞	1	
−25℃	N_0=const=0N	1	4
	N_1=const=100N	1	
	N_2=const=200N	1	
	N_3=const=300N	1	
总计			14

约束条件：k_0=0（无约束，自由冻胀），k_1、k_2、k_3（不同弹簧弹性系数），k_∞=∞（刚性约束）。具体见图 8-8 线性增阻约束条件示意图。

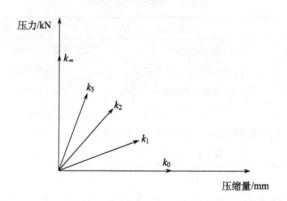

图 8-8　线性增阻约束条件示意图

8.2　试验结果与分析

本书共进行了三组 14 个试验，每组试验的暖端温度均控制为+12℃。第一组试验控制冷端温度为−20℃，进行线性增阻约束条件为 k_0、k_1、k_2、k_3、k_∞ 5 个冻胀试验；第二组试验控制冷端温度为−25℃，进行线性增阻约束条件为 k_0、k_1、k_2、k_3、k_∞ 5 个冻胀试验；第三组试验控制冷端温度为−25℃，分别施加 0N、100N、200N、300N 恒荷载进行约束冻胀试验。

试验获得了不同约束条件下温度、冻胀量、冻胀力、补水量、冻吸力、试验后试样不同高度处的含水量等试验数据，本章对它们的规律进行分析研究。

8.2.1　线性增阻约束条件下–20℃冻结试验

1. 温度场变化

本组试验控制冷端温度为–20℃，进行线性增阻约束条件为 k_0、k_1、k_2、k_3、k_∞ 5 个试验，分析不同约束条件下温度、冻胀量、冻胀力、补水量、冻吸力、试验后试样不同高度处含水量变化及发展规律。

由于不同约束条件下温度曲线发展规律一致，这里只给出一组曲线，如图 8-9 所示。整个温度曲线均可分为三个阶段：第一阶段为恒温阶段，该阶段冷端、暖端均控制为 +12℃，同一恒温时间 240min，使整个试样基本达到同一温度条件；第二阶段为降温阶段，冷端、暖端控制在试验设计的–20℃、+12℃，此阶段冻结锋面不断推进，降温时间基本在 240~840min 时间段；第三阶段为温度稳定阶段，冻结锋面不再推进，形成稳定的一维温度场。试验结果说明，约束条件的变化对温度场的形成过程并没有较大的影响。

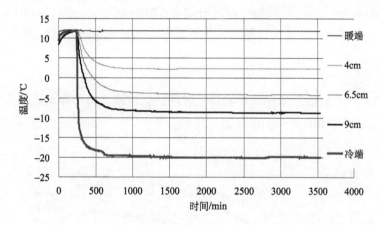

图 8-9　–20℃冻结试验 k_1 约束条件下温度随时间变化曲线

2. 冻胀量变化

图 8-10 为四种不同线性增阻约束条件下冻胀量随时间发展变化曲线，k_∞ 条件是刚性限制条件，冻结过程中冻胀量为零，所以不进行比较分析。

（1）从图 8-10 中可以看出，四种约束条件下冻胀发展趋势吻合，大致可分为四个区段：恒温阶段、线性快速发展阶段、过渡发展阶段、基本稳定阶段。

（2）恒温阶段没有形成温度梯度，不产生冻胀量；线性快速发展阶段冻胀量增长速率最大，这一阶段主要处于温度曲线的降温阶段，说明降温阶段冻胀量增加速率最快；过渡发展阶段冻胀量仍在增长，但增长趋势逐渐变缓；基本稳定阶段冻胀量增加很少。

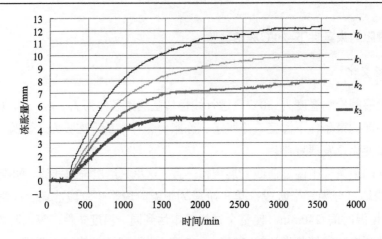

图 8-10　四种不同线性增阻约束条件下冻胀量随时间发展变化曲线

（3）从图 8-10 可看出，k_0、k_1、k_2、k_3 约束条件下最大冻胀量分别达到 12.40mm、9.96mm、7.89mm、4.99mm，最终稳定时间分别在 2700min、2650min、1600min、1500min 处，说明随着约束条件 k 的增大，最大冻胀量减小，达到稳定阶段时间缩短。

3. 补水量变化

图 8-11 为五种不同约束条件下补水量随时间变化曲线，由于补水是从 240min 恒温后开始的，所以只对 240min 后的曲线进行比较分析。

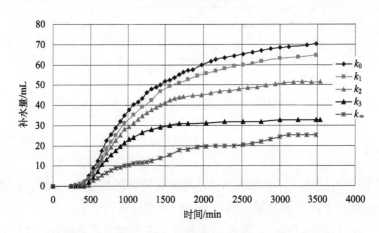

图 8-11　五种不同约束条件下补水量随时间变化曲线

（1）从图 8-11 中 k_0 约束条件下补水量变化曲线可以看出，冻结开始 240～360min 时间内并没有补水量，这说明外界水并不是在冻结一开始就被吸入土中的，而是形成一定的温度梯度后才出现补水量的。试验开始时没有形成一定温度梯度，不存在水分迁移动力。360～3120min 阶段补水量不断增加，补水趋势逐渐变缓。3120min 后补水量变化很小，最终补水量达到 70.25mL。

（2）k_1、k_2、k_3 约束条件下补水量变化规律与 k_0 约束条件下补水量变化规律一致，只是最终补水总量及补水停止时间有区别，k_1、k_2、k_3 约束条件下最终补水量分别为 64.64mL、51.36mL、32.60mL，补水停止时间分别约在 3000min、2800min、1500min 处。随着约束刚度的增大，达到稳定阶段时间缩短。k_∞ 约束条件下补水量变化规律与其他条件不同，并不是随着冻结的进行，补水总量逐渐增加，之后补水基本稳定，而是在 1300～1900min 及 2600～3200min 两个时间段又有补水量的增加。这主要是因为刚性约束条件下，冻胀力不断增加使得冻结锋面的热流条件发生变化，冰晶有很小的融化，冻胀力减少，重新开始吸水冻胀。

4. 冻胀力变化

图 8-12 为在 k_1、k_2、k_3、k_∞ 约束条件下冻胀力随时间变化曲线，k_0 约束条件下冻胀力为零，没有显示在图中。k_1、k_2、k_3 约束条件下冻胀力是通过冻胀量与弹簧弹性系数计算得到的，k_∞ 约束条件下冻胀力通过荷重传感器测得。

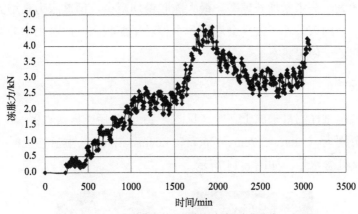

(a) k_∞ 约束条件下冻胀力随时间变化曲线

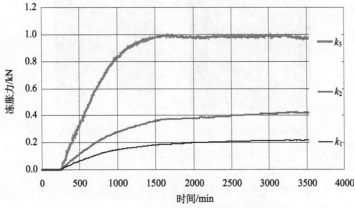

(b) k_1、k_2、k_3 约束条件下冻胀力随时间变化曲线

图 8-12　在 k_1、k_2、k_3、k_∞ 约束条件下冻胀力随时间变化曲线

对图 8-12 中曲线分析可知：

（1）从图 8-12（b）中冻胀力随时间变化曲线可以看到，从 240min 冻结开始，冻胀力均开始呈线性快速增加，然后经过一段缓慢增长区最终达到一个定值，说明冻胀力与冻胀位移之间达到一个平衡状态。

（2）k_∞ 约束条件下冻胀力随时间变化曲线与前三种约束条件下冻胀力发展曲线规律有所差别，从 240min 冻结开始，冻胀力不断增加，约在 1850min 时达到最大值，之后冻胀力开始降低。主要原因是冻胀力不断增加，冻结锋面所受力增大，热流条件发生变化，冰点降低，锋面处的冰晶有小部分的融化，土体有微小的下沉，消除了一部分冻胀力，随着冻胀力的减少，热流条件又产生变化，冰点升高，锋面重新开始产生冰分凝，水分又开始被吸入，冻胀力开始增加，这是一个反复冻融的过程。由于刚性约束条件下冻胀力发展比较复杂，所以只对 k_∞ 约束条件下 1850min 前的冻胀力进行分析研究，视 1850min 左右的峰值为本试验最大冻胀力。

（3）与图 8-10 不同约束条件下冻胀量随时间变化曲线对比可以看出，虽然随着约束条件 k 值的增大，冻胀量增长速率、最大冻胀量均减少，但冻胀力是增大的，冻胀量与冻胀力在每一个约束条件下最终会达到一个相对平衡状态，此时土中的温度场、水分场、应力场等均处于稳定状态。

5. 含水量分布

试验后，取出试样测量未冻土高度（见图 8-13 试验后土样实物图），五种约束条件下未冻土高度分别为 5.6cm、5.7cm、5.6cm、5.6cm、5.9cm。然后将土样分层切割，测量试样不同高度处含水量，如图 8-14 所示。

(a) k_0 约束条件试验后土样实物图　　　(b) k_∞ 约束条件试验后土样实物图

图 8-13　试验后土样实物图

从图 8-14 不同约束条件试验后试样含水量沿高度变化曲线可以得出以下结论：

（1）不管约束刚度的大小，初始含水量沿高度分布均匀一致的试样，经冻结后，试样中含水量发生了明显的变化。

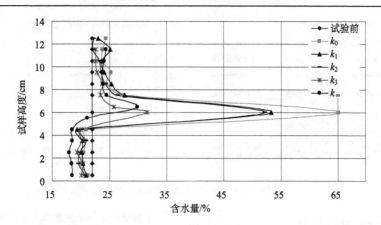

图 8-14　不同约束条件下–20℃冻结试验后试样含水量沿高度变化曲线

（2）五种约束条件试验后冻土部分的含水量均高于试验前试样含水量，未冻土部分含水量均低于试验前试样含水量。说明冻结过程中，在温度梯度作用下，未冻土中的水有部分迁移到冻土区，再加上外界水分迁移，使得土中水分重分布。

（3）由于冻结缘处存在分凝冰，所以每种条件下冻结缘处的含水量最大，随着约束条件 k 增大，冻结缘处的含水量减少，说明随着约束压力的增大，分凝冰形成厚度减少，从图 8-13 试验后土样实物图可看出 k_0 约束条件下试样有较明显的分凝冰层，而 k_∞ 约束条件下试样在冻土与未冻土之间用肉眼几乎分辨不出分凝冰。

（4）随着约束条件 k 增大，试验后未冻土部分的含水量逐渐减少，主要是因为随着约束条件 k 增大，冻胀压力增大，使得未冻土受到的压力增大，土体密度增大、孔隙减小。

（5）随着约束条件 k 的增大，试验后冻土部分的含水量没有较明显的规律。

6. 冻吸力变化

为了研究不同约束条件下冻结过程中土中水分迁移的动力，在试样的 4mm、52mm、100mm 高度处安装负压传感器，监测土中自由水所受的力。选取 k_0、k_1、k_∞ 三种约束条件下的冻吸力曲线进行分析，将开始有补水量的时间点作为冻吸力零值点的时间点，为了直观地看出负压传感器与冻土、未冻土的相对位置，便于分析，也将负压传感器位置图画出。

图 8-15 为三种约束条件下负压传感器位置示意图及冻吸力曲线图，从负压传感器位置示意图可以看出冻吸力测量点与土样冻土及未冻土的相对位置，便于分析冻土、未冻土冻吸力的变化。

（1）从图 8-15（a）、（b）可以看到，距暖端 4mm、52mm 处的负压传感器处于未冻土位置，所测得的压力为未冻土中自由水的压力，从冻吸力曲线可以看出，在 k_0、k_1 约束条件下，这两处未冻土中并没有监测到较大的负压，距暖端 100mm 处的负压传感器处于冻土中，所测得的负压为冻土中的冻吸力，最大负压达到–8.1kPa。

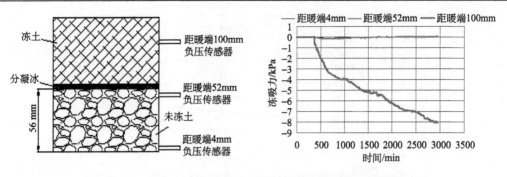

(a) k_0 约束条件下负压传感器位置示意图及冻吸力曲线图

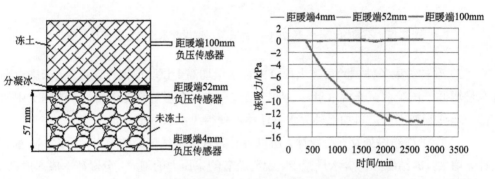

(b) k_1 约束条件下负压传感器位置示意图及冻吸力曲线图

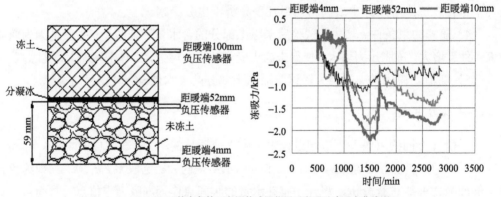

(c) k_∞ 约束条件下负压传感器位置示意图及冻吸力曲线图

图 8-15　三种约束条件下负压传感器位置示意图及冻吸力曲线图

（2）对图 8-15（c）进行分析可以发现，距暖端 4mm、52mm 处的负压传感器均处于未冻土中，所测得的压力均为未冻土中的冻吸力，两处冻吸力发展趋势不同，冻吸力大小有差异。在 1000min 后，52mm 与 100mm 处的冻吸力曲线发展趋势吻合，最小值有所差别，100mm 处冻吸力达到–2.21kPa。

（3）由上述可知，冻土中的冻吸力大于未冻土中的冻吸力。

8.2.2　线性增阻约束条件下–25℃冻结试验

本组试验控制冷端温度为–25℃，进行线性增阻约束条件为 k_0、k_1、k_2、k_3、k_∞ 5 个试验，得到了不同约束条件下温度、冻胀量、补水量、冻吸力、试验后试样不同高度处含水量等曲线。与–20℃冻结温度下相同的约束条件比较可以发现，虽然得到的温度、冻胀量、补水量等曲线在数量上存在一定差别，但从宏观角度看，它们的变化规律相似，见图 8-16～图 8-18。考虑本书结构，避免赘述相似试验规律，现只对不同线性增阻约束条件下–25℃冻结试验所得到的试验后试样不同高度处含水量曲线及冻吸力变化曲线进行分析。

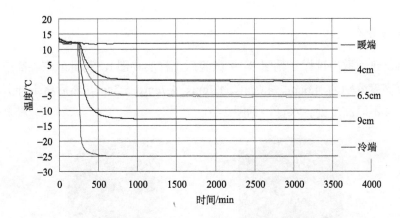

图 8-16　–25℃冻结试验 k_0 约束条件下温度随时间变化曲线

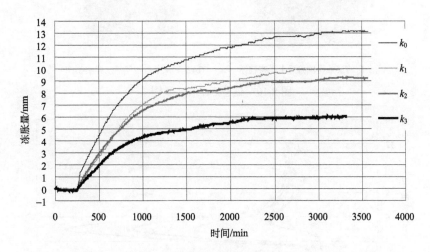

图 8-17　不同约束条件下–25℃冻结试验冻胀量随时间变化曲线

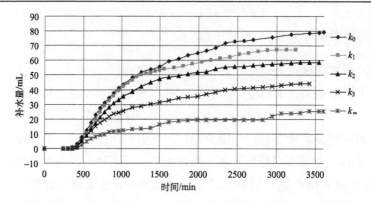

图 8-18　不同约束条件下-25℃冻结试验补水量随时间变化曲线

1. 含水量分布

试验后，迅速取出试样（见图 8-19 试验后土样实物图），测量未冻土高度，五种条件下未冻土高度分别为 4.6cm、4.6cm、4.7cm、4.7cm、5.3cm。然后将土样分层切割，测试得到试样不同高度处含水量，见图 8-20。

(a) k_0 约束条件试验后土样实物图　　(b) k_∞ 约束条件试验后土样实物图

图 8-19　试验后土样实物图

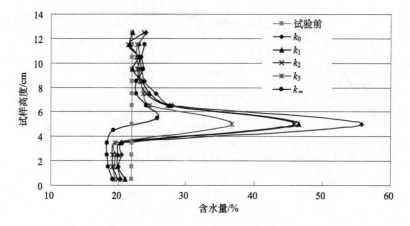

图 8-20　不同约束条件下-25℃冻结试验试样含水量沿高度变化曲线

　　从图 8-20 不同约束条件下试验后试验含水量沿高度变化曲线可以得出以下结论：

　　（1）五种约束条件下试验后冻土部分的含水量均大于试验前试样含水量，未冻土部分含水量均低于试验前试样含水量，在冻结过程中未冻土中的水迁移到冻土区，使得未冻土区的含水量变小。

　　（2）由于冻结缘处存在分凝冰，所以每种条件下冻结缘处的含水量最大，随着约束条件 k 增大，冻结缘处的含水量减少，说明随着约束压力的增大，分凝冰形成厚度减小，从图 8-19 试验后土样实物图可看出 k_0 约束条件下试样有较明显的分凝冰层，而 k_∞ 约束条件下试样在冻土与未冻土之间几乎看不出分凝冰。

　　（3）随着约束条件 k 增大，试验后未冻土部分的含水量基本呈现逐渐减少趋势，主要是因为随着约束条件 k 的增大，冻胀压力增大，使得未冻土受到的压力增大，土体有一定程度的压缩，孔隙水减少。

2. 冻吸力变化

　　图 8-21 为四种线性增阻约束条件下负压传感器位置示意图及冻吸力曲线图，从负压传感器位置示意图可以看出冻吸力测量点与土样冻土及未冻土的相对位置，便于分析冻土、未冻土冻吸力的变化。将开始有补水量的时间点作为冻吸力零值的起始点。

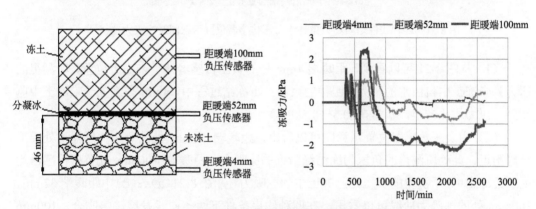

(a) k_0 条件下负压传感器位置示意图及冻吸力曲线图

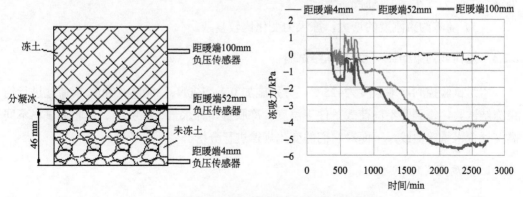

(b) k_1 条件下负压传感器位置示意图及冻吸力曲线图

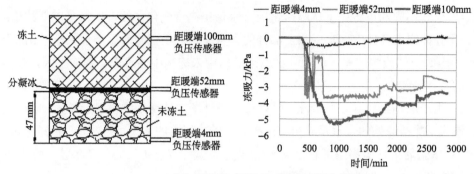

(c) k_2条件下负压传感器位置示意图及冻吸力曲线图

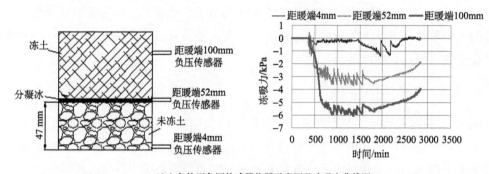

(d) k_3条件下负压传感器位置示意图及冻吸力曲线图

图 8-21　四种线性增阻约束条件下负压传感器位置示意图及冻吸力曲线图

（1）从图 8-21 可以看到，距暖端 4mm 处的负压传感器处于未冻土位置，所测得的压力为未冻土中自由水的压力。四种约束条件下冻结过程中，4mm 高度处于未冻土中监测到的压力均比较小，基本在–0.5～0.5kPa。

（2）由负压传感器位置示意图可以看出，距暖端 52mm 处的负压传感器均处于冻结缘附近，此处所测得的负压为冻结缘附近的冻吸力；距暖端 100mm 处负压传感器均处于已冻土中，所测得的负压为已冻土中的冻吸力。从图 8-21（a）～（d）中距暖端 52mm、100mm 处的冻吸力曲线可以看出，在四种约束条件下两条曲线发展趋势吻合，100mm 处最大冻吸力均在–6～–5kPa。

（3）随着约束刚度的增大，冻吸力变化比较复杂。

8.2.3　恒荷载约束条件下–25℃冻结试验

本组试验控制冷端温度为–25℃，分别施加 0N、100N、200N、300N 恒荷载进行约束冻结试验，得到了不同荷载条件下温度、冻胀量、补水量、冻吸力、试验后试样不同高度处含水量等曲线，下面对它们的变化规律进行分析。

1. 温度场变化

不同恒荷载约束条件下–25℃冻结试验与不同线性增阻条件下–25℃冻结试验中，温度随时间变化曲线规律一致，均可分为三个阶段，恒荷载的变化对温度场的形成过程没有很大影响，现只给出两种恒荷载约束条件下温度随时间变化曲线，见图 8-22。不再赘述相同的规律。

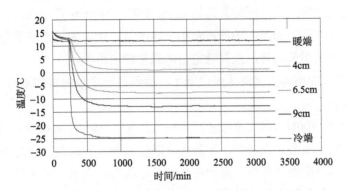

图 8-22　100N 恒荷载约束条件下温度随时间变化曲线

2. 冻胀量变化

图 8-23 为四种不同恒荷载约束条件下冻胀量随时间发展变化曲线。

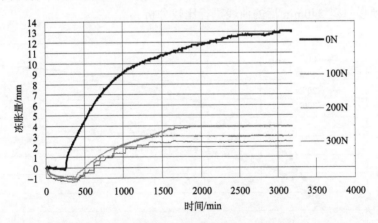

图 8-23　四种不同恒荷载约束条件下冻胀量随时间发展变化曲线

（1）从图 8-23 中，100N、200N、300N 三种恒荷载约束条件下冻胀量变化曲线与 0N 无约束条件下冻胀量变化曲线有一定差别，冻胀总量相差较大，并且在 240min 开始冻结后一段时间冻胀曲线变化趋势明显不同。

（2）从图 8-23 中 0N 约束条件下冻胀量变化曲线可以看出，冻胀量发展大致可分为四个区段：0~240min 恒温稳定阶段，此阶段没有降温，所以没有冻胀量；240~900min 线性快速发展阶段，此阶段冻胀量呈线性增加，是冻胀量产生的主要阶段；900~2400min 为过渡发展阶段，此阶段冻胀量仍在增长，但增长趋势逐渐变缓；2400min 后为基本稳定阶段。

（3）从 100N、200N、300N 恒荷载约束条件下冻胀量变化曲线对比可以看出，三条曲线发展趋势基本吻合，0~240min 为恒温固结压缩阶段，此阶段试样在恒荷载作用下被压缩，曲线呈下降趋势，压缩量均为 1mm 左右。240min 开始冻结，但此后一段时间曲线下降变缓，这段时间产生的冻胀量小于压缩量，所以曲线没有呈现出增长趋势。之后冻胀曲线开始呈增长趋势，直到稳定，冻胀量增加很少。

（4）随着荷载的增加，最终冻胀量减少，达到稳定阶段的时间缩短。荷载的增加，对冻胀产生了抑制作用。

（5）从 0N 到 100N，最大冻胀量减少很大，从 13mm 左右减少到 4mm 左右，而 100N、200N、300N 荷载约束条件下，最大冻胀量减少比较均匀。这是因为在没有冻结前加上荷载，土体产生固结压缩，开始冻结时土体状态产生变化，并且，土体受荷载压缩固结，使得土体与筒壁之间的接触更紧密，土体冻胀时所受的阻力增大，所以不受压到受压状态，土体冻结产生的冻胀量差别很大。

3. 补水量变化

图 8-24 为五种不同约束条件下补水量随时间变化曲线，由于补水是从 240min 恒温后开始的，所以只对 240min 后的曲线进行比较分析。

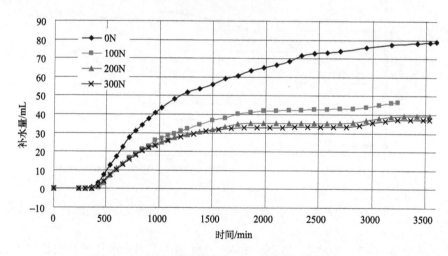

图 8-24　五种不同约束条件下补水量随时间变化曲线

（1）从图 8-24 中 0N 约束条件下补水量变化曲线可以看出，冻结开始 240~360min 时间内并没有补水量，这说明外界水并不是在冻结一开始就被吸入土中的，这与土中孔隙水压力变化有关。360~3120min 阶段补水量不断增加，补水趋势逐渐变缓。3120min 后补水量已经基本不变。

（2）100N、200N、300N 约束条件下补水量变化规律与 0N 约束条件下补水量变化规律一致，只是最终补水总量及补水停止时间有区别，四种恒荷载约束条件下最终补水量分别为 79.17mL、46.68mL、39.23mL 及 37.23mL，补水停止时间分别约在 3000min、1860min、1740min 及 1680min 处。分析说明随着恒荷载的增大，补水总量减少，补水稳定时间缩短。

4. 含水量分布

试验后，迅速取出试样测量未冻土高度，四种恒荷载约束条件下未冻土高度分别为 4.6cm、4.4cm、4.4cm 及 4.5cm。然后将土样分层切割，测试得到试样不同高度处含水量。

图 8-25 为不同恒荷载约束条件下试样含水量沿高度变化曲线。

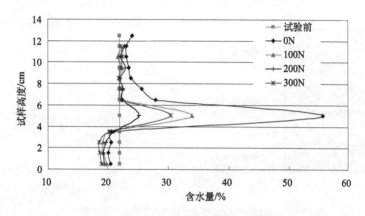

图 8-25　不同恒荷载约束条件下试样含水量沿高度变化曲线

（1）四种恒荷载约束条件试验后冻土部分的含水量均大于试验前试样含水量，但 100N、200N、300N 恒荷载条件下冻结缘以上部分的含水量比试验前含水量增加很少；未冻土部分含水量均少于试验前试样含水量，在冻结过程中未冻土中的水迁移到冻土区，使得未冻土区的含水量变少。

（2）由于冻结缘处存在分凝冰，所以每种条件下冻结缘处的含水量最大。

（3）随着恒荷载的增大，试验后未冻土部分的含水量基本呈现逐渐减少趋势。

5. 冻吸力变化

为了便于分析及减少相同规律重复分析，只选取两种恒荷载条件下冻吸力曲线进行分析，同时给出负压传感器位置示意图（图 8-26）。

（1）从图 8-26（a）可以看出，在 100N 恒荷载条件下冻结试验后，未冻土高度为 44mm，距暖端 4mm 处的负压传感器处于试样的未冻土区，距暖端 52mm 处的负压传感器处于试样的冻结锋面上方 8mm 处冻土中，距暖端 100mm 处的负压传感器处于试样的冻土区。从冻吸力曲线来看，在 1500～1800min 时未冻土中存在一定的负压，最低负压为–1.8kPa 左右；冻结锋面附近与冻土中的冻吸力变化趋势吻合，最大冻吸力均为–3.5kPa 左右。

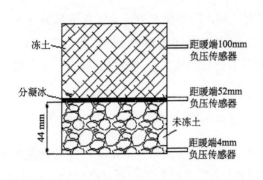
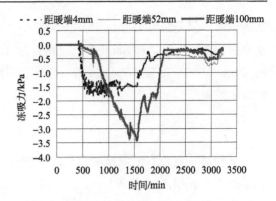

(a) 100N恒荷载条件下负压传感器位置示意图及冻吸力曲线图

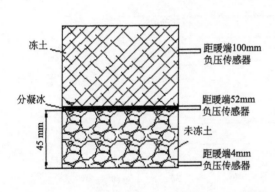
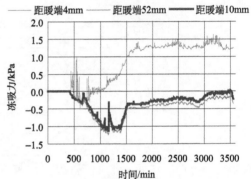

(b) 300N恒荷载条件下负压传感器位置示意图及冻吸力曲线图

图 8-26　两种恒荷载条件下负压传感器位置示意图及冻吸力曲线图

（2）从图 8-26（b）可以看出，在 300N 恒荷载条件下冻结试验后，未冻土高度为 45mm 距暖端 4mm 处的负压传感器处于试样的未冻土区，距暖端 52mm 处的负压传感器处于试样的冻结锋面上方 7mm 处的冻土中，距暖端 100mm 处的负压传感器处于试样的冻土区。从冻吸力曲线来看，距暖端 4mm 处测得的水压力为正压；冻结锋面附近与冻土中的冻吸力变化趋势吻合，最大冻吸力均为–1.1kPa 左右。

8.3　约束及温度对土体冻胀特性影响

8.3.1　约束及温度对冻胀量影响

在恒荷载条件试验中，土体受到荷载固结作用，土体初始条件发生变化，冻胀过程中出现断续点，难以与线性增阻约束条件下的结果进行对比，故本节仅对线性增阻约束条件下–20℃、–25℃冻结试验冻胀量进行分析。

1. 约束条件影响

为了便于定量分析研究约束条件对冻胀过程的影响,将开始产生冻胀的时间点作为零起点,得到不同约束条件下–20℃冻结试验冻胀量随时间变化曲线(图 8-27)。

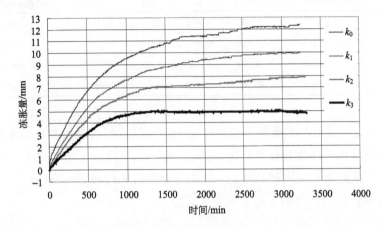

图 8-27　线性增阻约束条件下–20℃冻结试验处理后冻胀量随时间变化曲线

从图中可以看出,从产生冻胀开始,不同约束条件下冻胀量发展规律相似,只是在最终数量上有所差别,所以将不同约束条件下冻胀量随时间变化公式化,通过公式来研究不同约束条件对冻胀量产生的影响及机理。每种约束条件下冻胀量 l 与时间 t 变化用曲线关系式(8-2)来表示,$1/A$ 表示冻胀量与时间曲线开始阶段的斜率,也就是开始线性阶段冻胀变化率,$1/B$ 表示无穷时间 t 时的冻胀量,也就是最终平衡冻胀量。将曲线进行变换,得到 $t/l = A + Bt$,这样就变成 t/l 与 t 呈线性关系,将两者进行线性拟合(图 8-28),得到不同约束刚度下的 A、B 值,见表 8-4 线性增阻约束条件下–20℃冻结试验 t/l 与 t 拟合曲线参数列表。

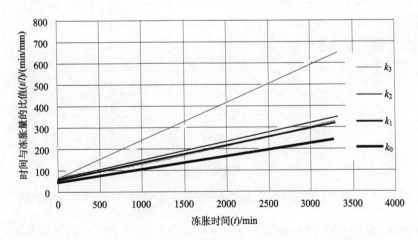

图 8-28　线性增阻约束条件下–20℃冻结试验 t/l 与 t 拟合曲线图

$$l = \frac{t}{A + Bt} \qquad (8\text{-}2)$$

表 8-4　线性增阻约束条件下−20℃冻结试验 t/l 与 t 拟合曲线参数列表

冻结温度/℃	$k/$（kN/mm）	A	B	$1/A$	$1/B$	线性拟合相关系数 R^2
−20	$k_0=0$	44.381	0.0604	0.0225	16.56	0.9974
	$k_1=0.0218$	53.596	0.0807	0.0187	12.39	0.9950
	$k_2=0.0460$	58.274	0.108	0.0172	9.26	0.9942
	$k_3=0.1993$	63.309	0.1767	0.0158	5.66	0.9796

通过表 8-4 线性增阻约束条件下−20℃冻结试验 t/l 与 t 拟合曲线参数列表可以将冻胀量随约束刚度增大而减少的规律进行定量描述，随着约束刚度 k 值的增大，$1/A$ 值减小，$1/B$ 值减小，表示随着约束刚度的增大，冻胀开始阶段的冻胀速率减小，最终冻胀量减少。将 k 值与 B 值拟合，得到 k 与 B 的关系式如下：

$$B = 0.0667 e^{4.9975k} \qquad (8\text{-}3)$$

将式（8-3）代入式（8-2），时间趋向于无穷时，得到−20℃冻结试验最终冻胀量与约束刚度的关系：

$$l = 1/(0.0667 e^{4.9975k}) \qquad (8\text{-}4)$$

式中，l 为冻胀量，mm；k 为约束刚度，kN/mm。

由式（8-4）可以看出，l 随 k 值增大而减小。

计算所得的最终冻胀量与约束刚度的关系用图 8-29 表示出。通过图 8-29 可以看出，线性增阻约束条件下−20℃冻结试验最终冻胀量随约束刚度的增大而减小。

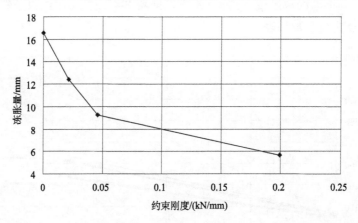

图 8-29　线性增阻约束条件下−20℃冻结试验最终冻胀量与约束刚度关系曲线

线性增阻约束下−25℃冻结试验冻胀量分析思路方法与−20℃冻结试验相同，每种约束条件下冻胀量 l 与时间 t 变化用曲线关系式 $l = t/(A + Bt)$ 来表示，将数据曲线进行拟合（图 8-30），得到不同约束刚度下的 A、B 值，见表 8-5。

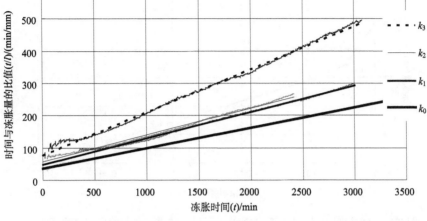

图 8-30　线性增阻约束条件下–25℃冻结试验 t/l 与 t 拟合曲线图

表 8-5　线性增阻约束条件下–25℃冻结试验 t/l 与 t 拟合曲线参数列表

冻结温度/℃	$k/$（kN/mm）	A	B	$1/A$	$1/B$	线性拟合相关系数 R^2
	$k_0=0$	35.548	0.0634	0.0281	15.77	0.9991
–25	$k_1=0.0218$	48.3	0.0814	0.0207	12.29	0.9952
	$k_2=0.0460$	55.885	0.084	0.0179	11.90	0.9925
	$k_3=0.1993$	76.724	0.1335	0.0130	7.49	0.9962

将 k 值与 A、B 值分别拟合，得到 k 与 A、B 的关系式如下：

$$A = 44.296e^{2.9577k} \tag{8-5}$$

$$B = 0.0698e^{3.3338k} \tag{8-6}$$

将式（8-5）、式（8-6）代入式 $l = t / (A + Bt)$，时间趋向于无穷时，得到–25℃冻结试验最终冻胀量与约束刚度的关系：

$$l = 1 / (0.0698e^{3.3338k}) \tag{8-7}$$

式中，l 为冻胀量，mm；k 为约束刚度，kN/mm。

由式（8-7）可以看出 l 随约束刚度 k 值增大而减小。

将计算所得的最终冻胀量与约束刚度的关系用图 8-31 表示。

通过图 8-31 线性增阻约束条件下–25℃冻结试验最终冻胀量与约束刚度关系曲线可以看出，线性增阻约束条件下–25℃冻结试验最终冻胀量随约束刚度的增大而减小。

2. 温度影响

将两种温度试验测得的最大冻胀量（表 8-6 线性增阻约束条件下–20℃、–25℃冻结

试验测得的最大冻胀量）在图中（图 8-32 线性增阻约束下–20、–25℃冻结试验最大冻胀

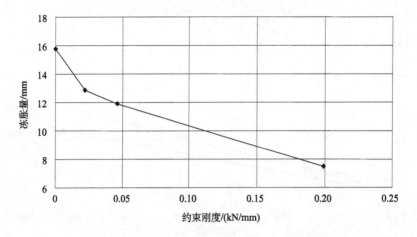

图 8-31　线性增阻约束条件下–25℃冻结试验最终冻胀量与约束刚度关系曲线

表 8-6　线性增阻约束条件下–20℃、–25℃冻结试验测得的最大冻胀量

冻结温度/℃	$k/$（kN/mm）	试验测得的最大冻胀量/mm
–20	$k_0=0$	12.40
	$k_1=0.0218$	9.96
	$k_2=0.0460$	7.89
	$k_3=0.1993$	4.99
–25	$k_0=0$	13.18
	$k_1=0.0218$	9.99
	$k_2=0.0460$	9.23
	$k_3=0.1993$	6.07

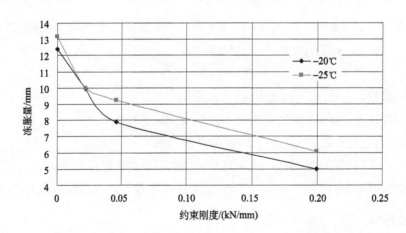

图 8-32　线性增阻约束下–20℃、–25℃冻结试验最大冻胀量与约束刚度关系曲线

量与约束刚度关系曲线）进行比较，通过对比发现，在 k_0、k_1 较低约束刚度条件时，两种冻结温度冻结条件下，冻胀量没有较大差别，也并不是同种约束条件下冻结温度越低冻胀量越大，而在较大约束刚度 k_2、k_3 约束条件下，冻结温度低，最终平衡冻胀量增加较明显。这说明，在自由冻胀及较低约束刚度条件下，温度的变化对冻胀量影响不大，约束刚度较大时，温度越低，最终冻胀量越大。

8.3.2　约束及温度对冻胀力影响

1. 约束条件影响

分析研究约束条件对冻胀力产生过程及最终值的影响，将开始产生冻胀力的时间点作为零起点，画出三种约束条件下-20℃冻结试验冻胀力随时间变化曲线（图 8-33）。从图中可以看出，从产生冻胀力开始，不同约束条件下冻胀力发展规律一致，只是在最终数量上有所差别，所以将三种约束条件下冻胀力随时间变化公式化，通过公式来研究不同约束条件对冻胀力产生的影响。每种约束条件下冻胀力 P 与时间 t 可用曲线关系式（8-8）来表示，E、F 均为与约束刚度有关的参数。$1/E$ 表示冻胀力与时间曲线开始阶段的斜率，也就是开始线性阶段冻胀力变化率，$1/F$ 表示无穷时间 t 时的冻胀力，也就是最终平衡冻胀力。将曲线进行变换，得到式子 $t/P = E + Ft$，这样就变成 t/P 与 t 呈线性关系，将两者进行线性拟合（图 8-34），拟合得到约束条件下的 E、F 值，见表 8-7。

$$P = \frac{t}{E + Ft} \qquad (8\text{-}8)$$

式中，P 为冻胀力，kN；t 为时间，min；E、F 为系数。

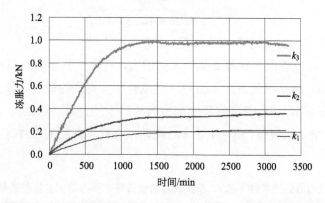

图 8-33　三种约束条件下-20℃冻结试验冻胀力随时间变化曲线

通过表 8-7 可以看出，同种冻结温度下，随着约束刚度的增大，$1/E$、$1/F$ 呈增大趋势，说明约束刚度越强，冻结开始阶段冻胀力增加速率越大，最终平衡状态的冻胀力也越大。

将三种约束刚度与拟合计算所得的相应冻胀力用式（8-9）进行拟合，得到最终冻胀力随约束刚度变化的关系式（8-10），将 P 除以试样上端面积，就可得到冻胀应力 σ 与约束刚度 k 的关系式（8-11）。

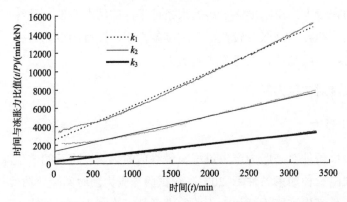

图 8-34 线性增阻约束条件下–20℃冻结试验 t/P 与 t 拟合曲线图

表 8-7 线性增阻约束条件下–20℃冻结试验 t/P 与 t 拟合曲线参数列表

冻结温度/℃	k/（kN/mm）	E	F	$1/E$	$1/F$	相关系数 R^2
	k_1=0.0218	2533.3	3.7071	0.00039	0.2698	0.9941
–20	k_2=0.0460	1243.5	2.3577	0.00080	0.4241	0.9949
	k_3=0.1993	254.28	0.9143	0.00393	1.0937	0.986

$$P = k/(C + Dk) \qquad (8-9)$$
$$P = k/(0.0758 + 0.5393k) \qquad (8-10)$$
$$\sigma = \frac{10000k}{5.9503 + 42.3351k} \qquad (8-11)$$

式中，σ 为冻胀应力，kPa；k 为约束刚度，kN/mm。

从式（8-11）可以看出，σ 随 k 值增大而增大，此公式只适合有限刚度条件下。

通过式（8-10）计算得到最终冻胀力，将拟合计算得到的最终冻胀力与试验测得的最大冻胀力列于表 8-8，将计算最终冻胀应力与约束刚度关系画图比较（图 8-35），通过图可以看出，线性增阻约束条件下–20℃冻结试验拟合计算得到的最终冻胀应力随约束刚度增大而增大。

表 8-8 线性增阻约束条件下–20℃冻结试验拟合最终冻胀力与试验测得的最大冻胀力

冻结温度/℃	k/（kN/mm）	拟合计算所得最终冻胀力/kN	拟合计算最终冻胀应力/kPa	试验最大冻胀力/kN	试验最大冻胀应力/kPa
	k_0=0	0	0	0	0
	k_1=0.0218	0.2698	34.37	0.217	28.03
–20	k_2=0.0460	0.4241	54.02	0.42	53.50
	k_3=0.1993	1.0937	139.32	0.99	126.11
	k_∞			4.67	594.90

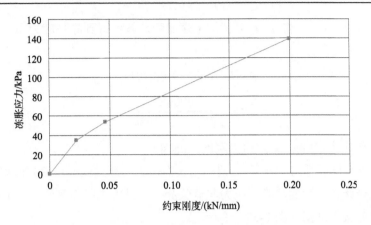

图 8-35　线性增阻约束条件下−20℃冻结试验最终冻胀应力随约束刚度变化曲线

线性增阻约束下−25℃冻结试验冻胀力分析思路方法与−20℃冻结试验相同，每种约束条件下冻胀力 P 与时间 t 变化用曲线关系式（8-8）来表示，将数据曲线进行拟合（图 8-36），得到不同约束刚度下的 E、F 值，见表 8-9。

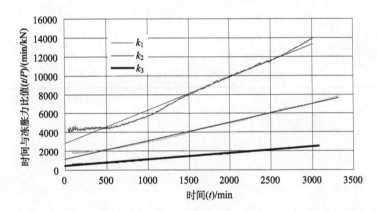

图 8-36　线性增阻约束条件下−25℃冻结试验 t/P 与 t 拟合曲线图

表 8-9　线性增阻约束条件下−25℃冻结试验 t/P 与 t 拟合曲线参数列表

冻结温度/℃	$k/$（kN/mm）	E	F	$1/E$	$1/F$	线性拟合相关系数 R^2
	k_1=0.0218	2833.3	3.4996	0.00035	0.2857	0.9811
−25	k_2=0.0460	1158.5	1.9509	0.00086	0.5126	0.9948
	k_3=0.1993	422.49	0.6444	0.00237	1.5518	0.9937

通过表 8-9 可以看出，−25℃冻结温度下，随着约束刚度的增大，$1/E$、$1/F$ 呈增大趋势，说明约束强度越强，冻结开始阶段冻胀力增加速率越大，最终平衡状态的冻胀力也越大。

将三种约束刚度与拟合计算所得的相应冻胀力进行拟合，得到最终冻胀力随约束刚度变化的关系式（8-12），将 P 除以试样上端面积，就可得到冻胀应力 σ 与约束刚度 k 的关系式（8-13）。

$$P = k / (00733 + 0.279k) \qquad (8\text{-}12)$$

$$\sigma = \frac{10000k}{5.7541 + 21.195k} \qquad (8\text{-}13)$$

式中，σ 为冻胀应力，kPa；k 为约束刚度，kN/mm。

从式（8-13）可以看出，σ 随 k 值的增大而增大。通过式（8-13）计算得到最终冻胀应力，将拟合计算得到的最终冻胀力与试验测得的最大冻胀力列于表 8-10，将三种约束条件下最终冻胀力画图（图 8-37）。

表 8-10　线性增阻约束条件下−25℃冻结试验拟合最终冻胀力与试验测得的最大冻胀力

冻结温度/℃	k /（kN/mm）	拟合计算所得最终冻胀力/kN	拟合计算最终冻胀应力/kPa	试验最大冻胀力/kN	试验最大冻胀应力/kPa
	$k_0=0$	0	0	0	0
	$k_1=0.0218$	0.2857	36.39	0.22	28.0
−25	$k_2=0.0460$	0.5126	65.30	0.42	53.5
	$k_3=0.1993$	1.5518	197.68	1.21	154.1
	k_∞			5.13	653.5

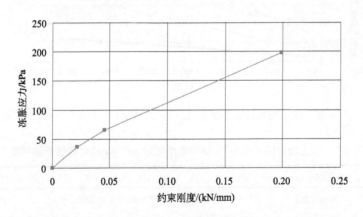

图 8-37　线性增阻约束条件下−25℃冻结试验最终冻胀应力随约束刚度变化曲线

通过图 8-37 可以看出，线性增阻约束条件下−25℃冻结试验拟合计算得到的最终冻胀应力随约束刚度的增加而增加。

刚性约束下土体冻胀力发展变化规律与三种线性增阻约束条件下冻胀力发展规律不同，变化比较复杂，书中对曲线进行拟合的公式不适合无限刚度约束条件。

2. 温度影响

将两种温度下试验测得的最大冻胀力通过图进行分析（图 8-38），从图中可以看出，在 k_0、k_1、k_2 较低约束刚度条件时，两种冻结温度冻结条件下冻胀力没有较大差别。在 k_3、k_∞ 约束条件下，冻结温度越低，最大冻胀力增加明显，–20℃与–25℃冻结温度下的最大冻胀力差别较大。

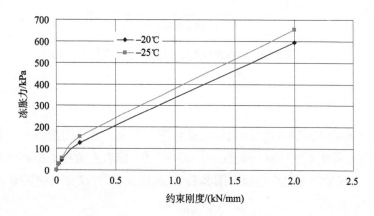

图 8-38 线性增阻约束下–20、–25℃冻结试验最大冻胀力对比曲线

8.3.3 约束–冻胀量–冻胀应力响应关系

为了分析土体冻结最终平衡状态时冻胀应力与冻胀量的关系，将冻胀应力与冻胀量看成约束应力与变形关系，分析原理见图 8-39。最终得到土体冻结时冻胀应力与冻胀量的响应关系。

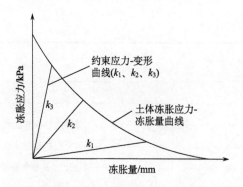

图 8-39 线性增阻约束冻胀应力–冻胀量关系分析原理示意图

将约束应力换成恒荷载，可以得到受恒载约束的土体冻结时冻胀应力与冻胀量关系，见图 8-40。

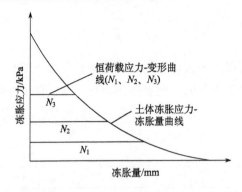

图 8-40　恒荷载约束冻胀应力-冻胀量关系分析原理示意图

1. 线性增阻约束条件

将试验测得的–20℃冻结试验不同约束条件下冻胀量、最大冻胀力列于表 8-11，将 k_1、k_2、k_3、k_∞ 约束条件下试验所得到的最大冻胀应力、冻胀量数据（表 8-11）进行拟合，得到冻胀应力-冻胀量响应关系曲线（图 8-41），冻胀应力-冻胀量响应关系公式：

$$\sigma = 590.21e^{-0.3127\ l} \tag{8-14}$$

式中，σ 为冻胀应力，kPa；l 为冻胀量，mm。

表 8-11　线性增阻约束条件下–20℃冻结试验冻胀量、最大冻胀力数据记录

冻结温度/℃	约束条件	冻胀量/mm	最大冻胀力/kN	最大冻胀应力/kPa
	k_0	12.40	0	0
	k_1	9.96	0.217	27.66
–20	k_2	7.89	0.363	46.24
	k_3	4.99	0.99	126.11
	k_∞	0	4.67	594.9

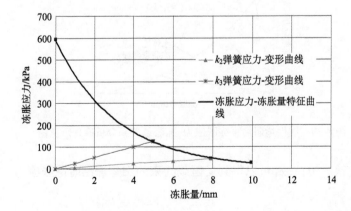

图 8-41　线性增阻约束条件下–20℃冻结试验冻胀应力-冻胀量响应关系拟合曲线图

将试验测得的–25℃冻结试验不同约束条件下冻胀量、最大冻胀力列于表 8-12，将 k_1、k_2、k_3、k_∞ 约束条件下试验所得到的最大冻胀应力、冻胀量数据进行拟合，得到冻胀应力-冻胀量响应关系曲线（图 8-42），冻胀应力-冻胀量响应关系曲线公式：

$$\sigma = 729.74\mathrm{e}^{-0.2981\,l} \tag{8-15}$$

式中，σ 为冻胀应力，kPa；l 为冻胀量，mm。

表 8-12   线性增阻约束条件下–25℃冻结试验冻胀量、最大冻胀力数据记录

冻结温度/℃	约束条件	冻胀量/mm	最大冻胀力/kN	最大冻胀应力/kPa
	k_0	13.18	0	0
	k_1	9.99	0.22	28.0
–25	k_2	9.23	0.42	53.5
	k_3	6.07	1.21	154.1
	k_∞	0	5.13	653.5

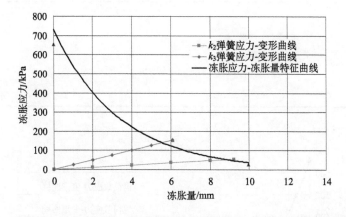

图 8-42   线性增阻约束条件下–25℃冻结试验冻胀应力-冻胀量响应关系拟合曲线图

将两种冻结温度下的冻胀应力-冻胀量曲线进行比较，见图 8-43。通过图可知：在约束刚度较小的情况下，两种冻结温度的冻胀应力-冻胀量关系很接近，而随着约束刚度的增大，两者的差别增大。

2. 恒荷载约束条件

将刚性约束条件下–25℃冻结试验的最大冻胀应力作为冻胀停止恒荷载，表 8-13 给出了不同恒荷载条件下冻胀量及冻胀应力。将冻胀应力与相对应的冻胀量用图表示，见图 8-44，将曲线进行拟合，得到冻胀应力与冻胀量的关系曲线：

$$\sigma = 654.71\mathrm{e}^{-0.7681\,l} \tag{8-16}$$

式中，σ 为冻胀应力，kPa；l 为冻胀量，mm。

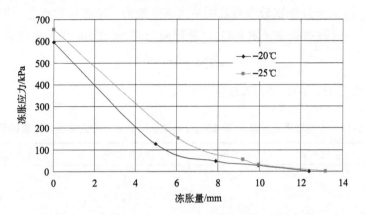

图 8-43　线性增阻约束条件下–20℃、–25℃冻结试验冻胀应力-冻胀量响应关系曲线

表 8-13　恒荷载约束条件下冻胀量、冻胀应力数据

冻结温度/℃	恒荷载/kN	冻胀量/mm	冻胀应力/kPa
	0	13.18	0
	100	5.14	12.7
–25	200	4	25.5
	300	3.92	38.2
	—	0	653.5

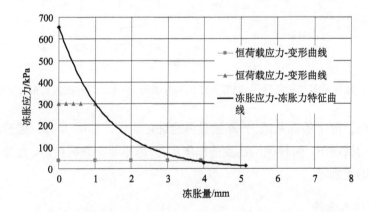

图 8-44　恒荷载条件下冻胀应力-冻胀量响应关系拟合曲线图

　　通过图 8-41、图 8-42、图 8-44，可以看出，冻胀应力与冻胀量的关系曲线同岩石力学中围岩位移与支护应力特征曲线相似。

8.4　基于分离冰冻胀理论的冻胀力模拟

以典型的人工地层冻结工程为例,考虑井壁对冻胀的抑制作用,冻胀力在土与约束结构界面产生,并随着冰透镜体的生长及土体的冻胀而逐渐增加。研究者针对冻胀、冻胀力分别开展了大量的科研工作,且相关文献就这两种工程现象分别做了很多的报道。然而针对冻胀-冻胀力相互作用机理的理论研究并不多,缺乏考虑力学约束影响下的冻胀力模型研究。本节在新发展的水热力三场耦合模型基础上对冻胀力理论模型进行研究,可以加深对力学约束作用下土体内部热质耦合行为及冻胀力行为的认识,这是研究及揭示温度梯度诱导-力学约束影响下冻胀力形成及演化的关键。

8.4.1　冻胀力模型的控制方程

实际上,冻胀力增加会抑制冰透镜体的形成,这将影响冰透镜体出现位置及时刻;冻胀力对迁移驱动力的影响使水分迁移速率产生变化;冻胀力的生成也将使未冻土产生固结变形。因此,本节考虑冻胀力对冻土水热物理过程的影响,以力学约束与冻土相互作用系统为建模基础,在水热力三场耦合理论基础上将冻胀力等效为力学约束、冻胀及冻结时间的非线性函数,建立了约束环境作用下的冻胀力模型。

由于前面给出了冻胀控制方程的详细推导过程,本节直接在冻胀理论模型的基础上建立了冻胀力理论模型。将冻结过程中冻胀的发展视为准静态,则主动区的水热运移控制方程依旧可表示为

$$\rho_{\mathrm{w}}\frac{\partial}{\partial x}\left(k\frac{\partial P}{\partial x}\right)=(\rho_{\mathrm{w}}-\rho_{\mathrm{i}})\frac{\partial \theta_{\mathrm{u}}}{\partial t}+\alpha\rho_{\mathrm{i}}\left[\frac{(\rho_{\mathrm{w}}-\rho_{\mathrm{i}})S_{\mathrm{w}}+\rho_{\mathrm{i}}}{\rho_{\mathrm{w}}}\frac{\partial P}{\partial t}-\frac{(1-S_{\mathrm{w}})L_{\mathrm{f}}\rho_{\mathrm{i}}}{T_{\mathrm{m}}}\frac{\partial T}{\partial t}\right] \tag{8-17}$$

$$C_{\mathrm{v}}\frac{\partial T}{\partial t}=\frac{\partial}{\partial x}\left(\lambda\frac{\partial T}{\partial x}\right)-L_{\mathrm{f}}\rho_{\mathrm{i}}\frac{\partial \theta_{\mathrm{u}}}{\partial t}+L_{\mathrm{f}}\alpha\rho_{\mathrm{i}}\left[\frac{(\rho_{\mathrm{w}}-\rho_{\mathrm{i}})S_{\mathrm{w}}+\rho_{\mathrm{i}}}{\rho_{\mathrm{w}}}\frac{\partial P}{\partial t}-\frac{(1-S_{\mathrm{w}})L_{\mathrm{f}}\rho_{\mathrm{i}}}{T_{\mathrm{m}}}\frac{\partial T}{\partial t}\right] \tag{8-18}$$

$$\frac{\partial \theta_{\mathrm{u}}}{\partial t}=\left(\frac{\partial T}{\partial t}+\frac{\Delta v T_{\mathrm{m}}}{L_{\mathrm{f}}}\frac{\partial P}{\partial t}\right)\theta_{\mathrm{u}}'(\cdot) \tag{8-19}$$

在冻胀力作用下,冰透镜体的分凝准则可以改写为

$$P_{\mathrm{Ld}}\geqslant f(C,H,t)+\sigma^{*} \tag{8-20}$$

式中, $f(C,H,t)$ 为冻胀过程中边界力学约束诱导产生的冻胀力, C 为力学约束刚度, H 为冻胀量, t 为冻结时间。

土体被动区的热传导方程可以表示为

$$C_{\mathrm{v}}\frac{\partial T}{\partial t}=\frac{\partial}{\partial x}\left(\lambda\frac{\partial T}{\partial t}\right) \tag{8-21}$$

考虑冻胀力施加于冻土体顶部并对宏观冰压力产生影响,冰透镜体底部的水分迁移

驱动力可以表示为

$$P = \frac{v_\text{i}}{v_\text{w}} p_\text{i} + \frac{L_\text{f} T}{v_\text{w} T_\text{m}} = \frac{v_\text{i}}{v_\text{w}} f(C, H, t) + \frac{L_\text{f} T}{v_\text{w} T_\text{m}} \qquad (8\text{-}22)$$

式中，宏观冰压力 p_i 由冻土承受的外荷载 $f(C, H, t)$ 传递，即土与结构界面的冻胀力。

因此，考虑重力影响下冰透镜体生长速率可表示为

$$V_\text{i} = \frac{\rho_\text{w}}{\rho_\text{i}} V_\text{w}\Big|_{x=x_\text{s}} = -k \frac{\rho_\text{w}}{\rho_\text{i}} \left(\frac{\partial P}{\partial x} + \rho_\text{w} g \right)\Bigg|_{x=x_\text{s}} \qquad (8\text{-}23)$$

此外，可以确定冰透镜体温度的能量守恒方程为

$$\lambda_+ \frac{\partial T_+}{\partial x}\Big|_{x=x_\text{s}} - \lambda_- \frac{\partial T_-}{\partial x}\Big|_{x=x_\text{s}} = L_\text{f} \rho_\text{w} V_\text{w}\big|_{x=x_\text{s}} \qquad (8\text{-}24)$$

考虑冻胀力的影响，土体主动区内由有效应力引起的土骨架变形可以表示为

$$H_\text{c} = \int_0^{x_\text{s}} \left\{ -\alpha \int_0^t S_\text{w} \frac{\partial [f(C, H, t) - P(x)]}{\partial t} \mathrm{d}t \right\} \mathrm{d}x \qquad (8\text{-}25)$$

此外，土体的分凝冻胀式（8-26）及原位冻胀式（8-27）可以表示为

$$H_\text{s} = \int_0^t V_\text{i} \mathrm{d}t \qquad (8\text{-}26)$$

$$H_\text{i} = \int_{x_\text{s}}^{x_\text{c}} 0.09 (\theta_\text{sat} - \theta_\text{u}) \mathrm{d}x \qquad (8\text{-}27)$$

综合考虑土骨架变形 H_c、分凝冻胀 H_s 及原位冻胀 H_i，可以得到总冻胀的表达式：

$$H = H_\text{s} + H_\text{i} + H_\text{c} \qquad (8\text{-}28)$$

随着土体冻胀变形，土与结构界面处的力学约束发生变形并诱导形成冻胀力。结合约束刚度 C，则冻胀力可由表达式（8-29）定义：

$$f(C, H, t) = C \cdot H \qquad (8\text{-}29)$$

结合式（8-17）～式（8-28）可以发现，约束诱导的冻胀力随冻胀发生变化并反过来对水分迁移及冻胀产生不可避免的影响。

式（8-17）～式（8-29）全面构建了冻土冻胀力模型，针对不同力学约束路径下的冻胀-冻胀力计算将在下面给出。

8.4.2 冻胀力与离散透镜体生长过程的关系

前面在冻土有效应力的基础上建立了物理意义更明确的新水热力三场耦合理论及相应的热质控制方程组，本节在考虑力学约束条件下进一步建立了新的冻胀力模型。新的水热力三场耦合理论可用以分析主动区的热质耦合运移过程，当引入冰透镜体生长概念并考虑力学约束对等效水压力及冰透镜体生长速率的影响后，可以建立单冰透镜体生长模式下的冻胀力模型。在引入并结合冰透镜体的形成准则后，可以基于单冰透镜体模型

建立相应的冻胀力模型。最后，通过应用这种新的冻胀力模型，可以获得各种力学约束路径下的冻胀力响应。本书在水热力耦合体系下描述了冻胀力的形成机理，有益于增进对冻胀力特征行为的理解。

由于约束结构对冻胀的抑制作用，当结构发生变形后形成了冻胀力，本节进一步对冻胀力形成的物理过程进行分析。通过离散控制方程，可以对土体各节点任一时刻的温度 T 及等效水压力 P 进行计算，然后可以计算冻结缘内分离压力 P_{Ld}。当冻结缘特定位置处水膜压力大于临界分凝压力时，考虑此处将形成新的冰透镜体。冰透镜体的暖端将土柱划分为主要考虑热传导过程的被动区及考虑水热耦合运移的主动区。根据冰透镜体的分凝准则，当土柱内形成第二个冰透镜体时，新形成的冰透镜体将阻碍水分迁移到之前形成的冰透镜体，水分仅迁移到最新形成的冰透镜体暖端。根据冰透镜体的形成准则，可知冻结锋面稳定后土柱内将形成多个明显的冰透镜体层，最暖冰透镜体将土柱划分为冻结稳定后的主动区及被动区。外界水分迁移入冻结锋面并补给最暖冰透镜体的生长，可在靠近冻结锋面位置发现最厚的冰透镜体层。根据以上描述可知，非连续分布的冰透镜体层将导致冻结土体内水分含量振荡分布。实际计算过程中，考虑了等效水压力及冻胀力诱导土骨架孔隙结构变形而使土体发生的固结作用。结合主动区土体的压缩变形、冰透镜体的分凝冻胀及原位冻胀，力学约束作用下总的冻胀可由前面的公式进行计算，冻胀力 $f(C,H,t)$ 可表示为总冻胀 H 与力学约束刚度 C 的乘积。此外，形成的冻胀力又将反过来影响临界分离压力及等效水压力，对透镜体的形成及水分迁移产生不可避免的影响。针对以上描述的物理冻结过程，重复计算 V_w、P_{Ld}、P、H 及 $f(C,H,t)$。本节采用第 3 章的冻胀力试验结果验证了本节所建立的模型，并在冻胀力模型基础上探索了冻胀随约束增大而减小的物理机制。

8.4.3　冻胀力数值计算分析

前面章节对力学约束作用下的冻胀力进行了实测，此小节开展了力学约束分别为 11.06kPa/mm、14.62kPa/mm 及 21.36kPa/mm（冷端温度 –20℃ 及暖端温度 10℃）条件下的冻胀力数值试验以验证所建立的冻胀力模型，并在此基础上增加了力学约束分别为 30kPa/mm、40kPa/mm 及 50kPa/mm 条件下的冻胀力数值试验以进行不同力约束条件下的冻胀力敏感性分析。冻胀力的数值试验方案如表 8-14 所示。

表 8-14　冻胀力数值试验方案

编号	T_w/℃	T_c/℃	约束边界/（kPa/mm）
29#			11.06
30#			14.62
31#			21.36
32#	10	–20	30.00
33#			40.00
34#			50.00

　　根据表 8-14 中的边界条件对不同力学约束条件下的冻结过程及冻胀力进行数值模拟，以不同时刻 29#数值试验的温度场分布结果（图 8-45）为例进行分析，可以发现在冷端温度诱导的热扩散环境中，土体内部温度在冻结开始后迅速下降，随后温度降低速率随时间发展而减缓。由此可以发现土体温度梯度在冻结初始阶段变化较大，这也与第 3 章中温度梯度试验的数据分析吻合。当温度场快速达到稳定后，外界水分可以持续迁移进入冻结锋面，以供给冰透镜体的生长及促进冻胀力的发展。此外，本节将 29#、30#及 31#冻胀力数值试验结果与冻胀力实测结果（文献[1]中第 3 章7#、8#及 9#实测试验）进行联合对比分析，以验证本书新建立的冻胀力模型。

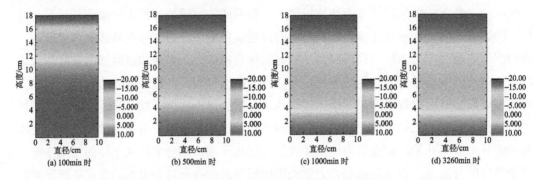

图 8-45　29#数值试验的温度场分布结果

　　冻结初始阶段温度梯度变化较大，冻胀及冻胀力发展速度也较快（图 8-46）。通过对不同力学约束条件下冻胀力数值结果与实测结果进行对比分析，可以发现考虑冰透镜体生长机理对上覆荷载的强烈依赖性而建立的冻胀力模型可以较好地预测力学约束条件下冻胀力的发展趋势及结果（图 8-46）。数值试验也展示了文献[1]中第 3 章冻胀试验中观察到的试验现象，即最终冻胀力值与力学约束密切相关，其随力学约束的增大而显著增大。

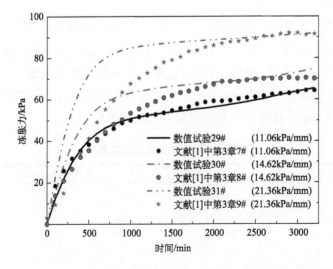

图 8-46　不同力学约束条件下冻胀力计算值与实测值的对比分析

　　此外，为了对不同力学约束条件下的冻胀及冻胀力敏感性进行分析，本节也开展了温度梯度诱导-力学约束影响下的冻胀-冻胀力数值试验。类似于文献[1]中第 3 章冻胀试验的结果，可以发现冻胀随力学约束的增加而减少，当力学约束从 11.06kPa/mm 增加到 50.00kPa/mm 时，冻胀量从 5.94mm 降低 45.3%至 3.25mm[图 8-47（a）]。此外，冻胀力的数值试验结果显示力学约束对冻胀的抑制作用将直接诱导产生冻胀力，当力学约束从 11.06kPa/mm 增加到 50.00kPa/mm 时，最终冻胀力值从起始的 65.72kPa 增长 147.3%至 162.54kPa[图 8-47（b）]。联合最终的冻胀量及冻胀力数值结果进行研究及分析，可以发现最终冻胀力随力学约束的增大而快速增大，这说明力学约束是诱导冻胀力的关键性因素，冻胀力随力学约束的放松而下降又将使最终冻胀量增大[图 8-47（c）]。文献[1]中第 3 章揭示了力学约束作用下冻胀力差异的本质，而针对力学约束作用下冻胀差异的机理值得进一步的研究与分析，针对力学约束下冻胀差异的物理解释在文献[1]中有较详细的探讨。

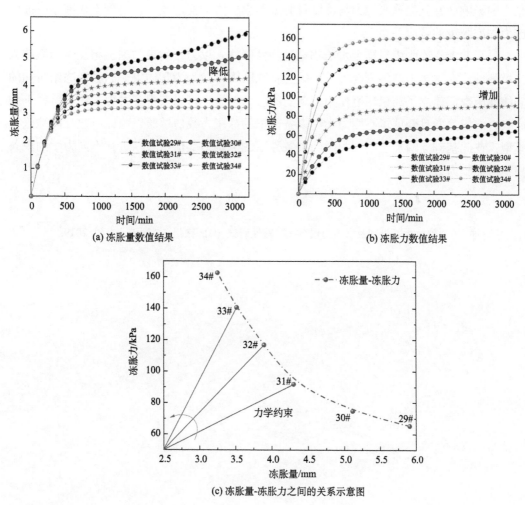

图 8-47　不同力学约束条件下冻胀-冻胀力数值试验结果

8.5 本章小结

本章通过一维可控边界温度的实验室试样试验，获得冻胀敏感性土体在变阻尼和恒荷载作用下的变化规律及它们之间的关系。

首先，根据课题涉及的因素研制和调试了一套试验系统。通过对土含水量测定和颗粒分析进行三组试验：线性增阻约束条件下–20℃冻结试验，线性增阻约束条件下–25℃冻结试验以及恒荷载约束条件下–25℃冻结试验。之后利用试验数据分析研究不同约束条件下温度、冻胀量、冻胀力、补水量、冻吸力、试验后试样不同高度处含水量的规律。

然后，通过对线性增阻约束条件下–20℃、–25℃冻结试验冻胀量进行分析，本章研究了约束及温度对土体冻胀特性的影响，分别分析了约束条件和温度对土体冻胀量和冻胀力的影响，并且把冻胀应力与冻胀量看成约束应力与变形关系，得到土体冻结时冻胀应力与冻胀量的响应关系。

最后，考虑冻胀力对冻土水热物理过程的影响，以力学约束与冻土相互作用系统为建模基础，在水热力三场耦合理论基础上将冻胀力等效为力学约束、冻胀及冻结时间的非线性函数，建立了约束环境作用下新的冻胀力模型，可以获得各种力学约束路径下的冻胀力响应。并且开展了不同力学约束条件下的冻胀力数值试验以验证所建立的冻胀力模型，在此基础上增加了不同力学约束条件下的冻胀力数值试验以进行不同力学约束条件下的冻胀力敏感性分析。

参 考 文 献

[1] 季雨坤. 冰透镜体生长机制及水热力耦合冻胀特性研究 [D]. 徐州: 中国矿业大学, 2019.

第9章　不同侧向边界条件下土体冻胀力试验研究

9.1　概　述

前面所进行的土体冻胀或冻胀力的相关研究针对的均是一维情形，在实际工程中经常发生的是冻结过程为一维，但冻胀或冻胀力却是二维的。图 9-1 所示为寒区的沟渠，在上部低温作用下，不仅会产生法向冻胀力，也会产生水平冻胀力。这与前面的一维冻结过程是不同的，本章主要对此开展研究。

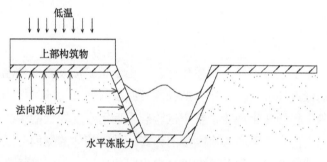

图 9-1　寒区沟渠二维冻胀

9.2　试验系统研制

为了研究一维冻结条件下基础水平及法向冻胀力的试验，自行研制了一套试验系统，该系统主要包括温度控制系统、补水系统、数据采集系统和荷载装置（图 9-2）。

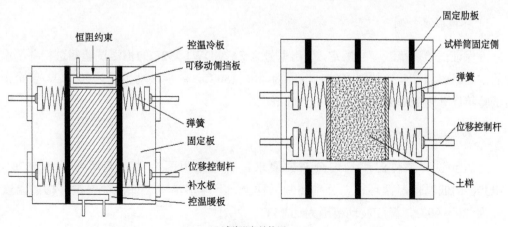

(a) 试验设备结构图

(b) 试验设备示意图

图 9-2　试验系统图

9.2.1　试验箱体

试验箱体主要用于放置土样，安放传感器。由于试验涉及较低的温度、较大的冻胀力，为维持土样的低温环境、保证箱体的强度及减少与其冻土的摩擦力，同时方便观察试验过程整个试验土样的变化规律，整个试验装置采用刚度较大的 PC 材料。试验箱体两端增加了滑道以方便安装不同约束刚度的弹簧，试验箱体的侧面分成了 5 层，每层都会对应一个滑道。试验箱体一面开孔安设热敏电阻传感器，控温冷板布置在试验箱体的顶部，试验箱体底部布置控温暖板及补水板。

9.2.2　温度控制系统

温度控制系统主要包括试样边界温度控制装置和环境温度控制装置。分为冷端和暖端控制，冷端温度控制为–30℃和–20℃两种模式，暖端温度控制为 0℃，控温板材料为紫铜。环境温度控制主要是通过恒温箱进行精确控温，环境温度设为 0℃。

1. 环境温度控制

为保证试验环境温度的恒定，采用型号为 ZY/GDWJ-792F 的恒温试验箱进行环境温度的控制。恒温试验箱的温度控制范围为–40～150℃，温度波动范围为±0.5℃，整个恒温试验箱尺寸为 800mm×900mm×1100mm。

2. 冷端/暖端温度控制

为达到试样整体温度均匀分布的要求，试验采用两台独立的型号为 XT5704-LT-R30C 的低温恒温循环槽，分别控制试样上、下两端温度。低温恒温循环槽的温度范围为–30～90℃，温度波动范围为±0.05℃。

9.2.3　荷载约束装置

荷载系统包括顶端的恒载系统和侧面线性增阻系统，顶端恒载系统采用固定砝码提供。试验装置侧面采用弹簧进行线性增阻约束试验，三种弹簧的尺寸分别是 $\phi 35mm \times 80mm$、$\phi 35mm \times 70mm$ 和 $\phi 35mm \times 55mm$，试验所用弹簧弹性系数分别为 $k_1 = 0.248kN/mm$、$k_2 = 0.311kN/mm$ 和 $k_3 = 0.393kN/mm$，符合试验要求。

9.3　试验方案和试验过程

9.3.1　试验方案

设计试样干密度为 $1.6g/cm^3$，含水量是 22%。试验冷端温度取 $-30℃$ 和 $-20℃$ 两种，暖端温度取 $0℃$，以模拟完全冻结冻土的侧向水平冻胀力。根据典型工况条件，法向端部采用 300N 和 500N 两种恒阻约束，侧向对称采用刚度系数为 250N/mm、300N/mm 和 400N/mm 的三种线性增阻约束。试验设计共进行 12 组，如表 9-1 所示。

表 9-1　试验方案

冷端温度/℃	竖向恒定荷载/N	水平约束刚度/（N/mm）	试验个数	合计
−20	300	250	1	6
		300	1	
		400	1	
	500	250	1	
		300	1	
		400	1	
−30	300	250	1	6
		300	1	
		400	1	
	500	250	1	
		300	1	
		400	1	
	总计			12

9.3.2　试验过程

一维冻结二维冻胀试验步骤如下所述。

1. 试样安装

先把试验装置安装好，放进恒温箱内，在试样筒内壁均匀涂抹凡士林，并用乳胶膜将试样水平方向进行密封，防止水土的流失；接下来进行补水调试，调整补水瓶的高度，使水位高度可以达到暖板位置，且能将暖板上的滤纸缓慢浸湿，这时固定好补水瓶的位置，实现无压补水，然后将土样缓慢地放入，同时排出试样筒内的空气。将土样装入试样筒后置于试验台上，置温度传感器于试样筒侧面开的测温槽内（沿土样高度间隔 1cm布置）待测位置处，将绝热材料包裹于试样筒体外，紧接着安装上冷板。在试验筒两侧和顶部固定位移传感器，保证位移传感器有足够变形量。

2. 试样恒温

将恒温箱、两台冷浴温度设置为 0℃进行试样恒温，使试样初始温度均匀分布，直至热敏电阻传感器采集的温度均匀至试验设定的暖端温度，在整个试样恒温阶段，补水系统处于关闭状态。

3. 冻结过程

试样温度场均匀并达到 0℃后，打开补水系统开关，恒温箱和暖端温度保持 0℃不变，调节冷端温度为试验方案中的温度。

4. 数据采集

DataTaker 每隔5min通过热敏电阻传感器自动采集试样不同时刻、不同位置的温度；通过位移传感器采集试样冻胀量；补水量通过补水瓶上的刻度人工定时读取。

5. 含水量分布测量

冻胀试验结束后，将试样迅速取出并放入低温冷库中，沿试样高度每隔 2cm 切割试样（分左右侧）并进行含水量试验，得到试样含水量沿高度变化特征和约束对土样水分迁移的影响。

9.4　试验数据分析

本次试验主要得到了不同冷端温度、不同竖向荷载和不同水平约束刚度的温度数据、法向冻胀量数据、水平冻胀量数据和水平冻胀力数据，本节对这些数据进行分析，得出各因素对温度分布、法向冻胀量、水平冻胀量和水平冻胀力的影响关系，以及法向冻胀量与水平冻胀量和水平冻胀力的相互作用关系。

9.4.1　水平冻胀力

本节主要对不同竖向荷载 300N 和 500N，不同冷端温度–20℃和–30℃，不同水平约束刚度 250N/mm、300N/mm 和 400N/mm 条件下不同层位的水平冻胀力进行讨论。试验水平方向平均分为五层，每层高度为 40mm，从上至下依次为第一层位、第二层位、第三层位、第四层位和第五层位。

土柱发生冻结后，冻胀作用将对约束结构产生水平冻胀力。比较不同层位的水平冻胀力变化规律（图 9-3），可以看出在约束体发生位移的情况下，各位置处水平冻胀力随冻结历时变化的曲线类似。土柱不同层位处水平冻胀力的发展规律也可划分为五个阶段。

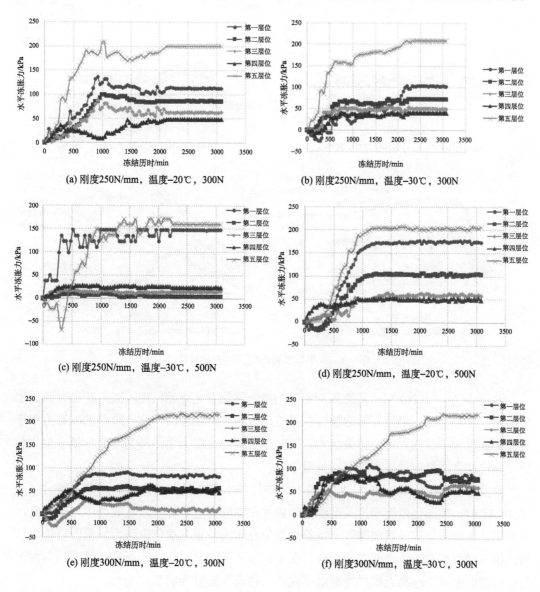

(a) 刚度250N/mm，温度–20℃，300N

(b) 刚度250N/mm，温度–30℃，300N

(c) 刚度250N/mm，温度–30℃，500N

(d) 刚度250N/mm，温度–20℃，500N

(e) 刚度300N/mm，温度–20℃，300N

(f) 刚度300N/mm，温度–30℃，300N

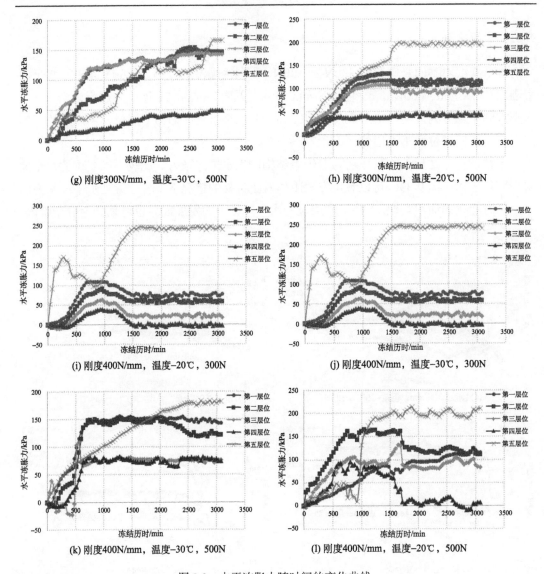

图 9-3　水平冻胀力随时间的变化曲线

　　阶段Ⅰ（0～500min）：从冻胀开始起初第一层位首先开始出现冻胀，随着时间的推进，第二层位、第三层位、第四层位和第五层位相继产生冻胀，这一阶段的冻胀力属于缓慢增加阶段，且增大速率越来越大。同时第五层位冻胀力增加较为迅速，第一层位和第二层位次之，第三层位和第四层位最小。

　　阶段Ⅱ（500～1000min）：此阶段不同层位的水平冻胀力迅速增加，在冻结时间为1000min 时，即土柱温度场进入准稳定阶段水平冻胀力达到峰值。从数据中可以看出，第五层位冻胀力＞第一层位冻胀力＞第二层位冻胀力＞第三层位冻胀力＞第四层位冻胀力。第五层位处在冻结锋面发展部位，在未冻水不断的补充下，冻胀进行迅速；而由于温度梯度的影响，越靠近试样冷端温度越低，进而冻胀更为明显。

　　阶段Ⅲ（1000～1500min）：水平冻胀力出现缓慢减小趋势。分析原因：此刻温度场开始趋于稳定，竖向冻胀开始进入快速增长阶段。

　　阶段Ⅳ（1500～2200min）：水平冻胀力开始有缓慢增加趋势，而此时对应着竖向冻胀开始进入稳定阶段。

　　阶段Ⅴ（＞2200min）：水平冻胀量稳定不变。此时可以看出，第五层位冻胀力＞第一层位冻胀力＞第二层位冻胀力＞第三层位冻胀力＞第四层位冻胀力。

9.4.2　温度对水平冻胀力的影响

　　选择水平约束刚度为250N/mm，竖向荷载为300N情况下不同冷端温度进行水平冻胀力研究，得到图9-4刚度250N/mm和竖向荷载300N不同温度下水平冻胀力的变化规律。

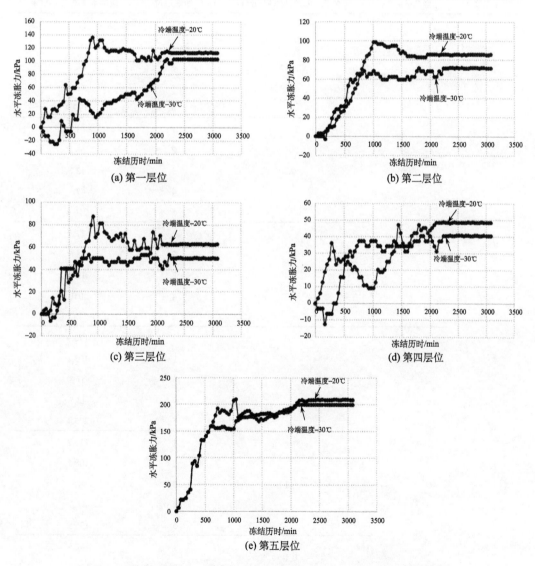

图9-4　刚度250N/mm和竖向荷载300N不同温度下水平冻胀力变化规律

可以发现受温度影响，不同层位的表现情况不同，在第一层位到第四层位的水平冻胀力在冷端温度较低时，无论是发展速率还是最终数值都有减小趋势；而第五层位的水平冻胀力，发展规律一致，但最终水平冻胀力随着冷端温度越低数值越大。

表 9-2 给出了所有试验条件下每一层位的最终水平冻胀力。通过以上得到的规律，现在分别研究冷端温度–20℃和–30℃情况下不同竖向荷载和不同水平约束刚度对水平冻胀力的影响，由前面可知第一层位到第四层位数据规律一致，所以选择第一层位水平冻胀力作为代表进行研究，第五层位具有不同的变化规律，所以同时选择第五层位作为主要分析对象。

表 9-2　所有试验条件下每一层位的最终水平冻胀力

冷端温度/℃	竖向荷载/N	水平约束刚度/(kN/mm)	所在层位	最终水平冻胀力/kPa
–20	300	0.25	1	112.5
			2	85.9
			3	62.7
			4	48.3
			5	199.9
		0.30	1	81.5
			2	56.3
			3	13.6
			4	47.5
			5	216.4
		0.40	1	77.5
			2	58.6
			3	18.2
			4	0.0
			5	240.5
	500	0.25	1	172.9
			2	103.1
			3	57.8
			4	48.8
			5	205.4
		0.30	1	115.7
			2	108.2
			3	91.9
			4	42.5
			5	195.5
		0.40	1	142.5
			2	120.6

冷端温度/℃	竖向荷载/N	水平约束刚度/（kN/mm）	所在层位	最终水平冻胀力/kPa
20	500	0.40	3	75.6
			4	74.0
			5	181.7
−30	300	0.25	1	102.8
			2	71.7
			3	49.9
			4	40.6
			5	208.6
		0.30	1	81.5
			2	77.0
			3	60.6
			4	50.2
			5	218.3
		0.40	1	81.3
			2	61.3
			3	68.1
			4	67.0
			5	260.8
	500	0.25	1	147.3
			2	3.2
			3	14.3
			4	233
			5	159.4
		0.30	1	147.1
			2	145.8
			3	142.0
			4	49.0
			5	166.0
		0.40	1	114.9
			2	110.5
			3	83.3
			4	7.8
			5	210.3

　　首先对冷端温度为−20℃时不同竖向荷载、水平约束刚度条件下的第一层位和第五层位的水平冻胀力最终值进行分析，得到图 9-5。

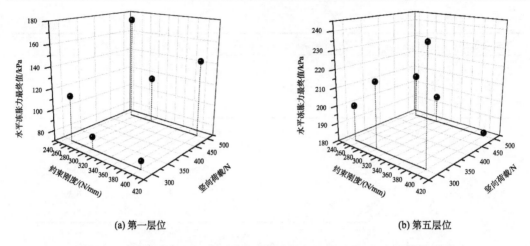

(a) 第一层位　　　　　　　　　　　　　　(b) 第五层位

图 9-5　冷端温度为–20℃水平冻胀力最终值与约束刚度和竖向荷载的关系

从图 9-5（a）可以看出，约束刚度越大时，对应的水平冻胀力最终值越小；而竖向荷载较大时，水平冻胀力最终值则较大；从数值上对比发现竖向荷载影响程度要比水平约束刚度影响要大。

从图 9-5（b）可以看出，约束刚度越大时，对应的水平冻胀力最终值越大；当竖向荷载较大时，水平冻胀力最终值则较小；从数值上对比可以发现同样是竖向荷载影响程度要比水平约束刚度影响要大。

接下来对冷端温度为–30℃时不同竖向荷载和不同水平约束刚度条件下的第一层位和第五层位的水平冻胀力最终值进行分析，得到图 9-6。

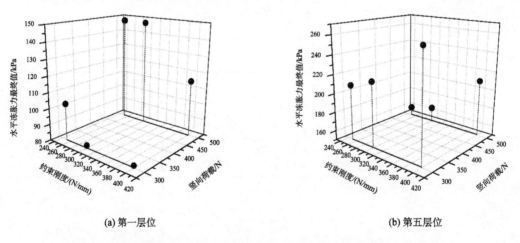

(a) 第一层位　　　　　　　　　　　　　　(b) 第五层位

图 9-6　冷端温度为–30℃水平冻胀力最终值与约束刚度和竖向荷载的关系

从图 9-6（a）可以看出，约束刚度越大时，对应的水平冻胀力最终值越小；而竖向荷载越大时，水平冻胀力最终值越大；从数值上对比发现竖向荷载影响程度要比水平约束刚度影响要大。

　　从图 9-6（b）可以看出，约束刚度越大时，对应的水平冻胀力最终值越大；当竖向荷载越大时，水平冻胀力最终值则越小；从数值上对比可以发现同样是竖向荷载影响程度要比水平约束刚度影响要大。

9.4.3　竖向荷载对水平冻胀力的影响

　　选择水平约束刚度为 250N/mm，冷端温度为-20℃，不同竖向荷载情况下进行水平冻胀力的研究，得到图 9-7 刚度 250N/mm 和冷端温度为-20℃不同竖向荷载下水平冻胀力的变化规律。

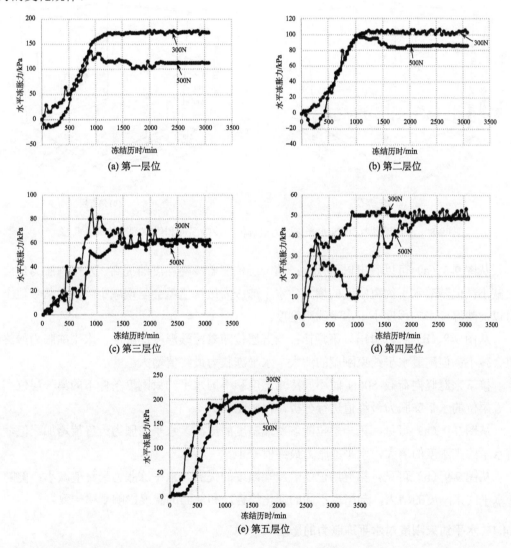

图 9-7　刚度 250N/mm 和冷端温度为-20℃不同竖向荷载下水平冻胀力的变化规律

　　从图 9-7 中可以发现受竖向荷载影响不同层位的表现情况相同，第一层位到第五层位的水平冻胀力在竖向荷载较大时，相较于 300N 的情况水平冻胀力发展在冻结初期会出现滞后性，即水平冻胀力发展较为缓慢，但是水平冻胀力最终数值反而会更大。

通过上面得到的规律，现在分别研究竖向荷载 300N 和竖向荷载 500N 情况下不同冷端温度和不同水平约束刚度对水平冻胀力的影响，由上面知道第一层位到第五层位数据规律一致，但是由于上面提到温度不同时不同的层位出现不同情况，所以此处也直接选择第一层位和第五层位作为主要分析对象。

首先对竖向荷载为 300N 时不同冷端温度和不同水平约束刚度条件下的第一层位和第五层位的水平冻胀力最终值进行分析，得到图 9-8。

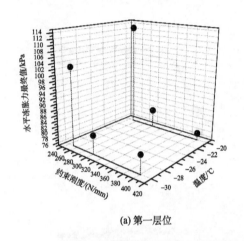 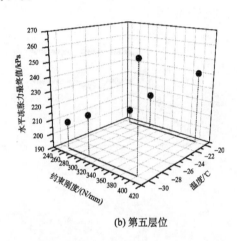

(a) 第一层位　　　　　　　　　　　　　(b) 第五层位

图 9-8　竖向荷载为 300N 水平冻胀力最终值与冷端温度和约束刚度的关系曲线

从图 9-8（a）可以看出以下规律：第一层位随着冷端温度的提高，水平冻胀力最终值减小；但随着水平约束刚度的增大，水平冻胀力最终值就会呈现减小趋势；从数值上可以反映温度影响程度小于水平约束刚度。

从图 9-8（b）可以看出以下规律：第五层位随着冷端温度的提高，水平冻胀力最终值会减小；但随着水平约束刚度的增大，水平冻胀力最终值增大。

接下来对竖向荷载 500N 时不同冷端温度和不同水平约束刚度条件下的第一层位和第五层位的水平冻胀力最终值进行分析，得到图 9-9。

从图 9-9（a）可见，第一层位随着冷端温度的提高，水平冻胀力最终值增加；但随着水平约束刚度的增大，水平冻胀力最终值减小。

从图 9-9（b）可见，第五层位随着冷端温度的提高，水平冻胀力最终值减小；但随着水平约束刚度的增大，却出现不同的变化趋势，和前面的温度影响规律一致。

9.4.4　水平约束刚度对水平冻胀力的影响

选择竖向荷载为 300N，冷端温度为-20℃，不同水平约束刚度进行水平冻胀力的研究，从而得到图 9-10 竖向荷载 300N 和冷端温度为-20℃不同水平约束刚度下水平冻胀力的变化规律。

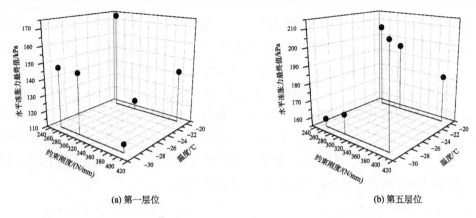

(a) 第一层位　　　　　　　　　　　　　　　(b) 第五层位

图 9-9　竖向荷载为 500N 水平冻胀力最终值与冷端温度和约束刚度的关系曲线

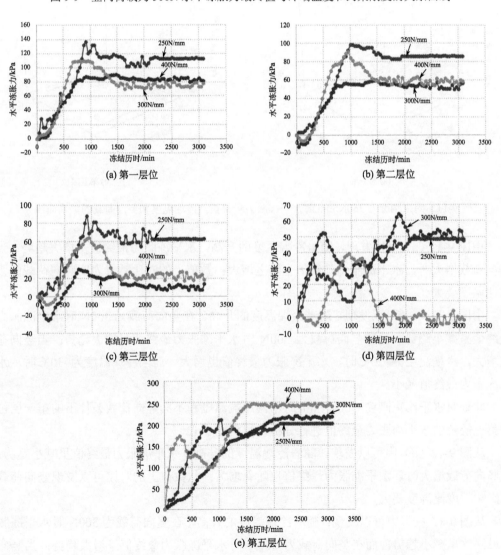

(a) 第一层位　　　　　　　　　　　　　　　(b) 第二层位

(c) 第三层位　　　　　　　　　　　　　　　(d) 第四层位

(e) 第五层位

图 9-10　竖向荷载 300N 和冷端温度为–20℃不同水平约束刚度条件下水平冻胀力的变化规律

　　从图 9-10 中可以看出，受水平约束刚度的影响，不同层位的表现情况相同，在第一层位到第四层位的水平冻胀力随着水平约束刚度的增大而减小；而在第五层位发现规律恰恰相反，水平冻胀力随着水平约束刚度的增大而增大。

　　通过上面得到的规律，现在分别研究水平约束刚度 250N/mm、300N/mm 和 400N/mm 三种情况下不同冷端温度和竖向荷载对水平冻胀力的影响，由于上面提到约束刚度不同时不同的层位出现不同情况，所以此处也直接选择第一层位和第五层位作为主要分析对象。

　　首先对水平约束刚度 250N/mm 时不同冷端温度和不同竖向荷载条件下的第一层位和第五层位的水平冻胀力最终值进行分析，得到图 9-10。

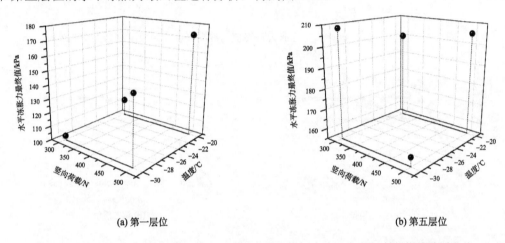

(a) 第一层位　　　　　　　　　　　　　　　　　　(b) 第五层位

图 9-11　约束刚度为 250N/mm 时水平冻胀力最终值与冷端温度和竖向荷载的关系曲线

　　由图 9-11（a）可以发现，随着冷端温度的升高，水平冻胀力最终值呈增大趋势；当竖向荷载增大时，水平冻胀力最终值也随之增大；数值上的对比结果表明竖向荷载的影响比温度要大。

　　由图 9-11（b）可以发现，随着冷端温度的升高，在竖向荷载为 300N 时水平冻胀力最终值呈减小趋势，而在竖向荷载为 500N 时水平冻胀力最终值呈增大趋势；当竖向荷载增大，冷端温度为–20℃时，水平冻胀力最终值也增大，而当冷端温度为–30℃时，水平冻胀力最终值减小。

　　此处对水平约束刚度 300N/mm 时不同冷端温度和不同竖向荷载条件下的第一层位和第五层位的水平冻胀力最终值进行分析，得到图 9-12。

　　从图 9-12（a）中可以发现：随着冷端温度的升高，水平冻胀力最终值呈减小趋势；当竖向荷载增大时，水平冻胀力最终值也随着增大；从数值上的对比可以发现竖向荷载的影响程度比温度要大。

　　从图 9-12（b）中可以发现：随着冷端温度的升高，在竖向荷载为 300N 时水平冻胀力最终值呈减小趋势，而在竖向荷载为 500N 时水平冻胀力最终值呈增大趋势；当竖向荷载增大时，水平冻胀力最终值会随着减小。

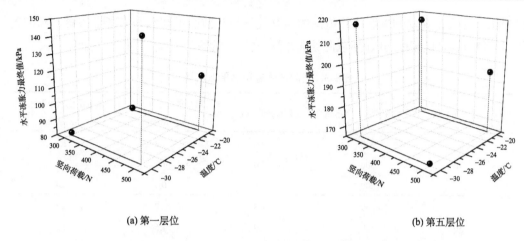

(a) 第一层位　　　　　　　　　　　　　　　　(b) 第五层位

图 9-12　约束刚度为 300N/mm 时水平冻胀力最终值与冷端温度和竖向荷载的关系曲线

后对水平约束刚度 400N/mm 时不同冷端温度和不同竖向荷载条件下的第一层位和第五层位的水平冻胀力最终值进行分析，得到图 9-13。

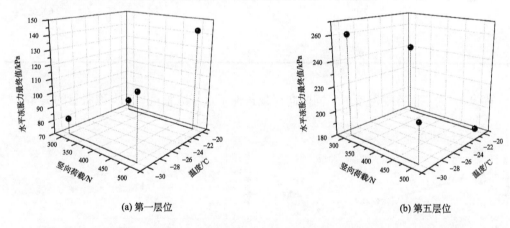

(a) 第一层位　　　　　　　　　　　　　　　　(b) 第五层位

图 9-13　约束刚度为 400N/mm 时水平冻胀力最终值与冷端温度和竖向荷载的关系曲线

从图 9-13（a）中可以发现：随着冷端温度的升高，水平冻胀力最终值呈增大趋势；当竖向荷载增大时，水平冻胀力最终值也随着增大；从数值上的对比可以发现竖向荷载的影响程度比温度要大。

从图 9-13（b）中可以发现：随着冷端温度的升高，水平冻胀力最终值呈减小趋势；当竖向荷载增大时，水平冻胀力最终值会随着减小。

9.4.5　法向冻胀量与水平冻胀量、水平冻胀力关系

前面分别对法向冻胀量和水平冻胀量进行了研究，一维冻结二维冻胀试验的冻结过程中存在着水平冻胀和法向冻胀，那么两者之间肯定存在着相互作用关系，所以本节就两者之间的关系进行研究。前面对法向冻胀量和水平冻胀量进行了详细的分析，此处只

讨论水平冻胀量和法向冻胀量终值间的相互关系。从前面可知水平冻胀量的第一层位到第四层位数据表现规律相似，所以此处选择第一层位和第五层位进行研究，从而得到表9-3。

表9-3　法向冻胀量和水平冻胀量

温度/℃	竖向荷载/N	水平约束刚度/（N/mm）	法向冻胀量终值/mm	第一层位水平冻胀量终值/mm	第五层位水平冻胀量终值/mm
-20	300	250	2.0	1.8	3.2
		300	3.0	1.1	2.9
		400	3.6	0.8	2.4
	500	250	1.8	2.8	3.3
		300	1.9	1.5	2.6
		400	2.0	1.4	1.8
-30	300	250	2.5	1.6	3.3
		300	3.3	1.1	2.9
		400	4.1	0.8	2.6
	500	250	2.2	2.4	2.6
		300	2.7	2.0	2.2
		400	3.3	1.1	2.1

图9-14为不同冷端温度、不同竖向荷载条件下水平冻胀量与法向冻胀量的关系。

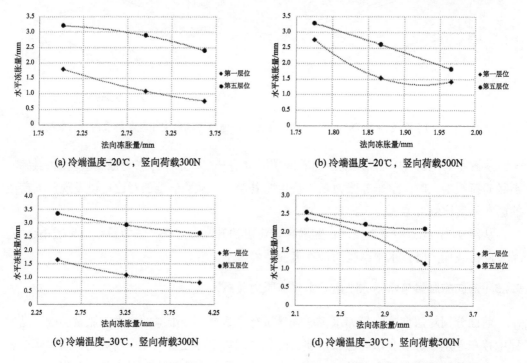

(a) 冷端温度-20℃，竖向荷载300N　　　　　(b) 冷端温度-20℃，竖向荷载500N

(c) 冷端温度-30℃，竖向荷载300N　　　　　(d) 冷端温度-30℃，竖向荷载500N

图9-14　不同冷端温度、不同竖向荷载条件下的水平冻胀量和法向冻胀量之间的关系

对图中不同竖向荷载和不同温度下的水平冻胀量和法向冻胀量进行数据拟合，得到相应的函数关系式，如表 9-4 所示。式中 h_H 为水平冻胀量，h_V 为法向冻胀量。在图 9-14 中可以发现随法向冻胀量的增加，水平冻胀量会减小，前面得到了法向冻胀量随水平约束刚度增加而增加，水平冻胀量随水平约束刚度增加而减小，这样就可以解释法向冻胀量与水平冻胀量的相互关系。

表 9-4　法向冻胀量和水平冻胀量关系式

所在条件	第一层位	第五层位
冷端温度−20℃，竖向荷载 300N	$h_H = 0.19h_V^2 - 1.7155h_V + 4.4945$	$h_H = -0.2397h_V^2 + 0.856h_V + 2.4475$
冷端温度−20℃，竖向荷载 500N	$h_H = 63.469h_V^2 - 244.46h_V + 236.71$	$h_H = -3.138h_V^2 + 4.0483h_V + 5.9871$
冷端温度−30℃，竖向荷载 300N	$h_H = 0.2408h_V^2 - 2.0967h_V + 5.3591$	$h_H = 0.1137h_V^2 - 1.1988h_V + 5.6076$
冷端温度−30℃，竖向荷载 300N	$h_H = -0.7356h_V^2 + 2.8705h_V - 0.3988$	$h_H = 0.4117h_V^2 - 2.6695h_V + 6.4303$

同样地可以得到法向冻胀量和水平冻胀力如表 9-5 所示。

表 9-5　法向冻胀量和水平冻胀力

温度/℃	竖向荷载/N	水平约束刚度/（N/mm）	法向冻胀量终值/mm	第一层位水平冻胀力终值/kPa	第五层位水平冻胀力终值/kPa
−20	300	250	2.0	112.5	200.0
		300	3.0	82.5	217.5
		400	3.6	80.0	240.0
	500	250	1.8	175.0	206.3
		300	1.9	112.5	195.0
		400	2.0	140.0	180.0
−30	300	250	2.5	100.0	206.3
		300	3.3	82.5	217.5
		400	4.1	80.0	260.0
	500	250	2.2	150.0	162.5
		300	2.7	150.0	165.0
		400	3.3	110.0	210.0

图 9-15 为不同冷端温度、不同竖向荷载条件下水平冻胀力和法向冻胀量的关系。

不同竖向荷载和不同温度下的水平冻胀力和法向冻胀量都能进行数据拟合，得到相应的函数关系式，如表 9-6 所示。式中 σ_H 为水平冻胀力，h_V 为法向冻胀量。在图 9-15 中可以发现随法向冻胀量的增加，第一层位水平冻胀力会随之减小，第五层位水平冻胀力会随之增大。前面得到了法向冻胀量随水平约束刚度增加而增加，第一层位水平冻胀力随水平约束刚度增加而减小，第五层位水平冻胀力会随之增大，通过这些规律可以解释此处法向冻胀量与水平冻胀力的相互关系。

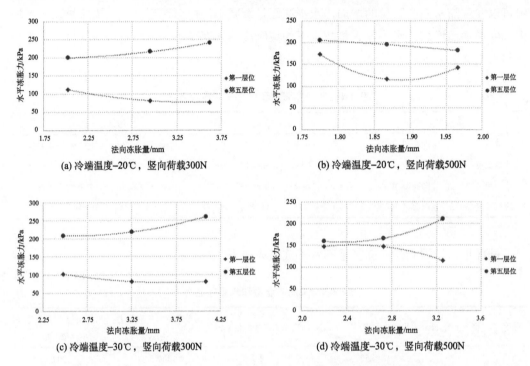

(a) 冷端温度−20℃，竖向荷载300N　　　　　　(b) 冷端温度−20℃，竖向荷载500N

(c) 冷端温度−30℃，竖向荷载300N　　　　　　(d) 冷端温度−30℃，竖向荷载500N

图 9-15　不同冷端温度、竖向荷载条件下的水平冻胀力和法向冻胀量之间的关系

表 9-6　水平冻胀力和法向冻胀量关系式

所在条件	第一层位	第五层位
冷端温度−20℃，竖向荷载 300N	$\sigma_H = 17.265h_V^2 - 119.4h_V + 283.49$	$\sigma_H = 11.529h_V^2 - 39.613h_V + 232.81$
冷端温度−20℃，竖向荷载 500N	$\sigma_H = 4676.6h_V^2 - 17654h_V + 16775$	$\sigma_H = -170.58h_V^2 - 514.2h_V - 169.88$
冷端温度−30℃，竖向荷载 300N	$\sigma_H = 16.837h_V^2 - 123.81h_V + 306.09$	$\sigma_H = 23.968h_V^2 - 124.74h_V + 370.48$
冷端温度−30℃，竖向荷载 300N	$\sigma_H = -57.064h_V^2 + 280.71h_V - 194.12$	$\sigma_H = 67.143h_V^2 - 318.11h_V + 534.24$

9.5　本章小结

　　本章基于寒区沟渠二维冻胀模型，搭建了一维冻结条件下基础水平及法向冻胀力的试验系统，通过试验可以得到在不同冷端温度、不同竖向荷载和不同水平约束刚度条件下的温度数据、法向冻胀量数据、水平冻胀量数据和水平冻胀力数据。通过试验数据的分析，主要有以下几点结论与发现：

　　（1）通过试验，得到在不同竖向荷载、不同冷端温度、不同水平约束刚度条件下不同层位的水平冻胀力数据，分析出土柱发生冻结后，冻胀作用将对约束结构产生水平冻胀力。比较不同层位的水平冻胀力变化规律，可以看出在约束体发生位移的情况下，各位置处水平冻胀力随冻结历时的变化曲线类似。

（2）通过试验，得到不同温度下水平冻胀力的变化规律，可以发现受温度影响不同层位的表现情况不同，在第一层位到第四层位的水平冻胀力在冷端温度较低时，无论是发展速率还是最终数值都有减小趋势；而第五层位的水平冻胀力，发展规律一致，但最终水平冻胀力随着冷端温度越低数值越大。

（3）研究不同冷端温度情况下不同竖向荷载和不同水平约束刚度对水平冻胀力的影响，得出竖向荷载对水平冻胀力的影响程度要比水平约束刚度的大。

（4）通过试验数据分析，可以得出在受水平约束刚度的影响下，不同层位的表现情况相同，在第一层位到第四层位的水平冻胀力随着水平约束刚度的增大而减小；而在第五层位发现规律恰恰相反，水平冻胀力随着水平约束刚度的增大而增大。

（5）分析试验数据得出，在受竖向荷载影响下，不同层位的表现情况相同，在第一层位到第五层位的水平冻胀力在竖向荷载较大时，相较于在较大水平刚度的情况下，水平冻胀力发展在冻结初期会出现滞后性，即水平冻胀力发展较为缓慢，但是水平冻胀力最终数值反而会更大。

（6）通过对不同的竖向荷载和不同温度下的水平冻胀量和法向冻胀量进行数据拟合，可以发现随法向冻胀量的增加，水平冻胀量会减小。法向冻胀量随水平约束刚度增加而增大，水平冻胀量随水平约束刚度增加而减小，这样就可以解释法向冻胀量与水平冻胀量的相互关系。

第10章 冻土内部及其边界切向冻胀力试验研究

10.1 试 验 系 统

根据本书研究对象及考虑的影响因素，历经 9 个月的时间完成了试验系统的自行设计、加工、购置、组装和调试工作，在中国矿业大学深部岩土力学与地下工程国家重点实验室建立了单向冻结条件下的冻土-冻土和冻土-结构面冻胀剪切试验系统，示意图见图 10-1。

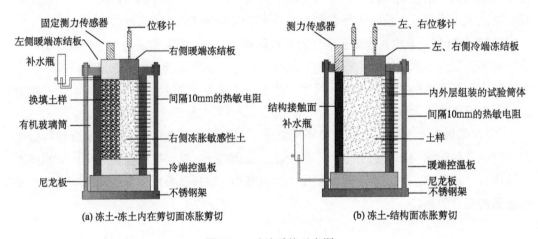

图 10-1 试验系统示意图

该试验系统由恒温系统、边界温度控制系统、测试系统、补水系统、冻结土样筒体、约束装置六个部分组成。冻土-冻土内在剪切和冻土-结构面冻胀剪切试验系统类似，本书叙述上以冻土-结构面冻胀剪切试验系统为主，仅对二者不同之处进行描述。

冻土-冻土内在剪切面冻胀剪切试验如图 10-1（a）所示，试验装置侧面均用有机玻璃板侧限约束；为满足部分冻土的冻胀自由（图顶端右侧），采用底端冻结方式；顶端左侧竖向固定约束，但与侧面约束保持自由，以模拟基础约束。冷端温度取–10℃、–15℃和–20℃三种，暖端温度取+0.5℃，以模拟冻土内在冻胀剪切力。为消除左侧土样法向冻胀力对试验结果的影响，把左侧土换填为弱冻胀性黏土。采用 S 形拉压力传感器测量右侧冻土冻胀施加给左侧冻土的冻胀剪切力的总和。

冻土-结构面冻胀剪切试验如图 10-1（b）所示，与冻土-冻土内在剪切面冻胀剪切试验不同的是，不是固定约束部分冻土的冻胀，而是在冻土左侧布设具有一定粗糙度的结构板，结构板通过滑槽与其他三面连接，在其顶部安装测力传感器以测量接触面受到的冻胀剪切力。

10.2　冻结土样试验筒体

试验筒体（实物见图 10-2）主要功能是实现冻土与结构面之间的冻胀剪切，为整套试验系统提供平台。整个试验中涉及较低的冷端温度、较大的冻胀剪切力、较长的试验历时，为了减小试验筒侧壁的热传导对土样温度场的干扰，保证试验筒体具有足够高的强度以顺利实现冻土-结构面的冻胀剪切，同时要求试验筒体中非结构面的其他三面对土样的冻胀过程约束小以避免其对试验的干扰。这就要求试验筒体强度较高、导热系数小、除试验所研究的结构面外的其他三面与冻土间的冻结强度低。

图 10-2　试验筒体

基于以上考虑，冻土-结构面冻胀剪切试验筒体选用双层结构。内筒体选用有机玻璃材料，有机玻璃具有较好的热阻性能，更为关键的是其与冻土间的冻结强度很小，确保结构面外的其他三面对试验影响较小。外筒采用强度较高的不锈钢，组装成整体后可以限制结构面在垂直剪切方向的位移。结构面通过固定在不锈钢上的滑轨与其他三面连接到一起，滑轨结构可以实现结构面在无约束的情况下沿着剪切方向顺利滑移，减小结构面与其他三面连接处的摩擦对试验结果的干扰。有机玻璃和不锈钢筒长×宽×高尺寸分别为 100 mm×100 mm×230mm、100 mm×100 mm×250 mm，壁厚均为 10mm，有机玻璃嵌入不锈钢中，两层结构之间用胶黏结。考虑到试验所用探针形热敏电阻传感器刚度较大，为减少其对冻胀量实测结果的干扰，在结构面对面筒体上以固定间隔（1cm）布设开槽插孔，适当高度的开槽使热敏电阻传感器能随土体的变形上下移动，避免在试验中热敏电阻传感器对土体产生约束。在筒体顶端安装冷板，底部安装暖板和补水板。

10.2.1　不同结构面粗糙度

采用两种冻胀敏感性土与不同表面形态的结构面进行冻胀剪切试验。结构物表面形貌由形状公差、波纹度、表面粗糙度组成。形状公差是实际表面形状和理想表面形状的宏观几何形状误差，波距 10mm 以上，在表面形状分析中，通常不考虑；波纹度是材料表面周期性重复出现的几何形状误差，波距范围 1～10mm，是中间几何形貌误差，通常用波距和波高表示；表面粗糙度是材料表面的微观几何形状误差，波距小（小于 1mm），波高低。当前结构表面的形貌特征参数描述方法各异，描述结构表面形态特征的参数有数十种，由不同的描述表达式可获得不同的粗糙度值，这导致粗糙度在数值上并不统一，也就难以与界面力学特性建立相对应的定量关系。

夏红春和周国庆[1]、陆勇[2]采用自行设计的深部土与结构接触面力学特性试验系统，利用旋转结构面法来模拟结构面不同粗糙度，针对砂土材料及砂土-结构界面层问题开展了大量的研究工作。本书借鉴陆勇[2]定义的结构面形貌尺度 H 和易成等[3]描述结构面粗糙度采用的形状因子 λ 来定量描述结构面粗糙度。

结构面形貌尺度的计算公式为

$$H = \sum_{i=1}^{n} \Delta y_i \tag{10-1}$$

式中，Δy_i 为结构表面形态在高程方向的增量。假设受力范围内有 l 个起伏成分，那么该范围内某一方向上的形貌尺度计算公式为

$$H = \sum_{j=1}^{l} \sum_{i=1}^{n_j} \Delta y_{ij} / l \tag{10-2}$$

形状因子 λ 能够考虑剪切方向对接触面力学性能的影响，计算公式如下：

$$\lambda = \frac{\sum_{i=1}^{n} \Delta x_i}{\sum_{i=1}^{n} \sqrt{\Delta x_i^2 + \Delta y_i^2}} \tag{10-3}$$

式中，Δx_i、Δy_i 分别为结构表面形态在水平方向及高程方向的增量。倘若受力范围内有 l 个起伏成分，那么受力范围内某一方向的形状因子计算公式为

$$\lambda = \sum_{j=1}^{l} \left(\frac{\sum_{i=1}^{n} \Delta x_{ij}}{\sum_{j=1}^{l} \sum_{i=1}^{n_j} \Delta x_{ij}} \right) \left(\frac{\sum_{i=1}^{n} \Delta x_{ij}}{\sum_{i=1}^{n_j} \sqrt{\Delta x_{ij}^2 + \Delta y_{ij}^2}} \right) \tag{10-4}$$

式中，Δx_{ij}、Δy_{ij} 分别为结构表面形态曲线中第 j 个起伏成分的水平方向及与之相应的高程方向的第 i 个增量。第 j 个起伏成分中共有 n_j 个增量，式（10-4）第一个括号表示为第 j 个起伏成分在 l 个起伏成分中的权重。

结合上述结构面形状因子 λ 与形貌尺度 H 的定义，开展两种冻胀敏感性土与具有相同形状因子 λ、不同形貌尺度 H 的三种不锈钢材质结构面（图 10-3）的冻胀剪切试验，以定量分析结构面粗糙度对冻土-结构面冻胀剪切力学特性的影响规律。

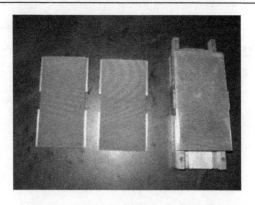

图 10-3 三种不同粗糙度结构面实物图

10.2.2 测试系统

测试系统主要由温度传感器、冻胀量传感器、冻胀力传感器和数据采集仪器等组成。

1. 温度场测试

温度测试采用 MF5E-2.202F 型热敏电阻传感器，形状如探针，误差为 ±0.1%。试验过程中将探针按试验方案插入土样所需测试部位内，即可测得该处的温度值。土样高 20cm，沿试样高度每 1cm 间隔布置一个热敏电阻传感器，同时在试样两端布置热敏电阻传感器来实时采集试验过程中土样的边界温度，并根据监测结果微调控冷、暖端的温度，最大限度地保证试验设计的边界温度。

2. 冻胀量测量

冻胀量测量采用 YHD-50 型位移计。其使用的温度范围为 –30～150℃，量程为 50mm，测量精度为 0.01mm，接线方式为半桥测量，可以实现自补偿消除温度对其影响，将位移计固定于试验筒体固定支架上，令探头接触冷板凹槽，当土样产生冻胀量时即可触动探头得到冻胀量值。

3. 冻胀剪切力测量

冻胀剪切力测量采用 S 形拉压力传感器测量，量程为 0～2000N。传感器标定。

4. 水平冻胀力测试

在冻结过程任一时刻的冻结锋面处取一微元体，当其产生冻胀变形时，应是各轴向等量膨胀，但由于侧面受到相同条件土体的限制，所以全部体积的增量只反映在竖直方向上的变化，即一维方向的冻胀变形上。试验筒体约束土样的侧向变形，土在冻结过程中就会对包括结构面在内的试验筒体侧壁产生水平冻胀力。为研究水平冻胀力与土在冻结过程中对结构面的切向剪切力的关系，在安装热敏电阻传感器的试样筒体面板上安装微型土压力盒，其外形尺寸为 ϕ 16mm×6mm，使用的温度范围为–30～+80℃，输出方式为全桥输出，量程为 0.5MPa，精度为±0.5%。土压力盒镶嵌于有机玻璃板上，表面与其齐平，土压力盒的等效弹性模量远大于冻土变形模量。为保证土压力盒在不同冷端温度条件下正常运行，安装前将土压力盒置于常温和–20℃下进行两次循环处理，每次 8h，并在低温下采用标定装置进行标定。

5．测试数据采集

测试数据采集采用一台 DataTaker 515 和一台 DataTaker 800。DataTaker 515 具有 10 个通道，DataTaker 800 具有 12 个通道，可以实现同时对不同传感器进行数据采集。

10.2.3　换填土的冻胀量和冻胀力测量

对换填土样进行冻胀量试验和冻土–冻土内在剪切面冻胀剪切试验（左右两侧均为换填土样），所得试验结果如图 10-4、图 10-5 所示。

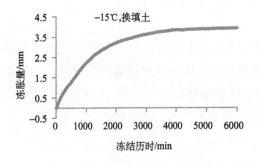
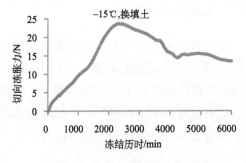

图 10-4　冻胀量随时间的变化规律　　　　图 10-5　冻胀力随时间的变化规律

计算可得换填土的冻胀率 $\eta=\Delta H / H_d = 2.27\%$，为弱冻胀性土。换填土的冻土–冻土内在剪切面冻胀剪切试验所得数值包含左侧土柱的法向冻胀力和右侧土柱对左侧土柱的切向冻胀力，结果可以看出其数值较小，最大值为 23N，对两种冻胀敏感性土试验结果影响较小。

10.3　试　验　方　案

10.3.1　测试内容

试验过程中土样各处温度、距离结构面不同位置的冻胀量、结构面所受的切向冻胀力、结构面不同位置的水平冻胀力分别由热敏电阻传感器、位移计、S 形拉压力传感器、微型土压力盒测得，选用 DataTaker 800/515 自动采集数据。冻结过程中补水量通过补水瓶上的刻度人工定时读取数据。具体测试内容如表 10-1 所示。

表 10-1　试验测试内容表

序号	测试内容	测试目的	测试仪器	布置位置
1	土样温度	温度发展规律	热敏电阻传感器	间隔 1cm 分层布置
2	切向冻胀力	冻胀剪切力演变规律	S 形拉压力传感器	在结构面顶端用反力架固定
3	补水量	吸取外界水源入流量	量筒	恒温箱外安装
4	水平冻胀力	水平冻胀力演变规律	微型土压力盒	同热敏电阻传感器一侧间隔布置
5	土体自由冻胀量	土体冻胀变形	位移计	冷板上表面凹槽

10.3.2　试验设计

试验选取具有代表性的两种冻胀敏感性土（粉质黏土、砂质粉土），设计试样的干密度为 1.6g/cm^3，含水量为 22%。根据土样参数，按《土工试验方法标准》在制样室制试样，根据试验目的，采用长方体试样，试样长宽高尺寸 100mm×100mm×200mm。

考虑到寒区基础的实际冻结情况，试验研究的因素有冷端冻结温度、结构面粗糙度、土质。其中冷端温度选取 3 个水平（−10℃、−15℃、−20℃），结构面粗糙度选取 3 个水平（形貌尺度 H=0.5、1.0、1.5），土质选取 2 个水平（粉土、黏土），进行单向冻结来模拟冻结过程中冻土与基础结构面的冻胀剪切作用，共设计 18 组试验，试验设计的暖端温度均为+0.5℃。每组试验从准备到结束需 6d 左右。试验方案见表 10-2。

表 10-2　试验方案

试验编号	试验类别	暖端温度/℃	土类	冷端温度/℃	结构面粗糙度
1				−10	H=0.5
2					H=1.0
3					H=1.5
4				−15	H=0.5
5			粉质黏土		H=1.0
6					H=1.5
7				−20	H=0.5
8	冻土-结构面冻胀剪	0.5			H=1.0
9	切试验				H=1.5
10				−10	H=0.5
11					H=1.0
12					H=1.5
13			砂质粉土	−15	H=0.5
14					H=1.0
15					H=1.5
16				−20	H=0.5

试验编号	试验类别	暖端温度/℃	土类	冷端温度/℃	结构面粗糙度
17	冻土-结构面冻胀剪切试验		砂质粉土	−20	H=1.0
18					H=1.5
19	冻土-冻土内在剪切面冻胀剪切试验	0.5	粉质黏土	−10	—
20				−15	—
21				−20	—
22			砂质粉土	−10	—
23				−15	—
24				−20	—

10.4　冻土-结构面冻胀剪切试验结果与分析

冻土-结构面冻胀剪切试验考虑因素包括土性、冷端温度及温度梯度、冻深、接触面粗糙度。试验过程中不施加外荷载，荷载的本质是冻胀。本书共进行了两种冻胀敏感性土在不同冷端温度和不同结构面粗糙度条件下 18 组试验，按土性分为两大类（粉土、黏土），每种土性按温度分为三小类（−10℃、−15℃、−20℃），每种温度下进行形貌尺度 H=0.5、1.0、1.5 的三个试验。试验获得了不同条件下温度、冻胀量、冻胀力、补水量、试验后试样不同高度处的含水量分布等试验数据。

本章对两种冻胀敏感性土在控制冷端温度为−10℃、−15℃、−20℃条件下进行的结构面粗糙度为 H=0.5、H=1.0、H=1.5 的 18 组试验数据结果进行分析，研究在不同结构面粗糙度、不同冷端温度条件下温度场、冻胀量、冻胀剪切力、补水量变化及发展规律和试验后试样不同高度处含水量分布，重点研究冷端温度、补水量、冻胀量对冻胀剪切力演变规律的影响。

通过对试验数据分析可得，从冻结开始，同一土柱中各位置处的热敏电阻传感器所测得的温度随时间的变化曲线形式较为相似，不同之处在于距暖端距离越近，温度变化的幅度越小。不同土性、不同结构面粗糙度条件下各个土样相同位置处的热敏电阻传感器所测得的温度曲线发展规律一致，数值差别几乎可以忽略。

10.4.1　切向冻胀力分析

图 10-6 为粉土、黏土在不同冷端温度、不同结构面粗糙度条件下冻胀力随时间变化曲线。

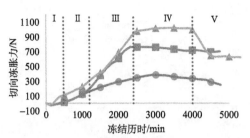

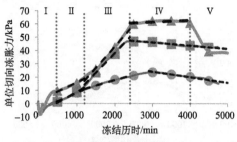

（a）−10℃，粉土切向冻胀力　　　　　　　　（b）−10℃，粉土单位切向冻胀力

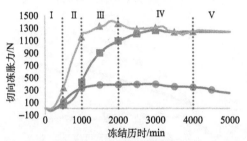

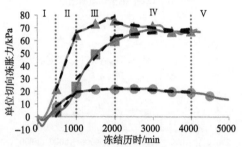

（c）−15℃，粉土切向冻胀力　　　　　　　　（d）−15℃，粉土单位切向冻胀力

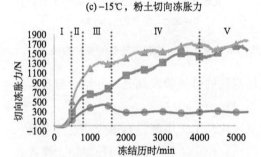

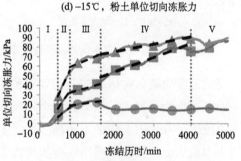

（e）−20℃，粉土切向冻胀力　　　　　　　　（f）−20℃，粉土单位切向冻胀力

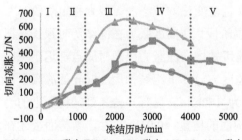

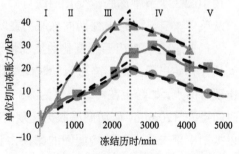

（g）−10℃，黏土切向冻胀力　　　　　　　　（h）−10℃，黏土单位切向冻胀力

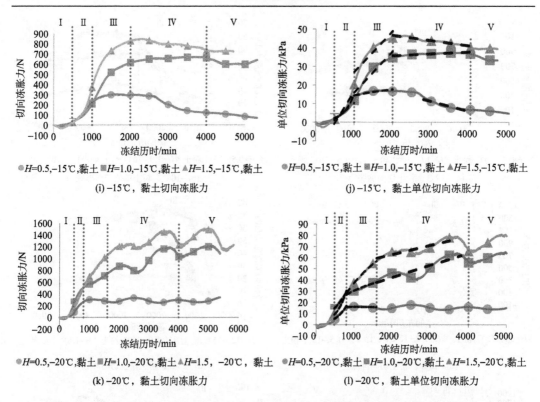

(i) −15℃，黏土切向冻胀力

(j) −15℃，黏土单位切向冻胀力

(k) −20℃，黏土切向冻胀力

(l) −20℃，黏土单位切向冻胀力

图 10-6　粉土、黏土在不同冷端温度、不同结构面粗糙度条件下冻胀力随时间变化曲线

切向冻胀力随冻结历时的变化采用和温度场相同的时间阶段划分，并结合自身特点以 4000min 作为分界点，划分为五个阶段。

阶段Ⅰ、Ⅱ、Ⅲ土样中不同高度处温度发生变化，土样中尚没有形成稳定温度场，本质上为正冻土与具有不同粗糙度的结构面间的相互作用阶段；进入阶段Ⅳ，土样各处温度基本保持恒定，本质上为已冻土与结构面间的相互作用阶段；4000min 以后为阶段Ⅴ，由 10.2.3 小节中冻胀量变化曲线可知此阶段不同冻结条件下冻胀量基本不再发生变化。从整体来看，两种土性切向冻胀力在阶段Ⅴ量值变化均较小，可视为稳定阶段。

（1）阶段Ⅰ：对应温度变化曲线的快速降温阶段，切向冻胀力在冻结历时很长一段时间后才开始出现。对比冻胀量随时间变化曲线可知切向冻胀力出现时间点都迟于冻胀量出现时间点，如粉土在冷端温度为−15℃、粗糙度 H=1.5 下距结构面 2.5cm 处冻胀量出现时间点为 120min，而切向冻胀力出现时间点为 160min。只有当传递到结构面上的力足以抵御下部未冻土与结构面间的摩擦力及结构面的自重（0.91kg）时，结构面板才在滑轨导槽的导向下有向上位移的趋势，才能观测到切向冻胀力。

（2）阶段Ⅱ、Ⅲ：切向冻胀力处于增长阶段。分析原因认为这两个阶段随着土样冻结深度的增加，冻土段增大，未冻土段减小，冻土与结构面作用面积增加，且在二者之间形成稳定的冻结强度，未冻土与结构面间的摩擦力作用面积减小，因此切向冻胀力的总力值不断增加。

从图 10-6 中可以看出在阶段 Ⅱ、Ⅲ切向冻胀率增长速率明显不同。两种土性都表现为冷端温度较高为–10℃时，阶段 Ⅱ增长速率较缓，阶段Ⅲ增长速率较快；冷端温度较低为–20℃时，阶段 Ⅱ增长速率较快，阶段Ⅲ增长速率较缓。分析认为冷端温度越低，冻土与结构面之间越早形成冰胶结，且其强度随着温度的降低而增加。冻结强度越大，结构面对土的约束作用越强，切向冻胀力增加越快。

（3）阶段Ⅳ：从图 10-6 可看出两种土性在冷端温度为–10℃、–15℃三种粗糙度下，以及冷端温度–20℃，粗糙度 $H=0.5$ 时切向冻胀力均在此阶段初期一段时间内达到峰值，即土样各处温度达到稳定的时间点为切向冻胀力达到峰值的时间点。

两种土性在冷端温度为–20℃，$H=1.0$ 和 1.5 情况下，切向冻胀力在此阶段均表现出波动增长；冷端温度–20℃、粗糙度 $H=0.5$ 时，两种土性均表现为峰值后波动变化，但总体来看切向冻胀力量值基本稳定；其他冻结条件下在此阶段均表现出峰值后出现衰减现象。此阶段冻胀量进入准稳定阶段，量值仍在增加但变化很小。分析认为冻结强度随冻结历时的延长而降低，只有当冻土中冰晶生长的扩张应力超过了冻土与结构面之间冻结强度的流变性时，切向冻胀力处于增大阶段。冻结历时较长时，随时间继续增长，冻结强度迅速降低，而切向冻胀力的大小在数值上等于或小于冻结强度，故切向冻胀力在峰值后表现出下降趋势。

冷端温度为–20℃，切向冻胀力在阶段Ⅳ波动明显。分析原因认为温度越低，冻结强度越大，冻土与结构面胶结作用越强，冰胶结中氢原子活动性较弱，冰胶结本身的强度比较高。如前所述，切向冻胀力依赖于冻结强度，在冰晶生长的扩张应力和冻结强度的流变性共同影响下，当切向冻胀力发展到将要大于冻结强度时，试验土样沿结构面产生向上的微量剪切位移，出现第一个峰值后切向冻胀力有一定的减小，衰减到某一个值。随着冻结历时的增长，补水量增加，其中冰晶的重新定向和再结晶，又形成较大的胶结作用，冻结强度和切向冻胀力都在变化，当切向冻胀力再次将要超过冻结强度时，土样沿结构面又产生一个向上的微量剪切位移，导致切向冻胀力再次衰减。如此不断变化，切向冻胀力表现出跳跃式发展，使结构面约束的土样不断沿结构面侧壁向上滑移，直到切向冻胀力小于或等于冻结强度时，滑移停止。实际冻结过程中这种相对滑移是微量的，冻胀量演化曲线在形式上仍表现为冻结历时的较光滑的连续函数。

（4）阶段Ⅴ：此阶段切向冻胀力出现略微减小或略微增长，且量值不大，可认为基本稳定。所有试验中只有粉土冷端温度为–10℃，$H=1.5$ 峰值后切向冻胀力在阶段Ⅳ基本稳定，在阶段Ⅴ出现较大量值的衰减，结合其冻胀量在此阶段稳定，认为是由于出现了松弛现象。已有资料表明松弛现象随温度的降低而减小。虽然宏观上表现为冻胀量不变，但冷端温度较高，粗糙度较大，此阶段停止补水，可认为冰晶不再继续生长，冻结强度的流变效应明显，表现出切向冻胀力在此阶段衰减明显。

表 10-3 为两种土性在不同冷端温度、不同结构面粗糙度下最大单位切向冻胀力统计列表。根据表中数据绘制图 10-7。

表 10-3　最大单位切向冻胀力列表统计

土性	粗糙度 H	最大单位切向冻胀力/kPa		
		冷端温度–10℃	冷端温度–15℃	冷端温度–20℃
粉土	0.5	24	21	22
	1.0	46	68	80
	1.5	62	76	90
黏土	0.5	19	16.6	17.44
	1.0	30	35.56	62
	1.5	39	46	78

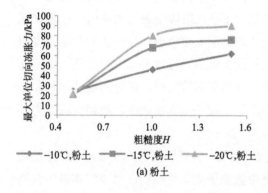
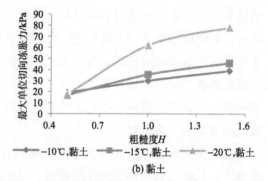

图 10-7　最大单位切向冻胀力随粗糙度变化

从图 10-7 可以看出：

（1）粉土、黏土均表现为粗糙度 H 越大，最大单位切向冻胀力越大，但并非线性增长关系。定性分析认为当结构面粗糙度 H 增大时，一方面增大了结构面与冻土之间的接触面积，从而增大了其胶结面积；另一方面当粗糙度 H 增大时，有利于冻土颗粒与结构面之间的相互嵌入，增大了结构面与冻土相对移动的难度，从而使其间的冻结强度增大。

（2）粗糙度 H 从 0.5 变化到 1.0，三种冷端温度下粉土的最大单位切向冻胀力分别变化了 22kPa、47kPa、58kPa；粗糙度 H 从 1.0 变化到 1.5，三种冷端温度下粉土的最大单位切向冻胀力分别变化了 16kPa、8kPa、10kPa。可以看出粗糙度 H 较小时，其发生一定变化，对单位切向力影响很大；而粗糙度 H 较大时，其变化对单位切向力影响不大。

（3）粗糙度 H=0.5 时，粉土、黏土在不同冷端温度下最大单位切向冻胀力相差不大，量值在 20kPa 附近。粗糙度 H=1.0 时，粉土、黏土在不同冷端温度下最大单位切向冻胀力相差较大。表明粗糙度较小时可以不考虑冷端温度、土性的影响而统一取某值作为设计值。

（4）粗糙度 H=1.0 时，粉土冷端温度从–10℃降低到–15℃时，最大单位切向冻胀力变化了 22kPa；冷端温度从–15℃降低到–20℃时，最大单位切向冻胀力变化了 12kPa。

H=1.5 时，粉土冷端温度下降相同的量值最大单位切向冻胀力均变化了 14kPa。说明 H=1.0 时，冷端温度降低初始阶段对粉土最大单位切向冻胀力影响较大，随着冷端温度继续降低，对粉土最大单位切向冻胀力影响较小。对比黏土最大单位切向冻胀力变化量值，冷端温度降低初始阶段对黏土最大单位切向冻胀力影响较小，随着冷端温度继续降低，冷端温度降低对黏土最大单位切向冻胀力影响较大。对比分析可知，冷端温度变化对粉土、黏土最大单位切向冻胀力影响差别较大。

图 10-8 为不同冻结条件下单位切向冻胀力随冻胀量变化曲线。从图中可以看出不同冻结条件下单位切向冻胀力随冻胀量变化曲线均可分为三个阶段。

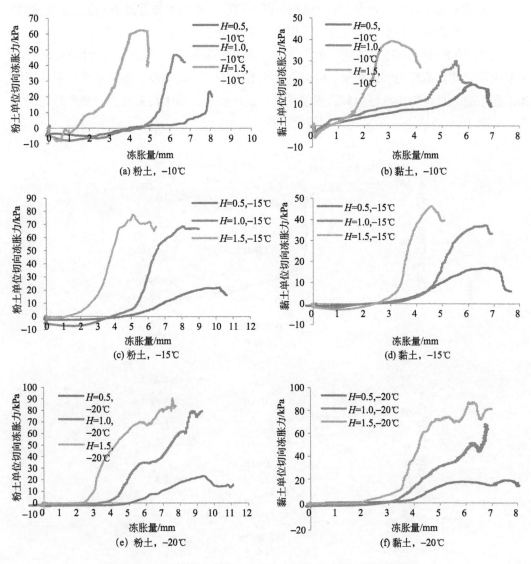

图 10-8   不同冻结条件下单位切向冻胀力随冻胀量变化曲线

（1）阶段Ⅰ：在冻胀量较小时，单位切向冻胀力均表现为负值，或较小的正值，即此阶段冻胀过程中基本不表现出切向冻胀力，只表现出冻胀量的不断增加。从图中可以更加清楚地看出切向冻胀力的出现晚于冻胀。两种土性都呈现出相同粗糙度下，冷端温度越低，阶段Ⅰ持续越长；相同冷端温度下，粗糙度越小，阶段Ⅰ持续越长。

（2）阶段Ⅱ：单位切向冻胀力随冻胀量的增加近似呈线性快速增长达到峰值。此阶段冻土与结构面间形成稳定的冻结强度，不同粗糙度结构面对土体冻胀约束较强，冰晶生长扩张使土体发生微小冻胀量，表现出的切向冻胀力就迅速增大。相同冷端温度下，粗糙度 H 越大，单位切向冻胀力在此阶段增长的斜率越大，达峰值时对应的冻胀量越小。

（3）阶段Ⅲ：峰值后阶段，单位切向冻胀力随冻胀量的增加而减小。冷端温度–20℃时两种土性都表现出峰值后单位切向冻胀力随冻胀量波动变化。

取图 10-8 中不同冻结条件下单位切向冻胀力随冻胀量变化曲线中的峰值点所对应的最大单位切向冻胀力和冻胀量。绘制两种土性在不同冷端温度、不同结构面粗糙度约束冻胀下最大单位切向冻胀力和冻胀量关系曲线，实质为最大约束应力与变形量间的关系，如图 10-9 所示。

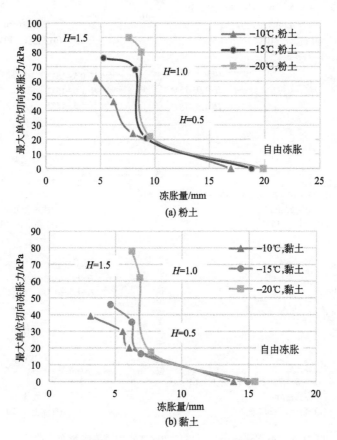

图 10-9　最大单位切向冻胀力和冻胀量关系

（1）冻胀力和冻胀量为冻胀的两种表现形式。自由冻胀，即结构面光滑，切向冻胀力为零，冻胀表现为冻胀量。

（2）结构面粗糙度 H 增大为 0.5 时，不同冷端温度下冻胀过程中表现出的最大单位切向冻胀力和对应的冻胀量相差不大。

（3）随着结构面粗糙度 H 继续增大，H 从 0.5 变化到 1.0，两种土性都呈现出冻胀所表现的冻胀量变化很小，但冻胀表现出的最大单位切向冻胀力发生很大的变化。冷端温度越低，这种变化越大，如粉土冷端温度–20℃，H=0.5、1.0 对应的最大单位切向冻胀力和冻胀量分别为（22kPa，9.54mm）和（80kPa，8.73mm），H=1.0 时的最大单位切向冻胀力是 H=0.5 时的 3.64 倍。两种土性在三种冷端温度下 H=1.0 时表现出的最大单位切向冻胀力是 H=0.5 时的 1.58～3.64 倍。

（4）随着结构面对土体冻胀约束的增大，即 H 从 1.0 变化到 1.5，两种土性在三种冷端温度下 H=1.5 时冻胀表现出的最大单位切向冻胀力是 H=1.0 时的 1.1～1.4 倍。

（5）《冻土地区建筑地基基础设计规范》中关于切向冻胀力设计值取值是以正常施工的混凝土预制桩为标准，其表面粗糙程度系数取 1.0 作为参考标准，当基础表面粗糙时，其表面粗糙程度系数取 1.1～1.3。规范中仅对粗糙度进行定性划分为粗糙、不粗糙。通过试验数据可知当粗糙度从 H=0.5 变化到 1.0 时，规范中表面粗糙程度系数取 1.1～1.3 明显偏小。

（6）结构面粗糙度 H 越大，冷端温度对冻胀表现出的最大单位切向冻胀力和对应的冻胀量值影响越大。

10.4.2　水平冻胀力分析

以 H=1.0，–10℃试验为例进行分析。

图 10-10～图 10-12 分别为粉土在冷端温度–10℃，H=1.0 时切向冻胀力变化曲线、土样不同高度处水平冻胀力变化曲线、不同时刻水平冻胀力沿土样高度分布曲线。

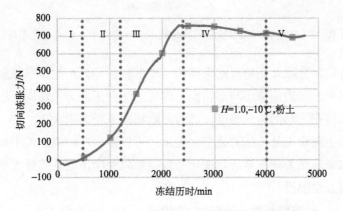

图 10-10　H=1.0，–10℃粉土切向冻胀力变化曲线

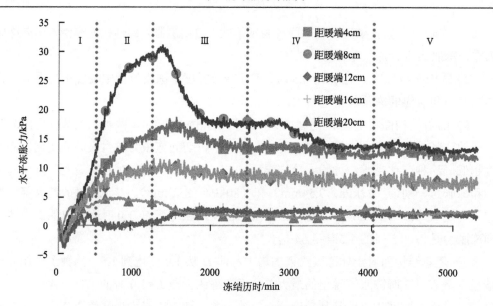

图 10-11　$H=1.0$，$-10℃$粉土土样不同高度处水平冻胀力变化曲线

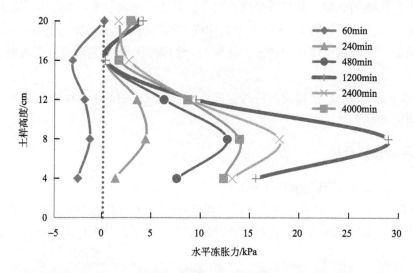

图 10-12　$H=1.0$，$-10℃$粉土不同时刻水平冻胀力沿土样高度分布曲线

　　土样发生冻结，冻胀作用将对约束结构（即试验筒体）产生水平冻胀力和切向冻胀力。试验中的水平冻胀力即冻土与结构面上作用的法向压应力，法向压应力的大小影响着结构面与土冻结在一起的冻结强度，进而影响切向冻胀力的大小。

　　比较距暖端不同距离处土压力盒变化规律，可以看出在约束结构不发生位移的情况下，各位置处水平冻胀力随冻结历时变化曲线类似。土样不同高度处水平冻胀力的发展规律也可划分为五个阶段。

　　（1）阶段Ⅰ：从冻结开始一段时间（240min）内水平冻胀力经历由零减小为负数，距离冷端越近减小越明显，随后快速增长为正值，距离暖端 4cm、8cm、12cm 处增幅明显。

（2）阶段Ⅱ：不同位置处水平冻胀力增长速率减慢，在 1200min（图 10-11），即土样温度场进入准稳定阶段水平冻胀力达到峰值，距离暖端 4cm、8cm、12cm 处最大水平冻胀应力分别为 17.4kPa、29.7kPa、9.47kPa，同时从图中可以看出距离冷端越近，达到峰值的冻结历时越短。

（3）进入阶段Ⅲ（1200~2400min）后水平冻胀力发生衰减。

（4）阶段Ⅳ（2400~4000min）水平冻胀力变化量较小，可看成准稳定阶段。

（5）阶段Ⅴ（4000min）以后水平冻胀力稳定不变。从图中可以看出水平冻胀力最大值出现在距离暖端 8cm 处，距离暖端 20cm、16cm 处水平冻胀力很小，几乎为零，这是由于土样顶端发生冻胀，距离顶端越近，冻胀变形在竖直方向释放；另外由于距离冷端越近，在温度作用下，土样收缩越明显，这两方面的原因导致距离暖端 20cm、16cm 处水平冻胀力几乎为零。

结合水平冻胀力和切向冻胀力分析可知，冻缩后一段时间内，水平冻胀压应力迅速增大，切向冻胀力也迅速增大。随后水平冻胀力达到峰值，此时作用在结构面上的压应力达到最大值，切向冻胀力增长最快（图 10-11 中 1200min 左右）。随着冻结历时的继续，阶段Ⅲ水平冻胀力减小，此阶段切向冻胀力增长速率也逐渐减小。阶段Ⅳ以后水平冻胀压应力基本稳定，切向冻胀力变化量值也较小。

10.5　冻土-冻土冻胀剪切试验结果与分析

10.5.1　冻胀量分析

图 10-13 为粉土、黏土在不同冷端温度条件下冻胀量随时间发展变化曲线。按照与第 3 章相同的分析方法可得冻结历时趋于无穷时的冻胀量，各参数拟合结果如表 10-4 所示。

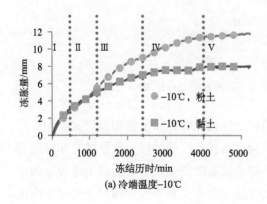
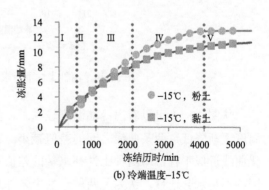

(a) 冷端温度-10℃　　　　　　　　　　(b) 冷端温度-15℃

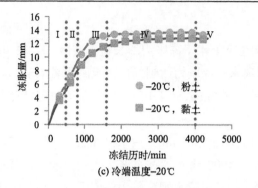

图 10-13　粉土、黏土在不同冷端温度条件下冻胀量随时间发展变化曲线

表 10-4　不同条件下 t/l 与 t 关系拟合结果

土类	冷端温度/℃	A	B	$1/A$	$1/B$	线性拟合相关系数 R^2
粉土	−10	45.07	0.0835	0.022	11.98	0.8506
	−15	45.08	0.0765	0.022	13.07	0.8705
	−20	12	0.0727	0.083	13.76	0.9763
黏土	−10	35.89	0.1229	0.028	8.14	0.9397
	−15	50.7	0.0848	0.020	11.79	0.8467
	−20	15.1	0.0771	0.066	12.97	0.9635

绘制两种土性下冷端温度与冻胀量的关系曲线如图 10-14 所示。

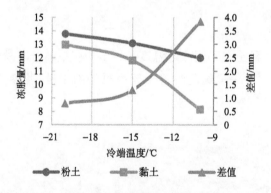

图 10-14　两种土性下冷端温度与冻胀量的关系曲线

从图 10-14 可以看出冷端温度较高时，两种土性的最终冻胀量值相差较大，而冷端温度逐渐降低，两条曲线之间的差值减小。试验中两种土性的最终补水量随冷端温度变化曲线近似平行，即两种土性补水量的差值不随冷端温度变化。可知造成上述现象的原因并不是水分迁移，认为是两种土性中未冻水含量与温度关系导致，两种土性中未冻水含量的差值随冷端温度降低而减小，冷端温度较高时，两种土性中发生的相变成冰作用差别较大，宏观上表现出冻胀量差别较大，随着冷端温度降低，二者中相变成冰作用差

别逐渐减小，宏观上也表现出冻胀量差别变小。

10.5.2 冻胀剪切力分析

图 10-15 为粉土、黏土在不同冷端温度下冻胀剪切力随时间变化曲线。

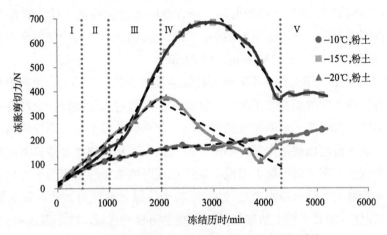

(a) 粉土不同冷端温度下冻胀剪切力随时间变化曲线

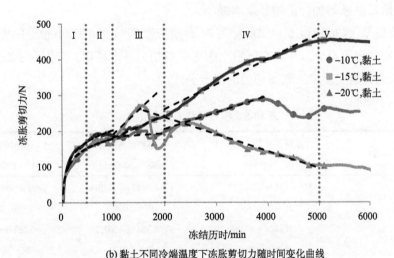

(b) 黏土不同冷端温度下冻胀剪切力随时间变化曲线

图 10-15　粉土、黏土在不同冷端温度下冻胀剪切力随时间变化曲线

从图中可以看出两种土性冻胀剪切力随时间变化曲线可以划分为不同的阶段，前三阶段与温度场划分对应，叙述上以冷端温度-15℃阶段划分为例。

（1）阶段Ⅰ、Ⅱ（0~1000min）：粉土在不同冷端温度下的冻胀剪切力均呈线性增加，冷端温度越低，此阶段的线性增加斜率越大，对应冷端温度-10℃、-15℃、-20℃时冻胀剪切力的变化斜率分别为0.1012、0.1552、0.1821，结合补水量曲线可知此阶段冷端温度越低，补水量越大，原位冻胀和分凝冻胀导致强冻胀土与弱冻胀土间发生冻胀剪切，此阶段冻结锋面推进较快，二者相互作用面积增加，冻胀剪切力迅速增大。

（2）阶段Ⅲ（1000～2000min）：1200min 时粉土在冷端温度–15℃下冻胀剪切力增长曲线发生明显的弯曲，冻胀剪切力随时间变化曲线的斜率增大，在 1500min 时其冻胀剪切力大于–20℃下冻胀剪切力。冷端温度–10℃、–20℃下冻胀剪切力变化斜率与阶段Ⅰ、Ⅱ基本相同，冷端温度–20℃下冻胀剪切力在 2000min 达到峰值，最大值为 374.2N。随着冻结锋面向暖端推进，未冻区逐渐减小，在此阶段结束时不同冷端温度下对应的最大冻结深度 H_f 分别为 16.17cm、18.26cm、19.27cm。

（3）阶段Ⅰ、Ⅱ、Ⅲ土样中不同高度处温度发生变化，土样中尚没有形成稳定温度场，本质上为正冻土间的相互作用阶段，2000min 以后进入阶段Ⅳ，土样各处温度基本保持恒定，本质上为已冻土间的相互作用阶段，已冻区在温度保持不变的情况下，虽然其中冰和未冻水含量的比例基本保持不变，但是由于冰和未冻水都是典型的流变体，因而冻土在外荷载作用下（对已冻土来说，冻结相变区的冻胀应力相当于外荷载）通常表现出明显的流变特性。结合冷端温度–20℃下粉土冻胀量曲线可知此阶段冻胀量不再发生变化。冷端温度–20℃下粉土的冻胀剪切力发生明显的衰减，冷端温度–15℃下粉土的冻胀剪切力在 3000min 达到峰值 683N，随后也出现衰减，冷端温度–10℃下粉土的冻胀剪切力在此阶段继续增加，但增长斜率减小。

（4）阶段Ⅴ（4300min 直至试验结束）：此阶段冷端温度–10℃下粉土的冻胀剪切力继续增长；冷端温度–15℃、–20℃下粉土的冻胀剪切力基本稳定，分别为 390N、190N。

表 10-5 为各组实验中冻胀剪切力的拟合公式。

表 10-5　冻胀剪切力拟合公式

土性	冷端温度/℃	冻结历时Ⅰ、Ⅱ 0～1000min	冻结历时Ⅲ 1000～2000min	冻结历时Ⅳ 2000～4300/5000min
粉土	–10	$y = 0.1012x + 24.775$ $R^2 = 0.9616$	$y = 0.0443x + 72.304$ $R^2 = 0.9902$	$y = 0.0219x + 113.71$ $R^2 = 0.7766$
	–15	$y = 0.1552x + 9.7017$ $R^2 = 0.9931$	$y = 0.3888x - 271.29$ $R^2 = 0.9713$	$y = 0.2634x + 1528.5$ $R^2 = 0.9312$
	–20	$y = 0.1821x + 17.586$ $R^2 = 0.9806$	$y = 0.175x + 26.309$ $R^2 = 0.9852$	$y = -0.1153x + 584.65$ $R^2 = 0.845$
黏土	–10	$y = 36.042\ln(x) - 70.269$ $R^2 = 0.944$	$y = 0.0086x + 175.73$ $R^2 = 0.112$	$y = 0.046x + 113$ $R^2 = 0.986$
	–15	$y = 45.023\ln(x) - 108.81$ $R^2 = 0.9727$	$y = 0.0609x + 120.04$ $R^2 = 0.9671$	$y = 0.0699x + 120.65$ $R^2 = 0.958$
	–20	$y = 38.144\ln(x) - 85.215$ $R^2 = 0.9604$	$y = 0.1347x + 56$ $R^2 = 0.9169$	$y = 0.0478x + 333.93$ $R^2 = 0.9708$

对黏土的冻胀剪切力随冻结历时的变化进行分析:

(1)阶段Ⅰ、Ⅱ(0~1000min):不同冷端温度下黏土的冻胀剪切力随时间的变化曲线规律相似,且量值差别不大,可用对数曲线拟合。黏土试样冻土-冻土间的冻胀剪切力在阶段Ⅰ迅速增加,随着时间的延长增长速率减小。在1000min不同冷端温度的冻胀剪切力相差不大,均在190N附近略微波动。

(2)阶段Ⅲ(1000~2000min):1000min以后黏土在不同冷端温度下冻胀剪切力增长曲线发生明显的差别。1000~1500min冷端温度为-20℃条件下的冻胀剪切力增长斜率最大,为0.1347,1500min时达到峰值,随后冻胀剪切力发生衰减。阶段Ⅲ冷端温度为-10℃、-15℃条件下的冻胀剪切力增长较缓,曲线拟合斜率分别为0.0086、0.0609。

(3)阶段Ⅳ:-20℃条件下黏土的冻胀剪切力呈线性衰减,-10℃、-15℃条件下的冻胀剪切力呈线性增加,增长斜率分别为0.046、0.0699,结合补水曲线可知-15℃条件下补水量大于-10℃条件下的。

(4)阶段Ⅴ(5000min直至试验结束):此阶段不同冷端温度下黏土的冻胀剪切力基本达到稳定,稳定值分别为270N、440N、100N。

本书采用底端冻结方式研究冻土-冻土之间的冻胀剪切力,阶段Ⅰ、Ⅱ、Ⅲ土样正在冻结,土样上部为未冻土,下部为已冻土。试验约束左侧弱冻胀性土,以求测量右侧强冻胀性土冻胀过程中对左侧土的冻胀剪切力。图10-16中冻结相变区的双向箭头表示土壤水剧烈相变温度范围之内的冻胀应力挤压未冻土段和冻土段。已冻土和未冻土中作用

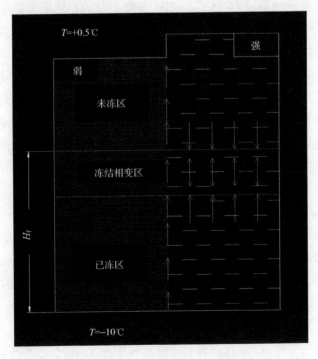

图 10-16　冻胀剪切力示意

于冻结相变区上的单向箭头表示冻胀应力的反作用力。已冻土和未冻土中作用于左右两种土交界面上的单向箭头分别表示冻土-冻土之间的冻胀剪切力和未冻区中左右两种土的剪切力。

试验所测得的力包括两部分：已冻区中的冻土-冻土冻胀剪切力和未冻区中右侧冻胀敏感性土对左侧弱冻胀性土的剪切力。这两种力都是由土体冻胀导致左右两种土产生相对位移或相对位移趋势造成的。本书无法区分二者对所测得的总力贡献大小。在冻结过程中冻土段和未冻土段不断发生变化，二者贡献大小也不断变化。

在试验阶段 V，宏观上冻胀量不再发生变化，尤其是冷端温度为-15℃、-20℃时冻结深度分别为 18.26cm、19.27cm，未冻区中左右两种土的剪切力作用区域很小，基本可认为此阶段所表现出来的冻胀剪切力为稳定冻土-冻土冻胀剪切力。计算可得两种土性在不同冻结条件下单位冻胀剪切力（表 10-6）。

表 10-6　两种土性在不同冻结条件下单位冻胀剪切力

土性	单位冻胀剪切力/kPa		
	冷端温度-10℃	冷端温度-15℃	冷端温度-20℃
粉土	14.9	21.4	9.9
黏土	15.6	24.5	5.2

分析认为粉土在冷端温度为-15℃、-20℃冻胀剪切力出现峰值的原因是冻深较大，未冻区中左右两种土的摩擦力下降至很小，冷端温度为-20℃时，冻深发展较快，峰值出现较早。粉土在阶段 I、II、III冻胀剪切力随冻结的发展呈线性增长，冷端温度-20℃由于冻深发展较快，2000min 时为 19.27cm，这时土样未冻区段很小，发生微的膨胀变形，未冻区段的剪切力就立即衰减，且由于未冻土段作为冻土段补水通道，水分对土的抗剪强度有弱化作用，冷端温度-20℃时粉土在 2000min 出现峰值。冷端温度-15℃时冻结锋面发展较冷端温度-20℃慢，最大冻深为 18.26cm，剪切力在 3000min 达到峰值后也出现衰减。冷端温度-10℃时冻结锋面发展最大值为 16.17cm，未冻区剪切作用区段相对较大，整个冻结过程中冻胀剪切力的量值较小，并没有出现衰减现象。黏土在冷端温度为-20℃时冻胀剪切力也表现出与-15℃、-20℃粉土试验类似规律。

由于左侧换填弱冻胀性土为黏性土，与右侧强冻胀性黏土制样后结构性较好。在冻结初期冻胀剪切力迅速增大。冷端温度-10℃、-15℃条件下黏土的冻胀剪切力在温度场稳定后呈线性增加，随后略有波动，并不出现明显的衰减现象，认为由于黏土补水量较小，水分对未冻土的抗剪强度弱化作用不明显，剪切力能保持不断增长，最后趋于稳定，与补水量发展变化趋势吻合。

试验中采用底端冻结方式，没有得到冻结过程中冻土-冻土之间的冻胀剪切变形，只得到一个宏观上总的冻胀量。同样已冻区中的冻土-冻土冻胀剪切力和未冻区中的剪切力对总的冻胀剪切力的贡献也不好定量描述，但这两种力本质上都是冻结过程中冻胀剪切造成的。试验中很容易测量冻结深度和冻胀变形量，把已冻区中的冻土-冻土冻胀剪切力等效为未冻区中的剪切力，接下来不再对二者进行区分，统称为表观冻胀剪切力，建立两种土性在不同冷端温度下单位表观冻胀剪切力和冻胀变形之间的关系。

由于土柱左侧弱冻胀部分顶端固定，土样总高度为20cm，任一瞬时未冻区冻胀剪切接触高度为未冻土段减去冻胀量，换算可知即 $20-H_f$。可得单位表观冻胀剪切力与冻胀量之间的关系如图 10-17 所示。

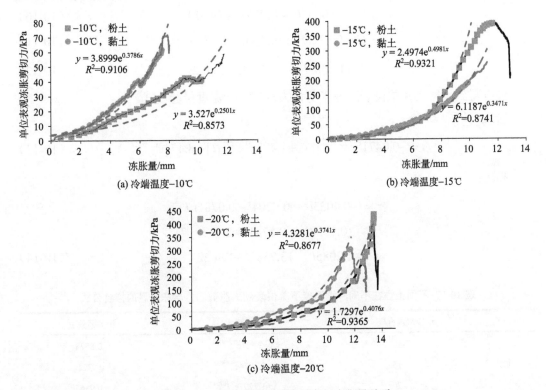

图 10-17　单位表观冻胀剪切力与冻胀量关系

由图 10-17 可以看出单位表观冻胀剪切力在达到峰值之前与冻胀量之间的关系为指数形式：

$$\tau = \tau_0 e^{nl} \tag{10-5}$$

根据表 10-7 不同土性在不同冷端温度下单位表观冻胀剪切力与冻胀量的拟合公式，试图将冷端温度因素考虑进去建立一般性的单位表观冻胀剪切力-冻胀量-温度经验公式。根据上述试验拟合出的数据，以温度为横坐标，以单位表观冻胀剪切力为纵坐标，根据不同土性下多组数据与温度之间的关系，单位表观冻胀剪切力与温度满足：

$$\tau = P|T|^2 + Q|T| + R \tag{10-6}$$

式中，P、Q、R都是冻胀量 l 的函数。拟合 P、Q、R 与冻胀量 l 的关系如下。

粉土：

$$P = -0.04718e^{0.5518l} \tag{10-7}$$

$$Q = 1.423e^{0.5529l} \tag{10-8}$$

$$R = -8.474e^{0.5635l} \tag{10-9}$$

黏土：

$$P = -0.0053l^2 - 0.0204l - 0.0781 \tag{10-10}$$

$$Q = 0.1728l^2 + 0.5741l + 2.4339 \tag{10-11}$$

$$R = 1.2085l^2 - 13.7531l - 1.9022 \tag{10-12}$$

最终得到不同土性单位表观冻胀剪切力-冻胀量-温度经验公式。

粉土：

$$\tau = -0.04718e^{0.5518l}|T|^2 + 1.423e^{0.5529l}|T| - 8.474e^{0.5635l} \tag{10-13}$$

黏土：

$$\begin{aligned} \tau = &(-0.0053l^2 - 0.0204l - 0.0781)|T|^2 \\ &+ (0.1728l^2 + 0.5741l + 2.4339)|T| \\ &+ 1.2085l^2 - 13.7531l - 1.9022 \end{aligned} \tag{10-14}$$

表 10-7 不同土性在不同冷端温度下单位表观冻胀剪切力与冻胀量的拟合公式

土性	冷端温度/℃	拟合公式	相关系数 R^2
粉土	−10	$y=3.527e^{0.2501x}$	0.8573
	−15	$y=2.4974e^{0.4981x}$	0.9321
	−20	$y=1.7297e^{0.4076x}$	0.9365
黏土	−10	$y=3.8999e^{0.3786x}$	0.9106
	−15	$y=6.1187e^{0.3471x}$	0.8741
	−20	$y=4.3281e^{0.3741x}$	0.8677

单位表观冻胀剪切力只是为求得冻胀剪切总力而假想的一个指标，在冻胀量较小时（12mm 以内），其数值与冻胀量呈现出较好的指数关系。知道冻胀量和冷端温度后根据以上经验公式就可求得不同土性下与已知冻胀量对应的冻胀剪切力。

10.6　本章小结

本章通过建立单向冻结条件下的冻土-冻土内在剪切面和冻土-结构面冻胀剪切试验

系统，分别进行了在两种不同冻胀敏感性土、不同冷端温度及不同结构面粗糙度条件下的冻土-结构面冻胀剪切试验和在两种不同冻胀敏感性土与不同冷端温度条件下的冻土-冻土冻胀剪切试验，获得了不同条件下温度、冻胀量、冻胀力、补水量、试验后试样不同高度处的含水量分布等试验数据。通过试验数据分析，可以得到主要以下几点结论：

（1）通过冻土-结构面冻胀剪切试验，表明切向冻胀力随冻结历时的变化采用和温度场相同的时间阶段划分，并结合自身特点以 4000min 作为分界点，划分为五个阶段。

（2）在冻土-结构面冻胀剪切试验中，粉土、黏土均表现为粗糙度 H 越大，最大单位切向冻胀力越大，但并非线性增长关系。在结构面的粗糙度 H 较小时，其发生较小变化，对单位切向力影响很大；而粗糙度 H 较大时，其变化对单位切向力影响不大。

（3）通过对冻土-结构面冻胀剪切试验数据对比分析可得，冷端温度变化对粉土、黏土最大单位切向冻胀力影响差别较大。

（4）随着结构面粗糙度 H 继续增大，H 从 0.5 变化到 1.0，两种土性都呈现出冻胀所表现的冻胀量变化很小，但冻胀表现出的最大单位切向冻胀力发生很大的变化。冷端温度越低，这种变化越大。结构面粗糙度 H 越大，冷端温度对冻胀表现出的最大单位切向冻胀力和对应的冻胀量值影响越大。

（5）比较距暖端不同距离处土压力盒变化规律，可以看出在约束结构不发生位移的情况下，各位置处水平冻胀力随冻结历时变化曲线类似。土样不同高度处水平冻胀力的发展规律可划分为五个阶段。

（6）在冻土-冻土冻胀剪切试验中，已冻区中的冻土-冻土冻胀剪切力和未冻区中的剪切力对总的冻胀剪切力的贡献也不好定量描述，但这两种力本质上都是由冻结过程中冻胀剪切造成的，进而提出统称为表观冻胀剪切力这个概念。

（7）根据不同土性在不同冷端温度下单位表观冻胀剪切力与冻胀量的拟合公式，将冷端温度因素考虑进去，建立了一般性的单位表观冻胀剪切力-冻胀量-温度经验公式。

参 考 文 献

[1] 夏红春，周国庆. 土-结构接触面剪切力学特性及其影响因素试验[J]. 中国矿业大学学报，2010，39(6): 831-836.

[2] 陆勇. 高、低压下砂土剪切带及砂土-结构界面层力学行为演化研究[D]. 徐州：中国矿业大学，2014.

[3] 易成，李志兵，刘晋艳，等. 两种介质接触面剪切力学性能的试验研究[J]. 岩土工程学报，2009，31(9): 1317-1323.